Arduino Uno
모터제어 프로그래밍

류기주/김동룡/서해준 저

Ohm사
http://www.ohm.co.kr

머리말

현재 모터의 응용분야는 가전기기, 의료장비, 자동차, 산업체의 자동화기기 등, 거의 모든 분야에서 활용이 되고 있으므로 모터를 설계하고 제어하는 기술은 너무나 중요하다고 할 수 있다. 본 교재에서는 모터의 구조 및 제어회로를 설계하고 만드는 기술을 다루는 것이 아니고 산업체에서 많이 사용이 되고 있는 모터를 보다 쉽게 제어하기 위한 아두이노 스케치 프로그래밍을 다룬다. 산업용 로봇의 정밀 작업에 사용되는 모터를 제어하기 위해서는 연산 속도가 빨라야 하므로 32비트 프로세서 이상이 되어야 하지만 본 교재에서 사용된 아두이노 우노 보드의 MCU는 8비트 이므로 한계가 있지만 모터제어 기술의 기초를 다지는데 많은 도움이 될 것이다.

모터제어의 회로설계는 프로테우스라는 시뮬레이션 툴을 사용하여 아두이노 보드의 아날로그 핀과 디지털 핀으로 어떤 신호가 입 · 출력 되는지를 분석하였다. 아두이노 보드로 각종 모터를 제어하기 위해서는 스케치 프로그램에서 코딩과 컴파일 하여 에러가 없으면 아두이노 보드에 업로드 하고 제어회로를 직접 만능기판에 납땜하여 제작해 보면서 터득한 지식은 절대로 잊혀 지지 않을 것이다. 교재에 있는 각종 모터의 제어회로 제작 및 프로그래밍 한 예제를 통해 따라해 보고 응용해 보면서 흥미를 느끼고 관심 있는 부분에 대해 독자 스스로 더 많은 정보를 수집하고 공부해 간다면 가치 있는 지식을 얻게 되리라 확신한다.

1장에서는 DC 모터의 종류별 제어회로 구성 및 프로그램에 의한 동작원리에 대하여 알아보고, 2장에서는 스테핑 모터의 종류별 제어회로 구성 및 프로그램에 의한 동작원리에 대하여 알 수 있으며 3장에서는 서보 모터의 제어회로 구성 및 프로그램에 의한 동작원리를 알 수 있다. 4장은 BLDC 모터의 종류별 제어회로 구성 및 프로그램에 의한 동작원리에 대하여 알아보고, 5장은 AC 모터의 종류별 제어회로 구성 및 프로그램에 의한 동작원리에 대하여 알 수 있으며, 6장은 각종 센서 모듈을 활용한 모터의 제어회로 구성 및 프로그램에 의한 동작원리와 7장에서는 PID제어기에 의한 모터제어에 대하여 알 수 있다. 독자 여러분에게 많은 도움이 되길 바라면서, 본 교재에 있는 회로제작 및 검토를 해준 박찬선 군과 이 책이 발간되기까지 많은 도움을 준 도서출판 Ohm사(http://www.ohm.co.kr)의 곽종학 사장님께 깊은 감사를 전한다.

2016. 1.

저자 씀

Chapter 1

DC 모터 제어

Chapter 2

스테핑 모터 제어

프로그래밍

Chapter 3

서보모터 제어

프로그래밍

Chapter 4
BLDC모터 제어

Chapter 5
AC모터 제어

프로그래밍

Chapter 6

모터제어 응용

프로그래밍

Chapter 7
PID제어기에 의한 모터제어

Chapter 1

DC 모터 제어

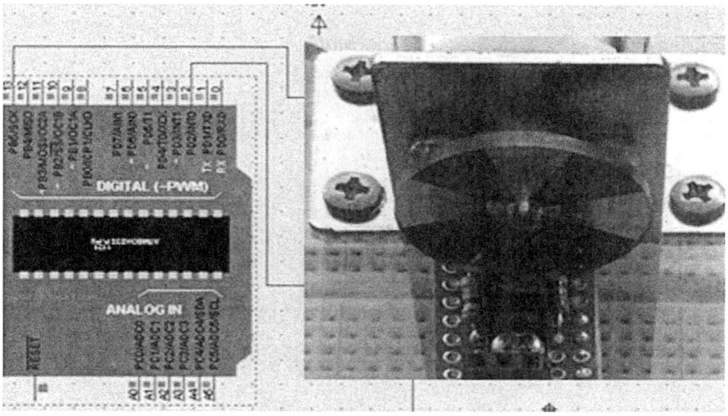

프로그래밍

제1장

DC 모터 제어

1.1 DC 모터의 개요

DC 모터는 고정자로 영구자석, 회전자(전기자)로 코일을 사용하여 구성한 것으로, 전기자에 흐르는 전류의 방향을 전환함으로써 자력의 반발, 흡인력을 사용하여 회전력을 생성시키는 것이 모터이다. 완구, 자동차, 가전제품, 사무기기, 자동화기기 등을 비롯하여 여러 방면에서 가장 널리 사용되고 있는 모터이므로 [그림 1.1.1]과 같이 크기와 출력 및 응용에 따라 다양한 형태가 있다.

(a) 소형 모터

(b) 소형 기어드 모터

(c) 인코더부착 모터

(d) 산업용 기어드 모터

[그림 1.1.1] 각종 DC 모터의 형태

따라서 DC 모터는 회전 제어가 쉽고, 제어용 모터로서 아주 우수한 특성을 가지고 있다고 할 수 있다.

1) 종류

(1) 권선의 접속방법에 따른 DC 모터의 분류

직류 모터에 권선의 접속방법에 따라 분류하면 다음과 같다.

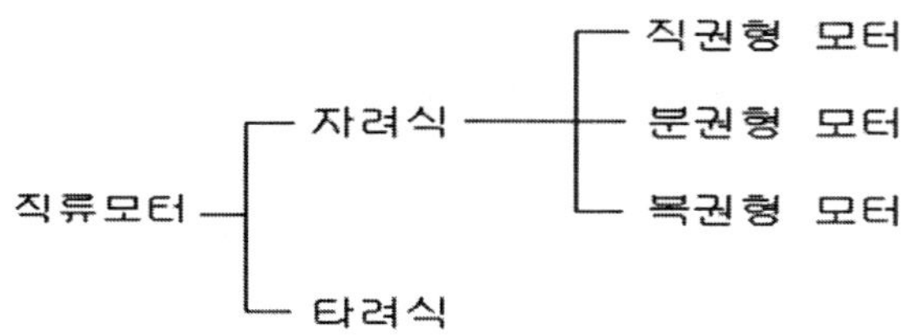

(2) 구조에 따른 분류

직류 모터에 브러시의 사용여부에 따라 분류하면 다음과 같다.

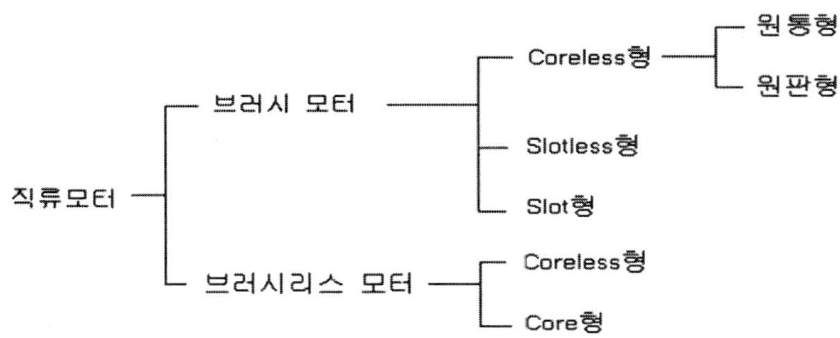

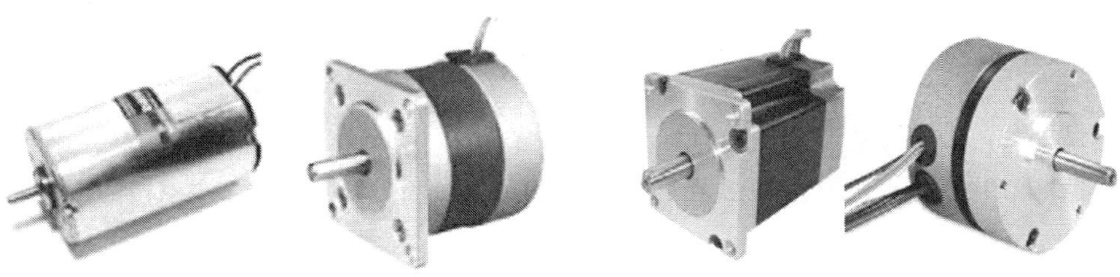

(a) 브러시 마그네틱 모터 (b) 브러시리스 모터

[그림 1.1.2] 구조에 따른 분류

2) 구조

모터의 내부구조는 [그림 1.1.3]과 같다.

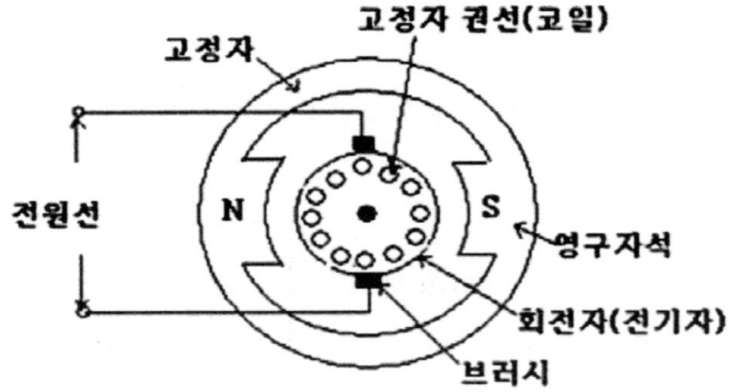

[그림 1.1.3] 모터의 내부구조

직류 모터는 고정자로 영구자석을 사용하고 회전자(전기자)로 코일을 사용하여 구성하므로 전기자에 흐르는 전류의 방향을 전환함으로서 자력의 반발, 흡인력으로 회전력을 생성시키는 모터이다. 모형 자동차, 무선조정용 완구 등을 비롯하여 널리 사용된다. 이 모터의 결점은 구조상 브러시와 정류자에 의한 기계적 접점이 있기 때문에 전기불꽃, 회전 소음, 수명이라는 노이즈(수명저하)형태가 있다. 따라서 케이스 사이에 $0.01\mu F \sim 0.1\mu F$ 정도의 세라믹 콘덴서를 부착한다. 기동 시 토크부족을 해결하기 위하여 기어 부착 형태로 사용하고 정밀 제어를 위해 로터리 인코더가 부착된 제품도 있다.

3) 동작원리

[그림 1.1.4] (a)와 같이 영구자석에 의한 평등자계중에 자계방향에 수직한 전류 I가 흐르는 도체 l에 자속밀도 B가 놓여 있을 때 도체에 작용하는 힘은 다음과 같다.

$$F = (I \times B)l = IBl\sin\theta[N]$$

θ는 I와 B가 이루는 각이고 힘 F의 방향은 I와 B의 방향과 직각이다. 따라서 왼손의 중지는 전류, 인지는 자속밀도, 엄지는 힘의 방향으로 이를 플레밍의 왼손 법칙이라 한다.

즉, 전류와 자속간에 작용하는 힘을 전자력(electromagnetic force)이라 한다.

따라서 도선에 권수 N이면 회전력 T는 $T = FN = NIBl\sin\theta[N \cdot m]$가 된다.

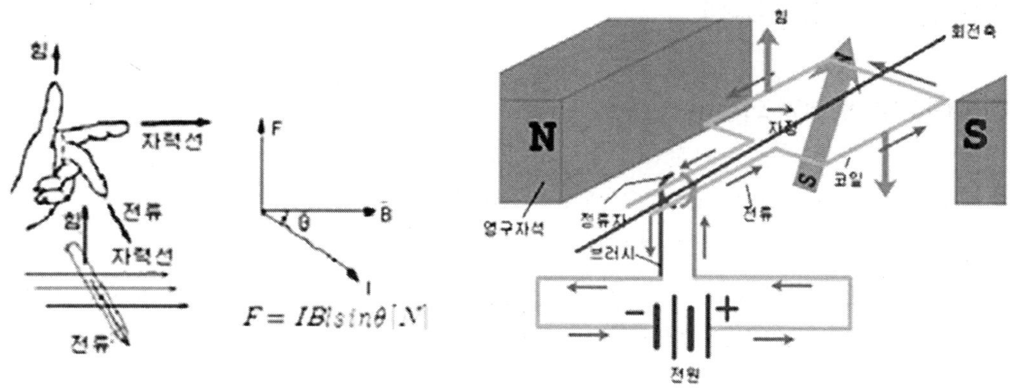

(a) 플레밍의 왼손법칙 (b) 직류모터의 원리

[그림 1.1.4] 직류모터의 원리

[그림 1.1.4] (b)와 같이 직류 모터는 크게 회전하는 로터(rotor, 회전자)와 자기장을 만들어 주는 영구자석과 같은 스테이터(stator, 계자, 고정자)로 되어 있다. 회전자는 전류를 흘렸을 때 많은 자기장을 만들기 위해 코일을 감은 전기자로 연속적으로 회전하여야 하므로 정류자가 필요하다. 직류 모터는 전류가 많으면 회전속도가 빨라지고 전류가 적으면 회전속도가 늦어진다. 또한 전류방향에 따라 정, 역회전이 되며 교류 모터는 주파수에 의해 회전속도가 달라진다.

4) DC 모터의 특징

DC 모터는 다음과 같은 특징이 있다.

(1) 기동 토크가 크다.

(2) 인가전압에 대하여 회전특성이 직선적으로 비례 한다.

(3) 입력전류에 대하여 출력 토크가 직선적으로 비례하며, 또한 출력 효율이 양호하다.

(4) 가격이 저렴하다.

5) DC 모터의 단점

(1) DC 모터의 가장 큰 결점으로는 그 구조상 브러시(brush)와 정류자(commutator)에 의한 기계식 접점이 있어서 전류(轉流)시의 전기불꽃(spark), 회전 소음, 수명 등의 영향을 받는다.

(2) 마이크로컴퓨터 제어를 하려는 경우는 노이즈가 발생하므로 노이즈 대책이 필요하다.

(3) 노이즈 대책을 위해서는 각 단자와 케이스 사이에 0.01㎌~0.1㎌ 정도의 세라믹 콘덴서를 직접 부착한다.

1.2 DC 모터의 특성

1) 전류에 대한 토크와 회전수

직류 마그네트 모터는 전원전압이 일정하다고 하면 [그림 1.2.1]와 같이 전류 대 토크, 회전수의 관계를 지니고 있다. 아래 그림에 표시되어 있듯이 전류와 토크, 회전수의 관계와 직선적인 관계에 있고, 모터의 출력축에 토크가 증가하면 그것에 거의 비례해서 회전수가 저하하고 전류는 역으로 증가한다. 모터의 발열을 무시한다면, 전류와 토크, 회전수의 직선적 비례/반비례 관계는 모터의 출력축이 구속될 때까지 성립된다.

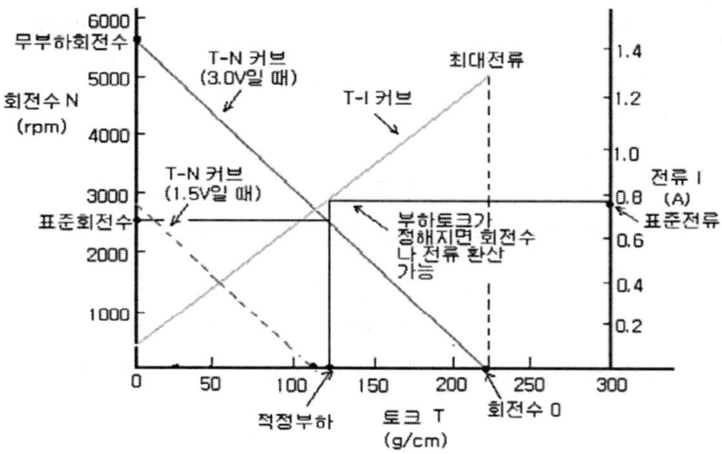

[그림 1.2.1] 회전수-토크-전류 특성곡선

(1) T-I 특성

전류와 토크, 회전수의 관계와 직선적인 관계에 있고, 모터의 출력축에 토크가 증가하면 그것에 거의 비례해서 회전수가 저하하고 전류는 역으로 증가한다.

(2) T-N 특성

모터의 발열을 무시한다면, 전류와 토크, 회전수의 직선적 비례/반비례 관계는 모터의 출력축이 구속될 때까지 성립된다.

2) DC 모터의 정격시간

직류 마그네트 모터는 [그림 1.2.2]과 같이 전류(토크)가 증가함에 따라 발열량이 증가하므로 모터의 각 부품 온도가 포화 된 상태일 경우가 허용온도 이하라고 하면 연속운전이 가능하나 허용온도 이내에서 포화되지 않은 경우에는 허용온도를 초과할 때까지의 시간이 정격시간이 되므로 연속운전이 가능한 전류(토크)는 모터의 크기나 종류에 따라 달라진다.

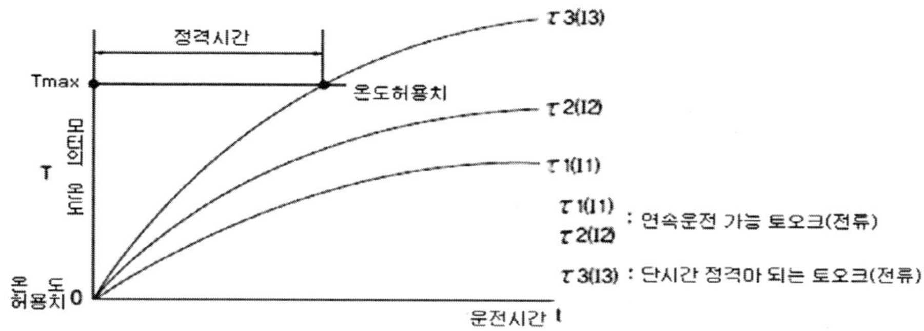

[그림 1.2.2] DC 모터의 정격시간

3) 전원전압을 바꿨을 경우 모터의 성능

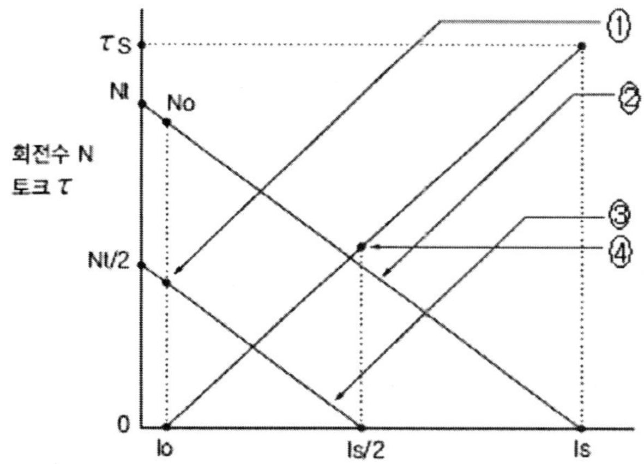

[그림 1.2.3] 전원전압을 변경할 경우에 모터의 성능

직류 마그네트 모터는 전원전압을 바꾸는 것에 따라 회전수를 바꾸는 것이 가능하다. [그림 1.2.3]과 같이 전압의 크기가 1/2이 되었을 경우 모터의 전류(I)와 토크(τ), 회전수(N)의 관계를 나타낸 것입니다. 위의 그림에서 전원전압을 1/2로 하면 전류와 회전수의 관계는 이상적 무부하 회전수의 N_T의 1/2이 되어 정격전압일 때 특성에 대하여 평행으로 내려간다. 전류와 토크의 관계는 정격전압의 특성과 같지만, 구속전류 Is는 Is/2로 되기 때문에 구속 토크 τs도 그것에 따라 저하된다.

① 전압이 1/2일 때의 무 부하 회전수

② 정격전압일 때의 I−N 특성

③ 전압이 1/2일 때의 I−N 특성

④ 전압이 1/2일 때의 구속토크

4) DC 모터의 입력 · 출력 및 효율

D.C 마그네트 모터의 입력, 출력, 효율은 다음 식으로 계산한다.

① 입력 $Pi[W]$ = 전원전압 $E[V]$ × 전류 $I[A]$

② 출력 $Po[W]$ = 토크 $\tau[kg/cm]$ × 회전수 $N[rpm] \times 1.027 \times 10^{-2}$

③ 효율 $\eta[\%] = \dfrac{\text{출력 } Po[W]}{\text{입력 } Pi[W]} \times 100$

5) 회전속도 계산

DC 모터의 회전수 및 토크는 전압에 따라 변화한다.

① $rpm = \text{정격}rpm \times \dfrac{\text{DC 모터 구동 전압}}{\text{정격전압}}$

② $\text{토크}[kg/cm] = \text{정격토크} \times \dfrac{\text{DC 모터 구동 전압}}{\text{정격전압}}$

1.3 기어드 모터

기어드 모터(Geared Motor)는 모터의 회전축에 기어 등의 감속 기구를 부착한 것으로 저속 회전이 실현되거나 큰 토크를 발생시킬 수 있으며 기어(감속 기구)는 어떤 모터에도 부착할 수 있다. 그러나 모터는 고속 회전시킬수록 효율이 좋고 경제성도 높아져 필요로 하는 회전수의 수십 배, 수백 배로 모터를 회전시키고 여기에 기어를 짜 맞추어 감속하여 최종 목표로 하는 회전수를 얻을 수 있다. 기어가 부착된 모터의 경우 기어에 의한 감속에 대응하여 그 토크도 증대되므로 비교적 소형의 모터에서도 쉽게 큰 토크를 얻을 수 있어 카메라에 사용되고 있는 필름 자동 감기 장치, 자동차의 시동 모터, 전동 드라이버, 그 밖에 큰 토크를 필요로 하는 여러 가지 장치에 폭넓게 사용된다.

1) 기어드 모터의 종류

기어드 모터의 종류는 [그림 1.3.1]와 같이 래크와 피니언(rack & pinion)을 물리게 한 직진 운동형(linear movement type), 웜 기어형(worm gear type), 유성 기어형(planetary gear type) 등이 있다.

(a) 직진 운동 형 (b) 웜 기어 형 (c)유성 기어 형

[그림 1.3.1] 기어드 모터의 종류

① 직진 운동형은 래크와 피니언 직진 운동형 모터는 로봇, 자동차 문 개폐, 정밀제어, 자동화기기 등에 이용된다.

② 웜 기어형은 구동축에 연결된 나사 모양의 웜이 직각으로 연결된 웜 기어에 회전력을 전달하면 웜 기어의 중심부에 있는 차동 기어가 액슬 축을 통해 구동륜을 구동시키는 형식으로 감속비를 크게 할 수 있으나 전동 효율이 낮고 쉽게 발열되기 때문에 수명이 짧아 점차 사용이 줄고 있지만 자동차의 와이퍼 및 윈도우, 보안장치 등에 활용된다.

③ 유성 기어 형은 기어드 모터 보다 3배~4배의 강도가 크기 때문에 고출력, 긴 수명, 고정밀을 요구하는 로봇, 의료기기, 반도체장비, 우주 · 항공분야 등에 사용된다.

2) 기어드 모터 예

<표 1.3.1>, <표 1.3.2>, <표 1.3.3>은 대표적인 기어드 모터의 외관과 사양을 보여준다.

〈표 1.3.1〉 기어드 모터의 외관

SE-DM 소형 기어드 모터	TE20JM12V/300 유성 기어드 모터

<표 1.3.2> SE-DM 소형 기어드 모터 사양

모델	감속비	동작 전압	무 부하 속도 (3.5V)	최대부하 속도 (3.5V)	최대 토크 (g · cm)	3.5V일 때 전류(mA)	용도
SE-DM	1/33	1.5~6V	120rpm	110rpm	700	무 부하시 23 부하시 80	· 로봇 · 완구 · 도어 록

<표 1.3.3> TE20JM12V/300 유성 기어드 모터 사양

모델	감속비	동작 전압	무 부하 속도	최대부하 속도	최대 토크 (g · cm)	전류 (mA)	용도
TE20J M12V/300	1/300	12V	26rpm	25rpm	1000	무부하시 80 부하 시 160	· 로봇 · 의료 · 자동화기기

1.4 DC 모터의 제어회로 설계

이번 장에서는 모터제어회로에 필요한 프로그램 및 전자 부품에 대해서 간략하게 알아본다. 아두이노 보드의 포트에서 나오는 전류로는 모터를 직접 구동할 수 없으므로 트랜지스터를 사용하여 전류를 증폭하거나 또는 릴레이 등 전자 부품을 추가하여 제어회로를 설계한다. [그림 1.4.1]은 DC 모터를 제어하기 위해서 트랜지스터를 사용하였으며 일반적인 기본회로도이다.

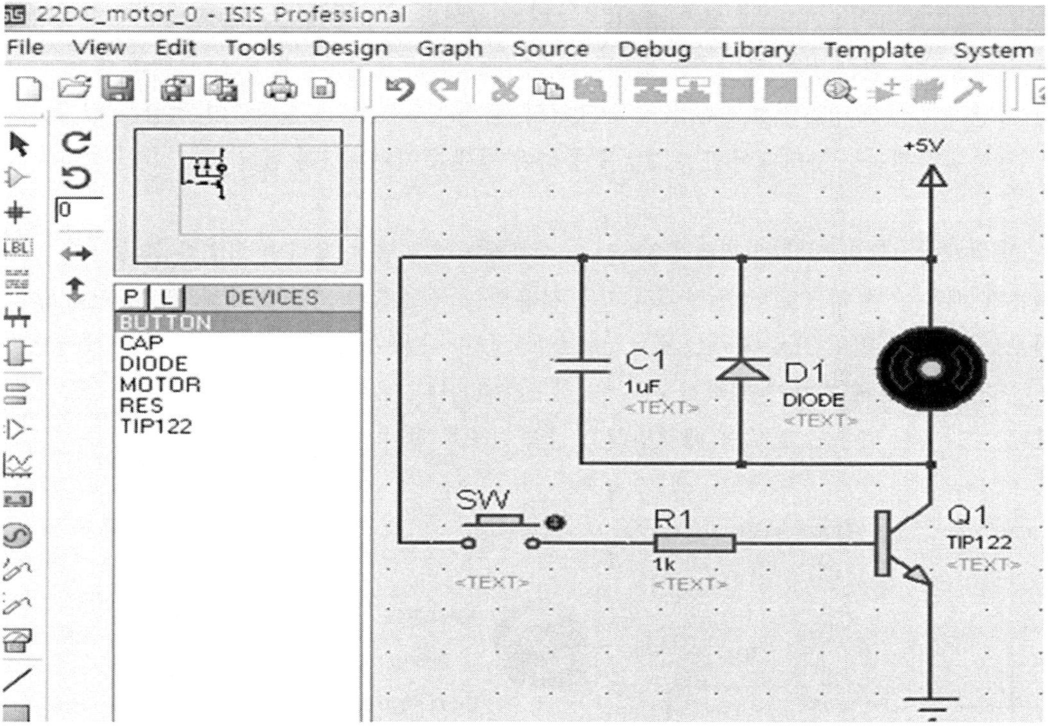

[그림 1.4.1] DC모터 제어의 기본회로

회로도에 사용된 각 부품의 용도를 알아보면 R1은 베이스 전류를 제한, D1은 역기전력에 의한 트랜지스터 보호, C1은 모터회전에 따른 노이즈 제거용으로 사용되었다. 회로 설계 시에 가장 중요한 요소는 각각의 부품에 대한 데이터 시트를 반드시 확인을 하고 전압을 인가한다.

모터의 경우 전압 및 전류, 캐패시터는 내압 및 용량(발진주파수에 의한 모터속도제어의 경우), 트랜지스터는 최대 컬렉터전류(Imax)등을 반드시 고려하여 회로를 설계하여야만 안정된 동작을 하게 된다.

만일의 경우에 규격대로 부품을 사용하지 않으면 각각의 부품에 과전압 및 과전류가 흐르게 되어 부품이 파괴되고 반대로 전압과 전류가 부족하게 공급이 되면 충분한 신호전달이 되지 않아 오동작을 하게 되므로 주의하기 바란다.

회로의 동작은 스위치를 누르면 트랜지스터의 베이스로 전류가 공급되고 Q1 트랜지스터의 컬렉터에서 이미터로 전류가 흘러 모터가 회전하게 된다.

[그림 1.4.2]은 L293D IC를 사용하여 모터를 제어하는 방법으로 시뮬레이션 결과 2개의 모터가 동작을 하는 것을 보여주는 화면이다. 주의할 점은 모터구동용 IC가 모터의 종류에 따라 다양하게 생산되고 있으므로 반드시 모터의 정격에 맞는 IC를 선택하여 전압을 인가하기 바란다. 동작원리는 모터제어 프로그램을 통하여 자세히 알아보도록 한다.

모터제어회로의 설계는 프로테우스라는 시뮬레이션 툴을 이용하면 회로를 검증하고 분석하는데 매우 유용 하므로 이번 장에서 자주 사용되는 꼭 필요한 기능에 대해서만 간단하게 알아보도록 한다. 만일 프로테우스 프로그램을 설치하지 않은 경우에는 회로도 및 브레드보드 또는 만능 기판에 저자가 제작한 사진을 참고하면 된다. 프로테우스 툴 사용법은 프로그램 [DC_1_1]에서 다루고 그 다음 예제부터는 생략 하도록 한다.

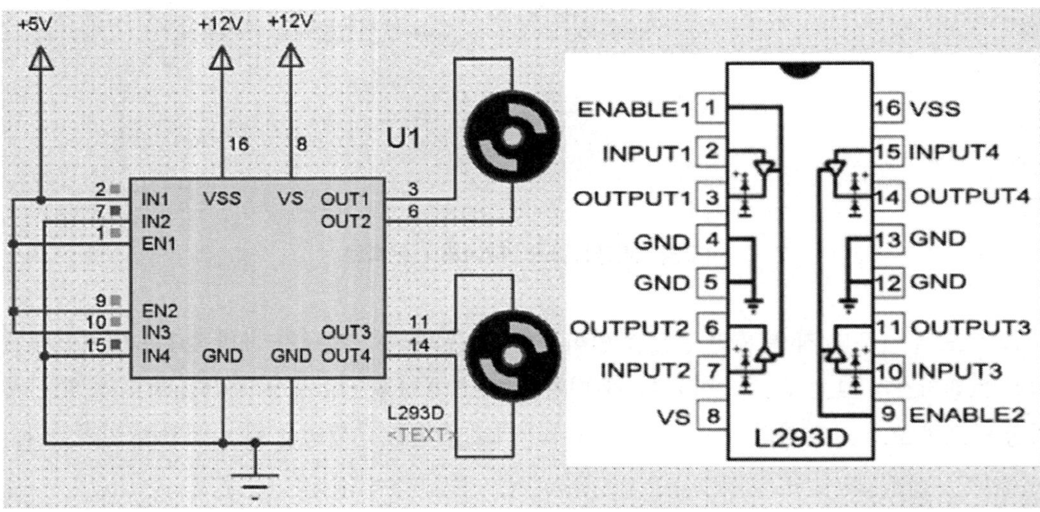

[그림 1.4.2] 모터제어용 IC 내부구조

프로그래밍

프로그램[DC_1_1] DC 모터의 ON/OFF

DC 모터의 기본동작으로 【그림 1_1_4】와 같이 아두이노 보드의 디지털 I/O 13번 핀과 트랜지스터의 베이스저항 R1에 연결 하고 전원을 인가하면 모터가 회전하는 간단한 프로그램이다. 소스코드를 입력한 후에 프로그램을 실행하면 13번 핀에 HIGH가 출력이 되면 트랜지스터의 베이스전류를 공급하게 되어 모터가 회전하게 되고 LOW이면 모터가 정지하게 된다. 1초마다 모터가 회전하고 정지하는 간단한 프로그램이다.

만일 프로테우스 프로그램이 설치가 되어 있다면 ①부터 진행하면 되고 설치가 되어있지 않다면 【그림 1_1_4】완성된 회로도를 보고 브레드보드나 만능기판에 회로를 구성하면 된다.

① 프로테우스 시뮬레이션 툴을 실행하면 【그림 1_1_1】과 같이 초기화면이 나타나는데 P버튼을 클릭하여 부품을 고르고 배치하면 된다.
기존의 전자캐드와 사용법은 유사하므로 설치가 되어 있다면 쉽게 따라 할 수 있다.

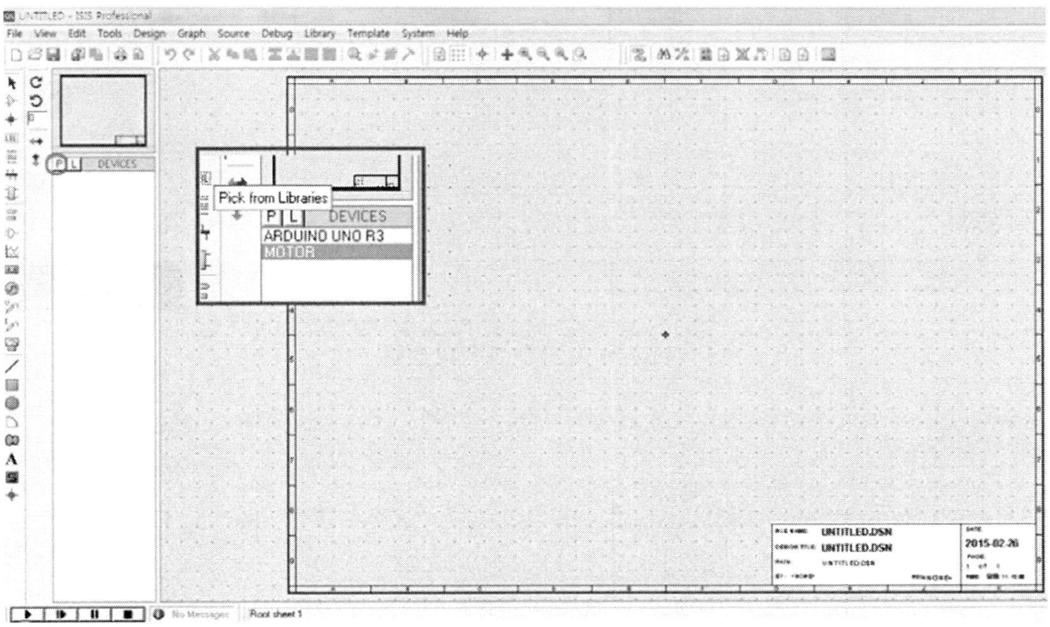

【그림 1_1_1】 시뮬레이션 툴 실행 초기화면

② P버튼을 누르고 아두이노우노 보드를 선택한다.

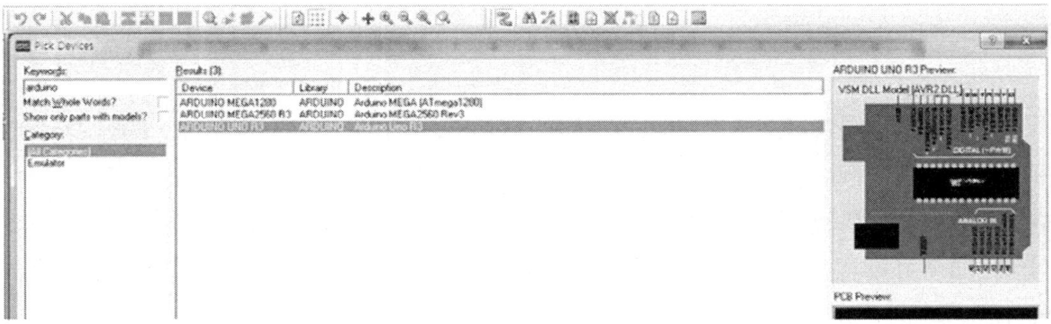

【그림 1_1_2】 아두이노 보드의 선택

③ P버튼을 누르고 모터를 선택한다.

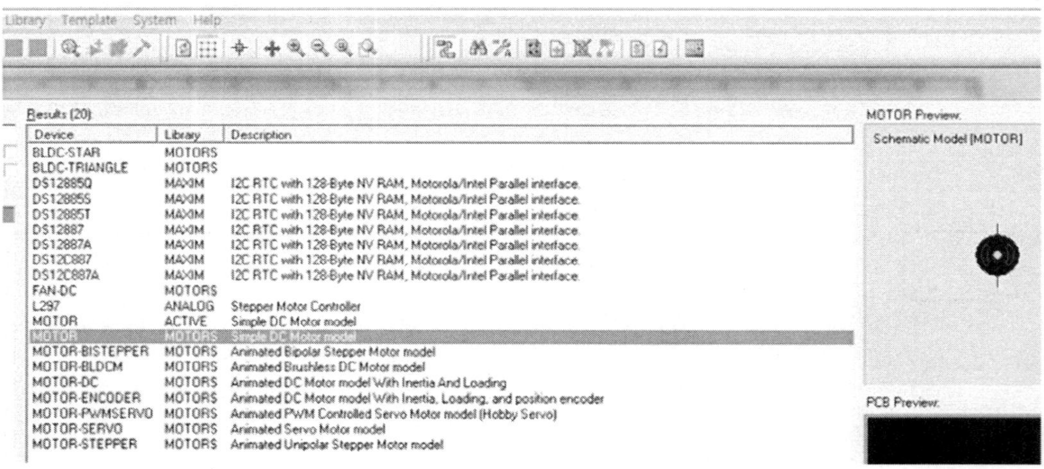

【그림 1_1_3】 DC모터의 선택

④ 같은 방법으로 【그림 1_1_4】의 회로에서는 아두이노 보드의 VCC와 GND를 연결하였는데 다음예제 부터는 아두이노보드의 전원 선을 생략을 하더라도 실제회로에서는 반드시 연결을 해야만 동작하고 주의 할 점은 PC에서 아두이노 보드에 프로그램을 업로드 한 후에는 USB케이블을 제거한 다음에 아두이노 보드의 전원과 모터전원을 따로 공급해 주기 바란다.

* 만일의 경우 모터전원과 아두이노 보드의 전원을 같이 연결을 한 상태에서 USB케이블이 연결되어있으면 컴퓨터가 고장의 원인이 될 수 있으므로 주의하기 바란다.

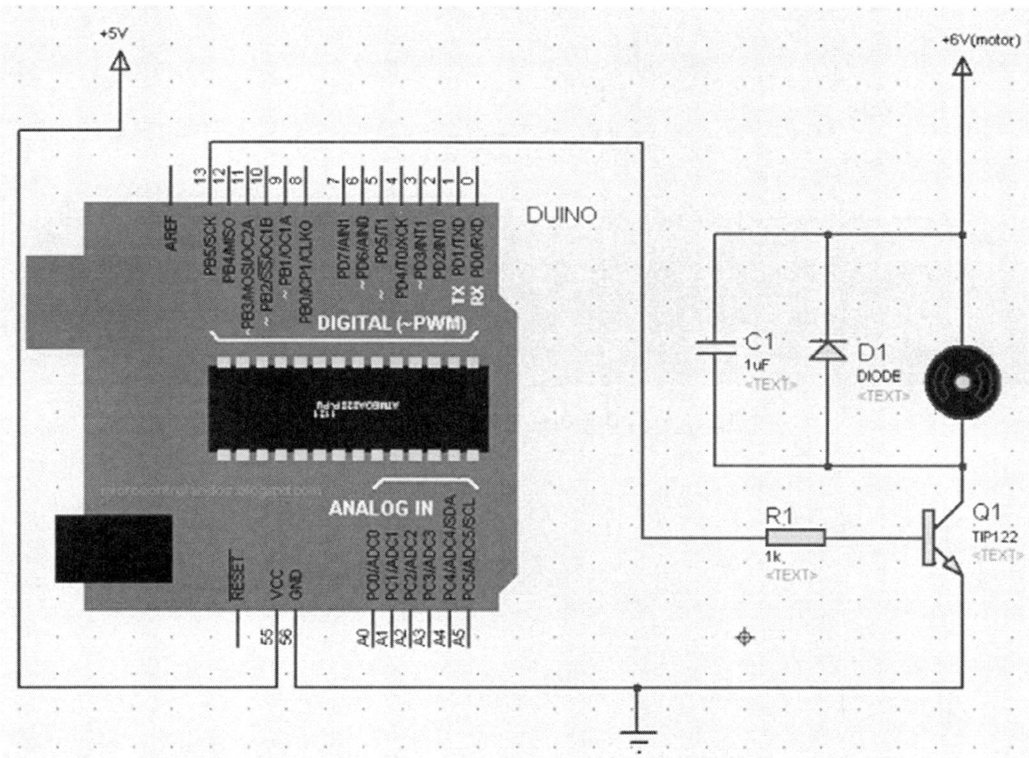

【그림 1_1_4】 DC모터의 ON되는 완성된 회로

⑤ 회로가 완성이 되었으면 아두이노 스케치 프로그램에서 기본으로 제공하는 Blink 예제를 아두이노 보드에 업로드 한다.

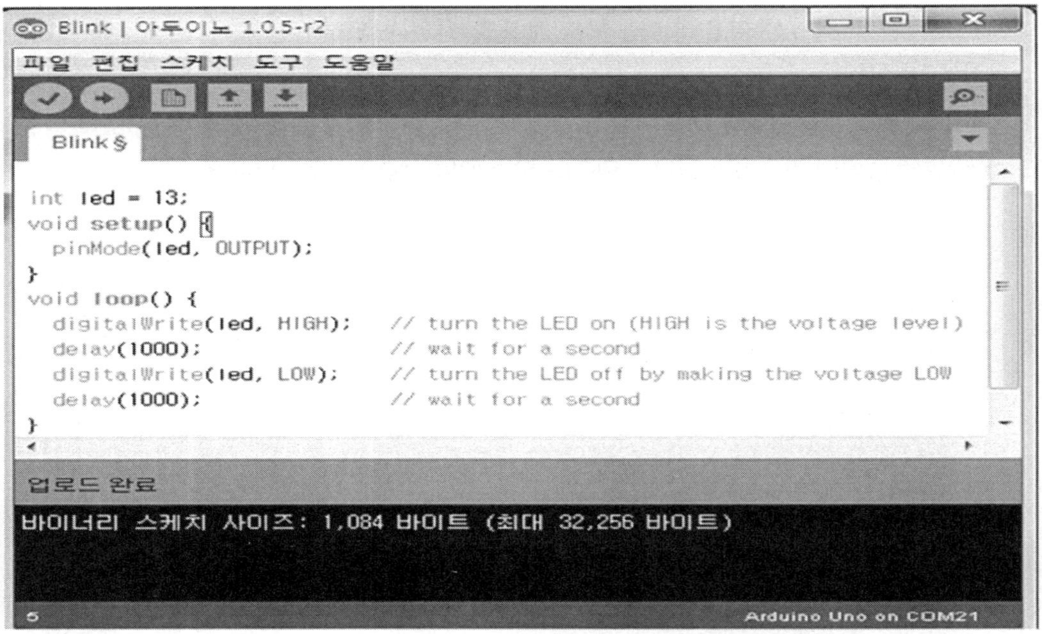

【그림 1_1_5】 아두이노 프로그램 소스코드 입력

⑥ DC 모터의 시뮬레이션을 하기 위해서 【그림 1_1_6】과 같이 아두이노 프로그램에서 생성된 *.ELF파일(Executable and Linking Format)또는 *.HEX파일을 선택한 다음 더블 클릭 한다.

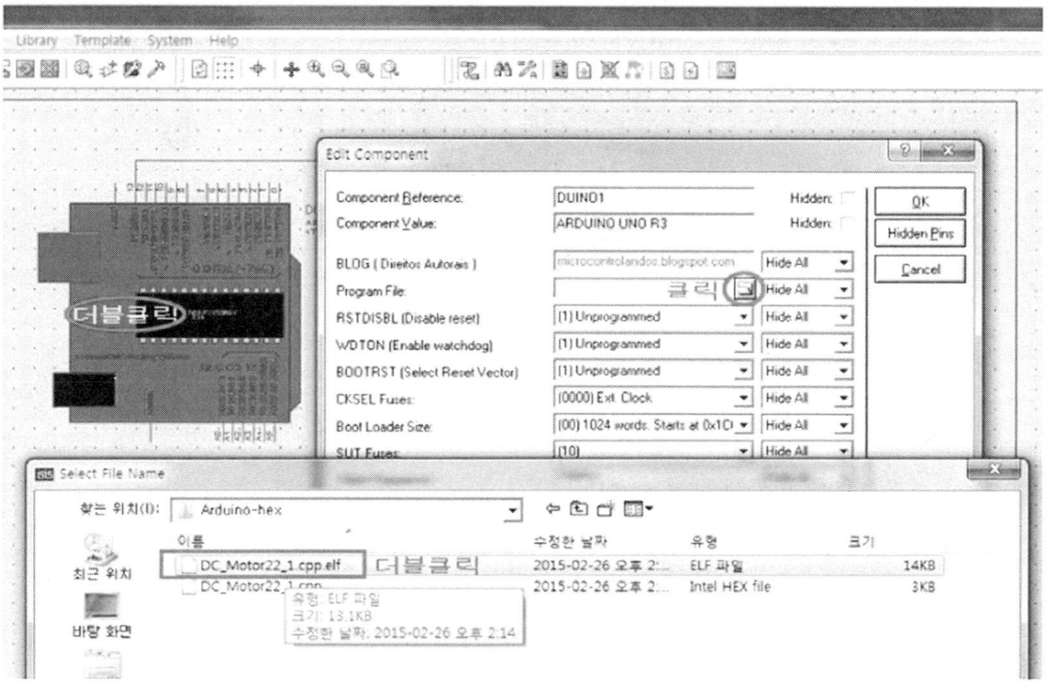

【그림 1_1_6】 DC모터 기본 제어회로 시뮬레이션 과정

⑦ DC 모터의 시뮬레이션을 하기 위해서 【그림 1_1_7】에서 플레이 버튼을 누르면 모터가 정상적으로 동작하는 것을 확인 할 수가 있는데 만일 에러가 없는데 동작이 안 되는 경우에는 하드웨어의 문제 이므로 전원 및 회로도를 다시 점검하기 바란다.

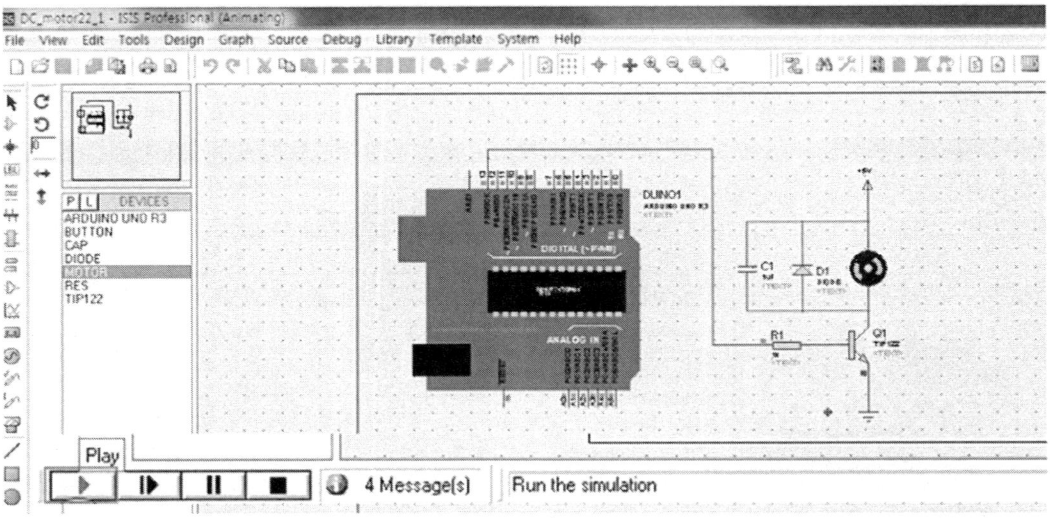

【그림 1_1_7】 DC모터 기본 제어회로 시뮬레이션 화면

⑧ 입력한 소스코드를 분석해 보기로 한다.

```
int led = 13;
void setup() {
  pinMode(led, OUTPUT);                              // ①
}
void loop() {
  digitalWrite(led, HIGH);                           // ②
  delay(1000);
  digitalWrite(led, LOW);                            // ③
  delay(1000);
}
```

소스코드 분석

① 아두이노 보드의 디지털 I/O 핀 중에서 13번 핀의 모드를 출력으로 설정

② 아두이노 보드의 디지털 I/O 핀 중에서 13번 핀으로 디지털 신호 HIGH(1)를 출력

③ 아두이노 보드의 디지털 I/O 핀 중에서 13번 핀으로 디지털 신호 LOW(0)를 출력

* LOW(0), HIGH(1)에서 전압을 측정해 보면 LOW일 때 전압은 0V 보다는 조금 높게 나오고 HIGH일 경우에는 5V보다 조금 낮은 전압이 나온다. 요즘은 저 전력 회로설계를 하는 추세이므로 3.3V의 전압에서 동작하는 MCU도 있는데 이 경우에 HIGH가 출력될 때의 전압은 약 3V 정도이다.

[DC_1_1]프로그램예제에서 사용된 TIP122 트랜지스터는 달링턴(darington) 접속으로 전류증폭률이 높고 【그림 1_1_8】은 내부회로 및 정격을 보여준다. 소비 전력이 작은 소형 모터의 제어나 대 전력 모터제어 설계 시에는 모터 및 트랜지스터의 데이터시트를 참고하여 가장 안정된 동작을 할 수 있도록 설계를 해야만 한다.

NPN
TIP120
TIP121
TIP122

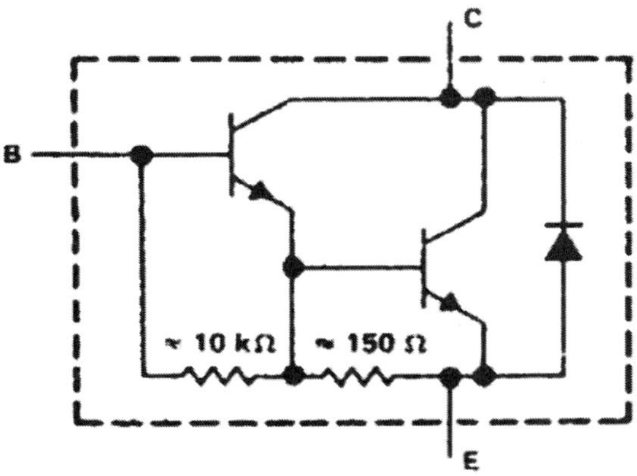

MAXIMUM RATINGS

Characteristic	Symbol	TIP120 TIP125	TIP121 TIP126	TIP122 TIP127	Unit
Collector-Emitter Voltage	V_{CEO}	60	80	100	V
COllector-Base Voltage	V_{CBO}	60	80	100	V
Emitter-Base Voltage	V_{EBO}	5.0			V
Collector Current-Continuous -Peak	I_C I_{CM}	5.0 8.0			A
Base Current	I_B	120			mA
Total Power Dissipation @T_C= 25°C Derate above 25°C	P_D	65 0.52			W W/°C
Operating and Storage Junction Temperature Range	T_J, T_{STG}	- 65 to +150			°C

【그림 1_1_8】 TIP122 트랜지스터의 내부회로 및 정격

프로그램[DC_1_2] DC 모터 ON/OFF제어(TIP122)

스위치 입력에 따른 DC 모터의 ON/OFF 동작으로 아두이노 보드의 디지털 핀 중에서 13번 핀은 출력으로 2번 핀과 3번 핀은 입력으로 사용하며 아두이노 2번 핀에 연결된 스위치를 눌렀다가 때면 모터가 회전하고 3번 핀에 연결된 스위치를 눌렀다가 때면 모터가 정지하는 프로그램이다.

① 프로테우스 시뮬레이션 툴에서 【그림 1_2_1】과 같이 회로를 설계한다. R2와 R3는 신호의 전달을 정확하게 하기 위한 외부풀업 저항으로 평상시에는 HIGH(1)상태이고 스위치를 누르고 있는 동안에는 LOW(0)가 입력된다.

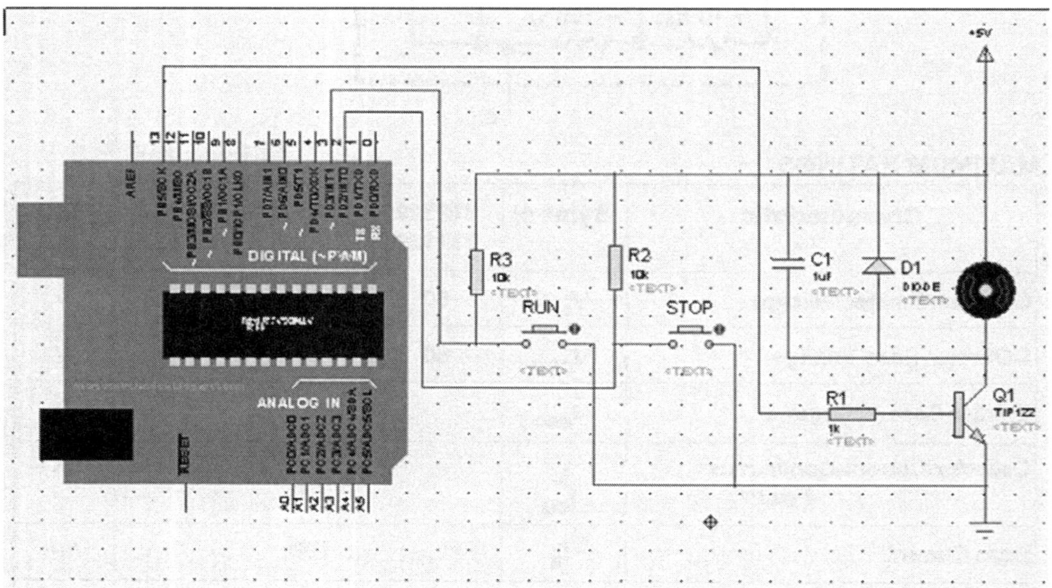

【그림 1_2_1】 DC모터 ON/OFF 제어회로

② 만일 내부 풀업을 사용할 경우에는 【그림 1_2_2】의 3가지 방법으로 하면 되는데 ①번의 경우는 digitalWrite 함수로 초기화를 해 주어야 되므로 번거로우며 보통은 ②번을 많이 사용한다. ③번의 경우에는 숫자를 이해하여야 되므로 사용 빈도는 낮지만 참고하기 바란다.
pinMode(pin, mode);에서 mode : INPUT(0), mode : OUTPUT(1),
mode : INPUT_PULLUP(2)로 pinMode(2, INPUT_PULLUP);는
pinMode(2, 2);로 해도 된다.

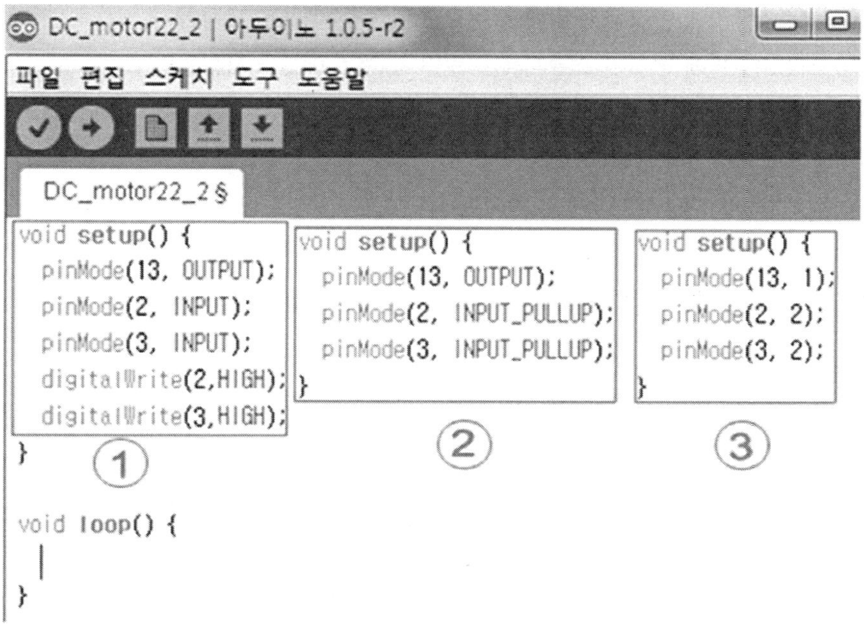

【그림 1_2_2】 디지털신호 입력일 경우 내부풀업 방법

③ 소스코드를 입력한 후에 컴파일 해서 에러가 없으면 아두이노 보드에 업 로드한다.

```
int key=0;
void setup() {
  pinMode(13, OUTPUT);                                  // ①
  pinMode(2, INPUT);                                    // ②
  pinMode(3, INPUT);
}
void loop() {
  if(digitalRead(2)==0) key=1;                          // ③
  if(digitalRead(3)==0) key=0;                          // ④
  if(key==1) digitalWrite(13,HIGH);                     // ⑤
  else if(key==0) digitalWrite(13,LOW);                 // ⑥
}
```

소스코드 분석

① 13번 핀을 출력으로 설정하여 트랜지스터의 베이스에 전류를 공급한다.

② 모터의 회전과 정지를 위한 스위치 입력을 받기위해서 2번 핀과 3번 핀을 입력으로 설정한다.

③ 아두이노의 2번 핀에 연결된 스위치를 누르면 key변수에 1을 저장한다.

④ 아두이노의 3번 핀에 연결된 스위치를 누르면 key변수에 0을 저장한다.

⑤ 아두이노의 13번 핀으로 HIGH(1)을 출력한다.

⑥ 아두이노의 13번 핀으로LOW(0)을 출력 한다.

* 만일 스위치 2개를 동시에 누르면 모터의 동작은?

【그림 1_2_3】은 브레드보드에 회로를 구성하여 동작되는 것을 보여 준다.

【그림 1_2_3】 DC모터 기본 제어회로 배선도

프로그램[DC_1_3] DC 모터 ON/OFF제어(L293D)

스위치 입력에 따른 DC 모터의 ON/OFF 동작으로 아두이노 보드의 디지털 핀 중에서 13번 핀은 출력으로 2번 핀은 입력으로 사용하며 아두이노 2번 핀에 연결된 스위치를 눌렀다가 때면 모터가 회전하고 다시 스위치를 눌렀다가 때면 모터가 정지하는 토글(toggle)스위치로 동작하는 프로그램이다. 스위치를 누르고 있는 동안은 전에 동작하는 상태를 유지하고 스위치를 뗄 때 동작 상태가 바뀐다. 이번 예제에서는 모터제어에 많이 사용되는 L293D IC를 사용하여 제어하는 방법에 대하여 알아보도록 한다.

1 프로테우스 시뮬레이션 툴에서 【그림 1_3_1】는 DC 모터 기본 제어회로이다.

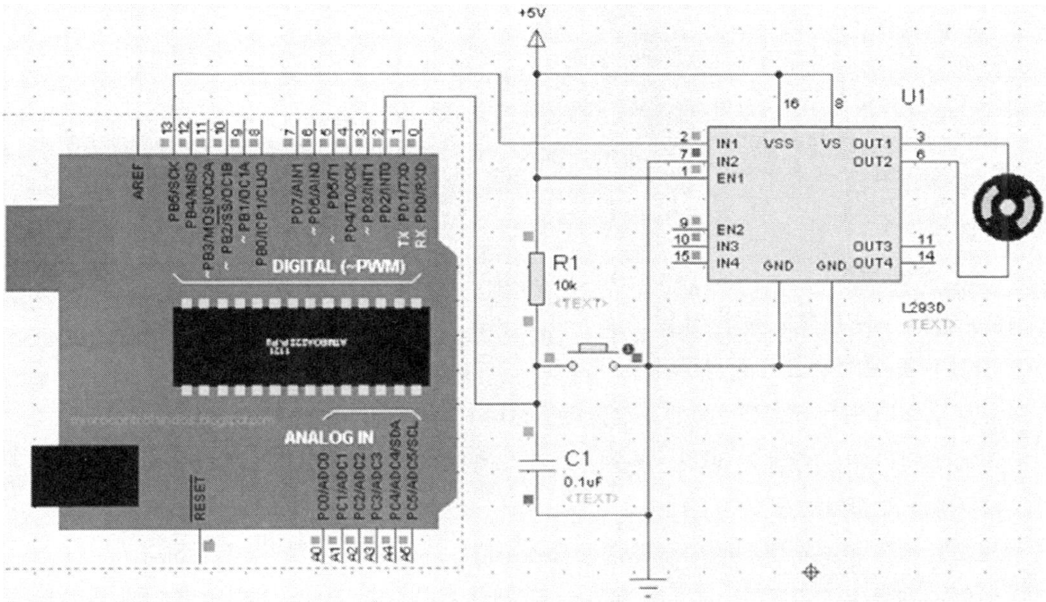

【그림 1_3_1】 DC모터 기본 제어회로

2 소스코드를 입력한다.

```
const int buttonPin = 2;                                   // ①
const int motorPin =  13;                                  // ②
int newButtonState;                                        // ③
int oldButtonState = LOW;                                  // ④
int motor_state = 1;                                       // ⑤
void setup() {
  pinMode(motorPin, OUTPUT);
  pinMode(buttonPin, INPUT);
}
void loop()
{
  newButtonState = digitalRead(buttonPin);                 // ⑥
  if (newButtonState == HIGH && oldButtonState == LOW) {   // ⑦
    if (motor_state == 0) {
      digitalWrite(motorPin, HIGH);                        // ⑧
      motor_state = 1;
    }
```

```
    else {
     digitalWrite(motorPin, LOW);                                    //⑨
     motor_state = 0;
    }
  }
  oldButtonState = newButtonState;                                  //⑩
}
```

소스코드 분석

① 2번 핀을 버튼 핀으로 설정한다.

② 13번 핀을 모터 핀으로 설정한다.

③ 새로 입력이 되는 버튼의 ON/OFF값을 저장한다.

④ 전에 입력한 버튼 값을 저장하는 변수로 초기 값은 LOW이고 버튼의 ON/OFF 값을 저장한다.

⑤ 모터동작의 상태 값을 저장한다.

⑥ 새로운 버튼 변수에 버튼을 누르지 않을 때는 HIGH, 누를 때는 LOW가 저장된다.

⑦ 버튼을 계속 누르고 있거나, 계속 누르지 않고 있으면 같은 동작을 무한 반복하게 되고 토글 동작으로 버튼을 눌렀다가 뗄 경우에만 동작상태가 바뀐다.

⑧ 모터가 회전한다.

⑨ 모터가 정지한다.

⑩ 전의 누른 버튼상태변수에 새로 누른 변수 값을 저장한다.
버튼을 누르지 않을 때는 HIGH 버튼을 누르고 있을 경우에는 LOW가 저장된다.

* 다음은 아두이노 홈페이지 http://arduino.cc/en/Tutorial/Debounce에서 제공하는 소스 코드로 스위치 입력 시에 채터링 또는 바운스라고도 하는데 이로 인해 정확한 신호전달이 안되어 오류가 발생하는데 이 현상을 제거해주는 프로그램이다.

회로의 동작은 아두이노 보드의 13번 핀에 연결된 LED가 2번 핀에 연결된 푸시버튼을 눌렀다 뗄 때마다 ON/OFF동작을 반복한다.

```
//http://arduino.cc/en/Tutorial/Debounce
int inPin = 2;              // the number of the input pin
int outPin = 13;            // the number of the output pin
int LEDstate = HIGH;        // the current state of the output pin
int reading;                // the current reading from the input pin          //
int previous = LOW;         // the previous reading from the input pin         //
int switchprevious = LOW;
```

```
// the follow variables are long's because the time, measured in miliseconds,
// will quickly become a bigger number than can be stored in an int.
long time = 0;              // the last time the output pin was toggled              //
long debounce = 50;         // the debounce time, increase if the output flickers
void setup()                                                                         //
{
  pinMode(inPin, INPUT);
  digitalWrite(inPin, HIGH);  // turn on the built in pull-up resistor
  pinMode(outPin, OUTPUT);
}
void loop()
{
  int switchstate;
  reading = digitalRead(inPin);
  // If the switch changed, due to bounce or pressing...
  if (reading != previous) {
    // reset the debouncing timer
    time = millis();
    }
if ((millis() - time) > debounce) {
     // whatever the switch is at, its been there for a long t me
     // so lets settle on it!
     switchstate = reading;
     // Now toggle the LEDstate when button is pressed
    if (switchstate == HIGH && switchprevious == LOW) {
      switchprevious = HIGH;
      if (LEDstate == HIGH) {LEDstate = LOW;} else {LEDstate = HIGH;}
      }
    if (switchstate == LOW && switchprevious == HIGH) {
      switchprevious = LOW;
      }
  }
  digitalWrite(outPin, LEDstate);
  // Save the last reading so we keep a running tally
  previous = reading;
}
```

프로그램[DC_1_4] DC 모터 ON/OFF제어(L293D)

이번 회로설계는 【그림 1_4_1】과 같이 외부 풀업저항 없이 내부 풀업을 이용하여 토글스위치 동작을 하는 프로그램이다. 프로그램 [DC_2_3]에서는 스위치를 눌렀다가 떼는 순간에 동작의 변화가 있었는데 이번에는 스위치를 누르는 순간 동작의 변화가 있고 떼었다가 다시 누르면 동작의 변화가 있는 프로그램을 한다. 즉, 모터가 회전하고 정지하는 동작을 반복하게 된다.

① 디지털 2번 핀으로 내부풀업을 이용하여 입력을 받는 회로이다.

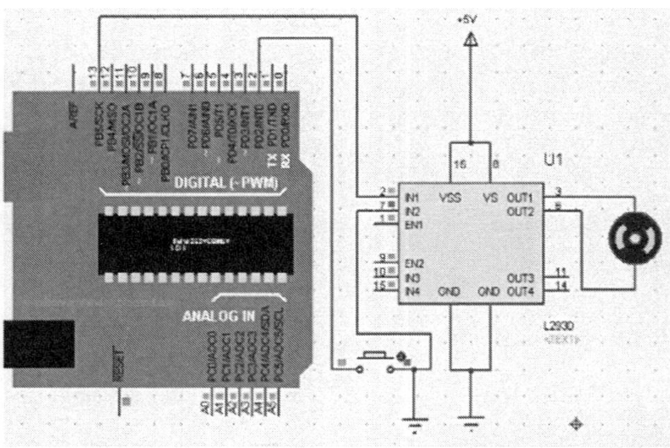

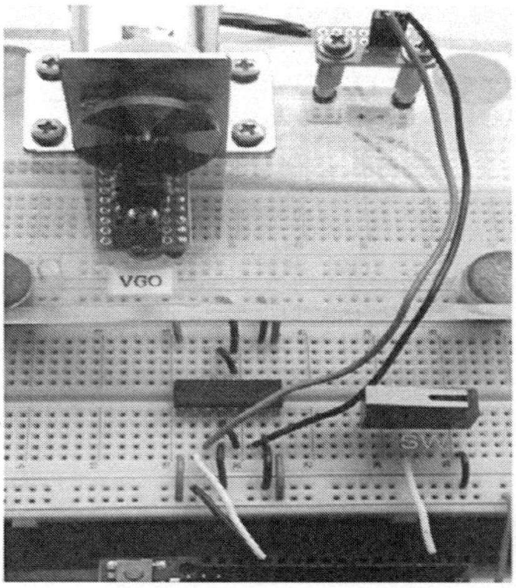

【그림 1_4_1】 L293D IC를 사용한 DC모터제어 회로와 배선도

② 다음과 같이 소스코드를 입력한다.

```
boolean newState = HIGH;
boolean oldState = HIGH;
boolean motor_run = LOW;
void setup(){
  pinMode(13, OUTPUT);
  pinMode(2, INPUT_PULLUP);
}
void loop(){
  newState = digitalRead(2);
```

```
  if (newState == LOW && oldState == HIGH)                        // ①
  {
   motor_run = !motor_run;//toggle
   digitalWrite(13, motor_run);
   delay(10);
   }
    oldState = newState;
    delay(10);
}
```

소스코드 분석

① 버튼을 누르는 순간에 동작상태가 바뀌고 버튼을 떼었다가 다시 눌러야만 상태가 바뀌는 토글 동작을 한다.

프로그램[DC_1_5] 2개의 DC 모터 ON/OFF제어(L293D)

【그림 1_5_1】의 회로에서 SW 1개로 2개의 모터를 제어하는 프로그램으로 바운스(bounce) 현상 발생여부를 시리얼모니터를 통하여 확인한다. 초기 상태는 motor_1과 motor_2가 정지 상태이다. SW를 한번 눌렀다가 떼고 다시 누를 때 마다 <표 1_5_1>과 같이 동작이 바뀐다.

<표 1_5_1> 모터의 동작상태

스위치를 눌렀다가 떼는 회수	모터의 동작상태	
	motor_1	motor_2
0	정지	정지
1	동작	정지
2	정지	동작
3	동작	동작

1 【그림1_5_1】과 같이 회로설계를 한다. 회로에서 EN1 = 1, EN2 = 1, IN1 = 1, IN2 = 0, IN3 = 0, IN4 = 0이므로 motor_1만 동작을 하는 것을 보여주는 회로이다.

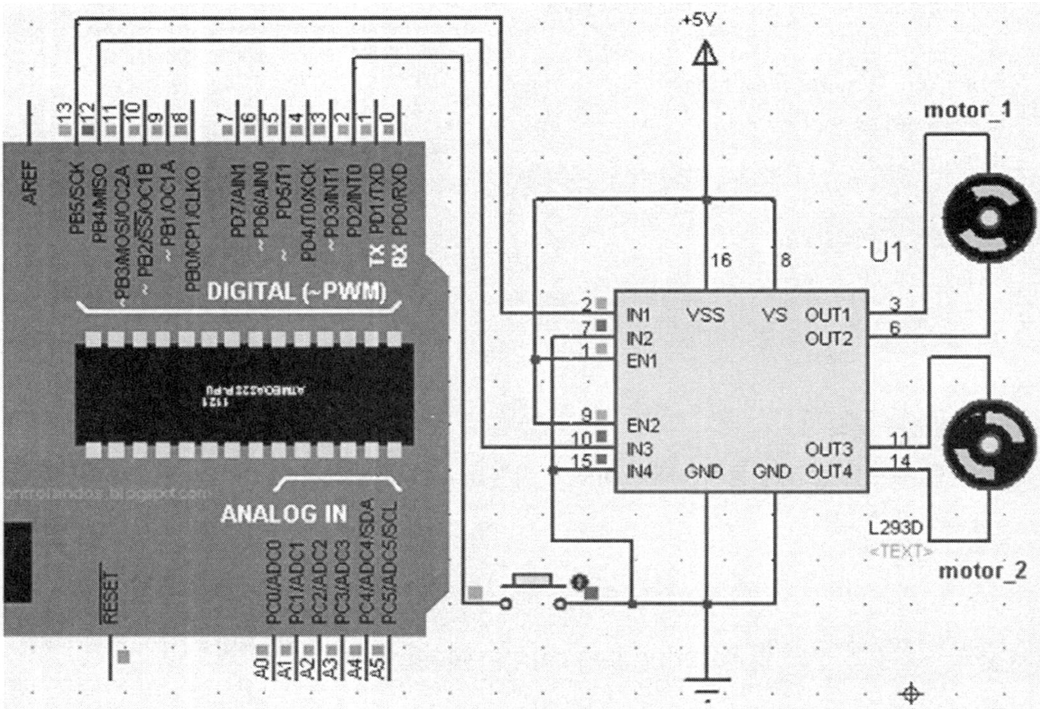

【그림1_5_1】 L293D IC를 사용한 2개의 모터제어 회로

② 소스코드는 다음과 같다.

```
boolean newState = HIGH;                                    //①
boolean oldState = HIGH;                                    //②
int cnt=0;
void setup(){
  pinMode(13, OUTPUT);
  pinMode(12, OUTPUT);
  pinMode(2, INPUT_PULLUP);                                 //③
  Serial.begin(9600);                                       //④
}
void loop(){
  newState = digitalRead(2);                                //⑤
  if (newState == LOW && oldState == HIGH)
  {
    cnt++;                                                  //⑥
    if(cnt>3) cnt=0;
```

```
    Serial.println(cnt);
    switch(cnt)
    {
     case 0 : digitalWrite(13, LOW); digitalWrite(12, LOW); break;
     case 1 : digitalWrite(13, HIGH); digitalWrite(12, LOW); break;
     case 2 : digitalWrite(13, LOW); digitalWrite(12, HIGH); break;
     case 3 : digitalWrite(13, HIGH); digitalWrite(12, HIGH); break;
    }
    delay(10);                                                    //⑦
  }
 oldState = newState;
 delay(10);//crude form of button debouncing
 }
}
```

소스코드 분석

① 현재의 버튼상태 저장

② 이전 상태의 버튼 값 저장

③ 버튼 스위치 입력

④ 시리얼 통신의 속도를 지정한다.

⑤ 디지털 2번 핀에서 버튼의 상태를 입력 받는다.(ON/CFF)

⑥ 모터의 동작 상태를 변화시키기 위한 변수로 네 가지 상태를 저장한다.

⑦ 바운스 현상을 제거한다.

【그림 1_5_2】는 L293D IC의 정격전류 범위 내에서 여러 종류의 모터를 제어한 경우이고 또한 시리얼 모니터를 보면 0에서부터 3까지 바운스 현상 없이 반복적으로 숫자가 나타나는 것을 보여준다.

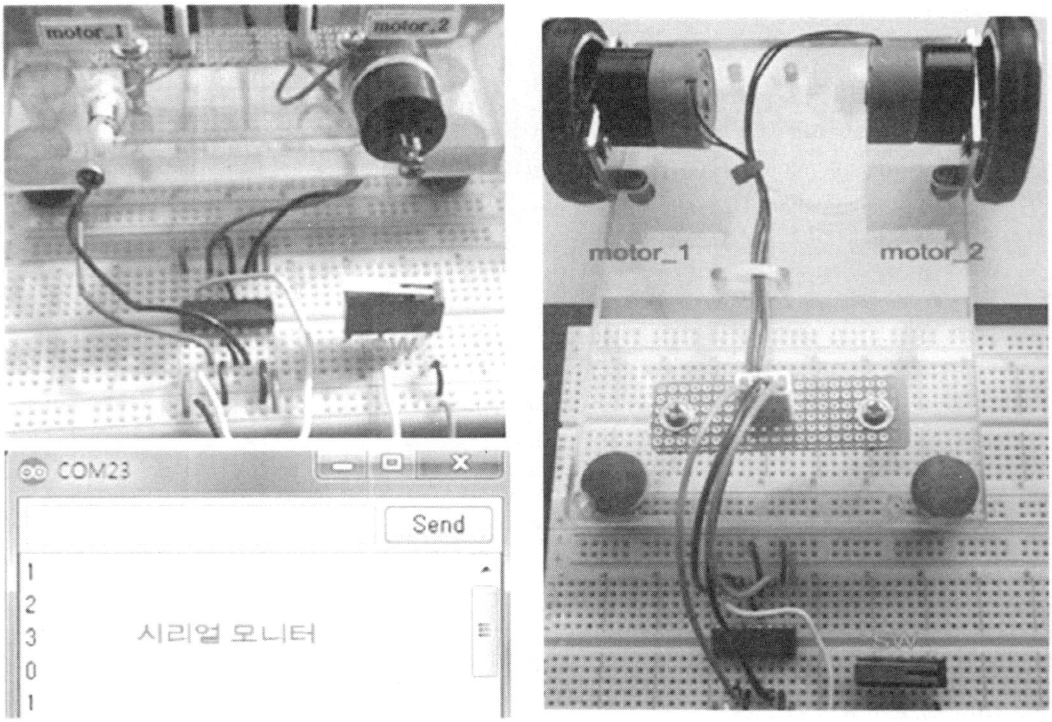

【그림 1_5_2】 시리얼 모니터 및 모터제어 회로 배선도

☞ 응용과제 DC 모터 ON/OFF 제어

【그림 1_5_A】회로의 SW1은 모터1 ⇨ ON/OFF, SW2는 모터2 ⇨ ON/OFF 동작이 되도록 프로그램 하시오.

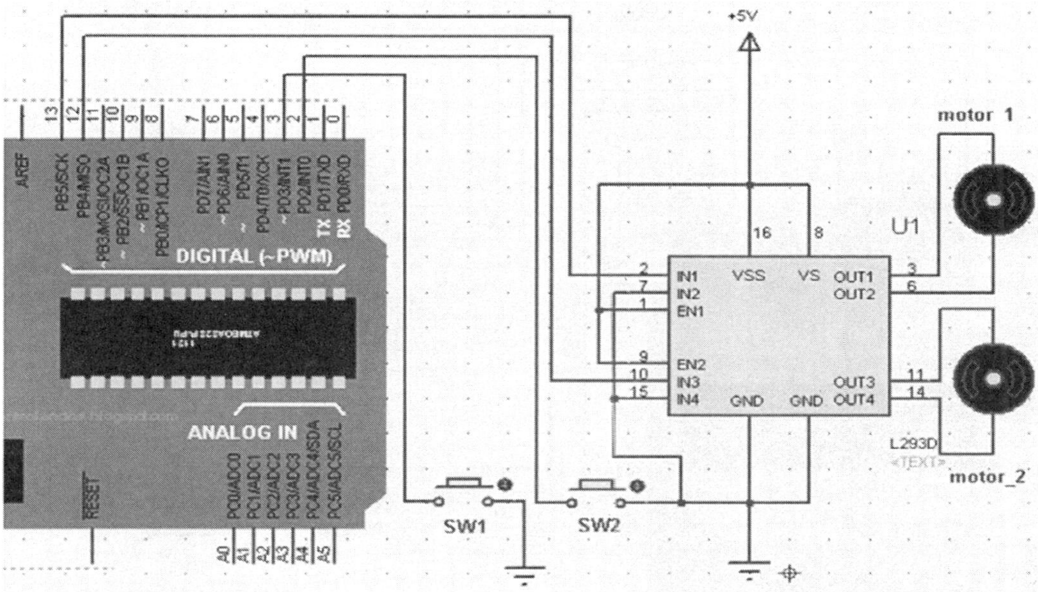

【그림 1_5_A】 2개의 푸시스위치 입력에 따른 모터제어 회로

프로그램[DC_1_6] DC 모터 정 · 역제어

3개의 스위치 입력으로부터 들어오는 신호에 따라서 모터가 정지, 시계방향으로 회전(CW : Clock Wise), 시계반대방향(CCW : Counter Clock Wise)으로 회전하는 프로그램으로 DC 모터는 극성만 바꿔주면 회전 방향이 바뀐다.

본 예제 프로그램에서 사용된 모터는 DC 6V이나 편의상 5V에서 구동을 하였으며. 모터 전원이 6V이상일 경우에는 듀얼 전원을 사용하여 아두이노 보드의 전압과 모터 구동용 전압을 각각 따로 정격에 맞게 공급해 주어야 한다.

① 【그림 1_6_1】은 모터의 정 · 역제어 회로이다. 회로에서 정 · 역제어를 위해서는 2개의 신호선이 필요 하므로 L293D IC의 EN1 = 1, IN1은 아두이노의 13핀에 연결하고 IN2는 아두이노 12번 핀에 연결한다.

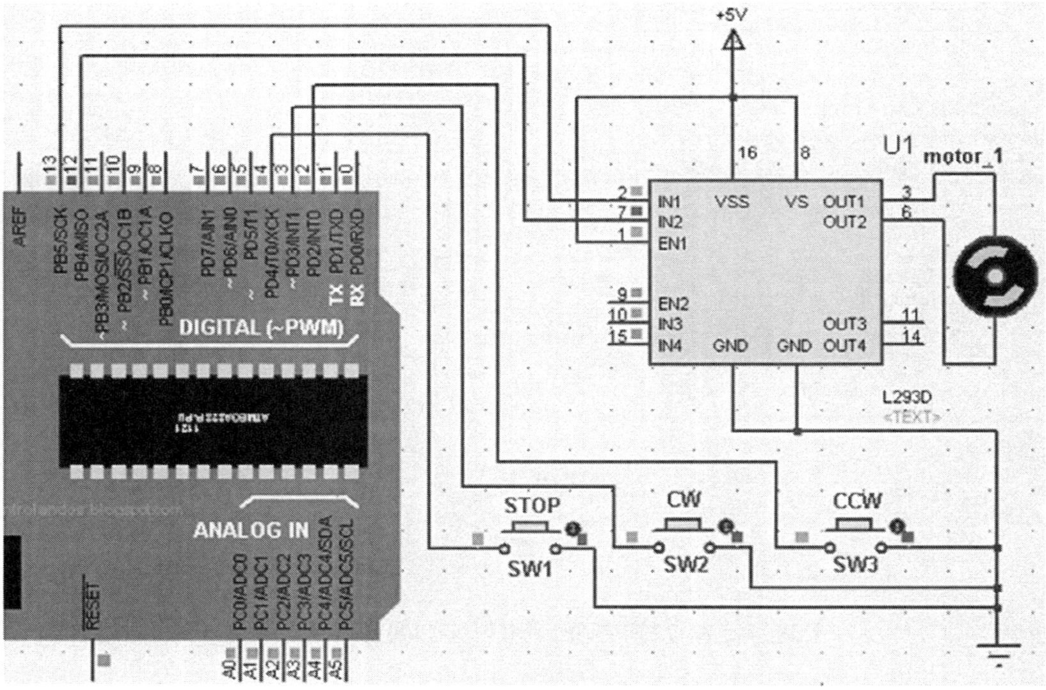

【그림 1_6_1】 모터의 정 · 역제어 회로

② 소스코드는 다음과 같다.

```
int motor_state = 0;                                                    //①
void setup(){
  pinMode(13, OUTPUT);
  pinMode(12, OUTPUT);
  pinMode(4, INPUT_PULLUP);                                             //②
  pinMode(3, INPUT_PULLUP);
  pinMode(2, INPUT_PULLUP);
}
void loop(){
 if(digitalRead(4)==LOW) motor_state = 0;
 if(digitalRead(3)==LOW) motor_state = 1;
 if(digitalRead(2)==LOW) motor_state = 2;
  switch(motor_state)
  {
   case 0 : digitalWrite(13, LOW); digitalWrite(12, LOW); break;        //③
```

```
    case 1 : digitalWrite(13, HIGH); digitalWrite(12, LOW); break;                    //④
    case 2 : digitalWrite(13, LOW); digitalWrite(12, HIGH); break;                    //⑤
  }
}
```

소스코드 분석

① 모터의 동작상태 값을 저장하기 위한 변수
② 버튼의 상태를 입력받기위해서 디지털 4번 핀, 3번 핀, 2번 핀을 내부풀업 모드
③ 모터의 전원에 (−,−)전압이 인가되어 모터가 정지한다.
④ 모터의 전원에 (+,−)전압이 인가되어 모터가 시계방향으로 회전한다.
⑤ 모터의 전원에 (−,+)전압이 인가되어 모터가 시계반대방향으로 회전한다.

【그림 1_6_2】의 그림(A)는 모터의 정 · 역회전에 따라서 왕복운동을 하는 리니어 모터이고, 그림(B)는 오디오의 음량을 조절하는 전동 가변저항인데 제어하는 방법은 동일하지만 모터가 대 전력을 필요로 하는 경우에는 대 전력에서사용이 가능한 트랜지스터나 릴레이로 대체하여 사용한다.

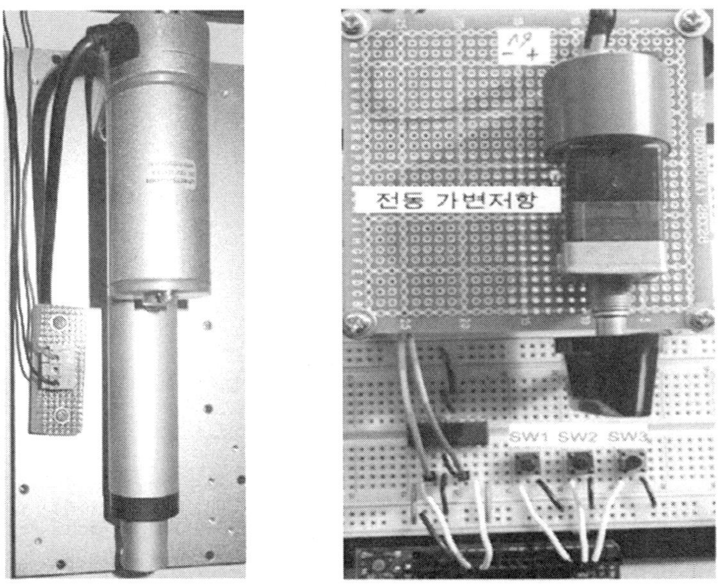

(A) (B)

【그림 1_6_2】 모터의 정 · 역제어 회로 배선도

프로그램[DC_1_7] 릴레이를 사용한 DC 모터 정 · 역 제어

[프로그램DC_1_6]과 같은 동작을 하는 회로인데 L293D IC의 최대전류 허용치 보다 많은 전류를 필요로 하는 모터이므로 릴레이를 사용하여 제어를 하는 방법에 대하여 알아본다. 참고로 릴레이의 입력 정격전류에 따라서 트랜지스터도 이에 맞게 선정하여 회로를 설계해야만 한다.

1. 【그림 1_7_1】의 회로에서 릴레이 RL1은 모터전원의 ON/OFF용이고 릴레이 RL2는 정 · 역 제어를 위해서 필요하다. 릴레이 RL2 대신에 【그림 1_7_2】의 Ⓐ 회로를 사용하여 릴레이 2개로 사용해도 된다. 본 교재에서는 편의상 8채널의 릴레이 보드를 사용하였는데 아두이노 전용 릴레이보드를 사용하면 더욱더 쉽게 제어를 할 수 있다. 또한 【그림 1_7_1】의 모터 대신에 【그림 1_7_3】과 같이 자동차 윈도우 모터를 사용할 수 있다.

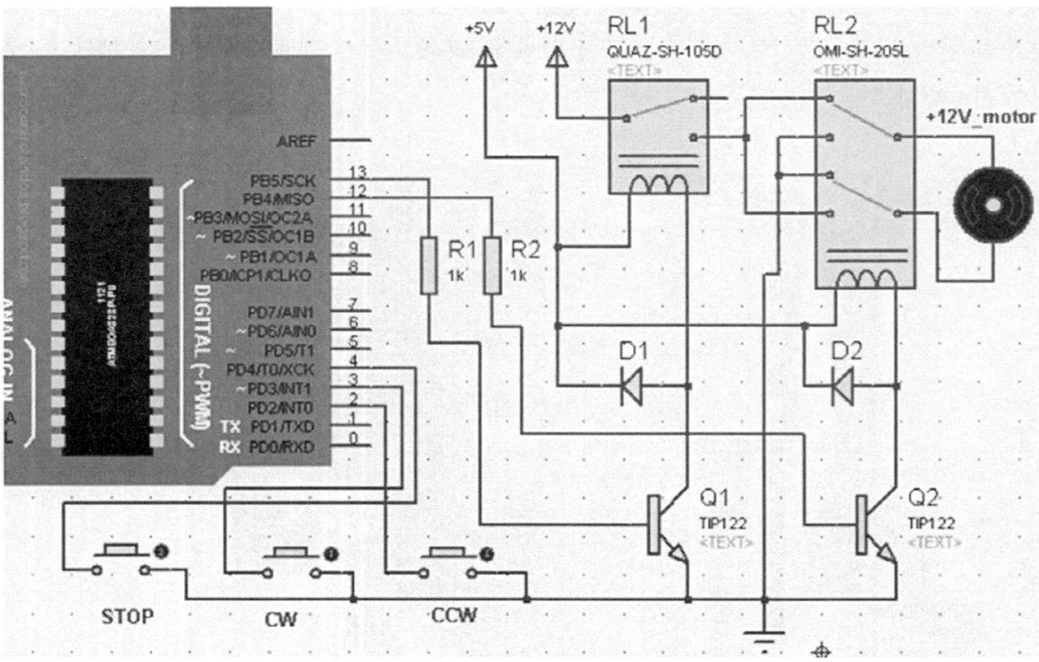

【그림 1_7_1】 릴레이를 사용한 모터의 정 · 역제어 회로

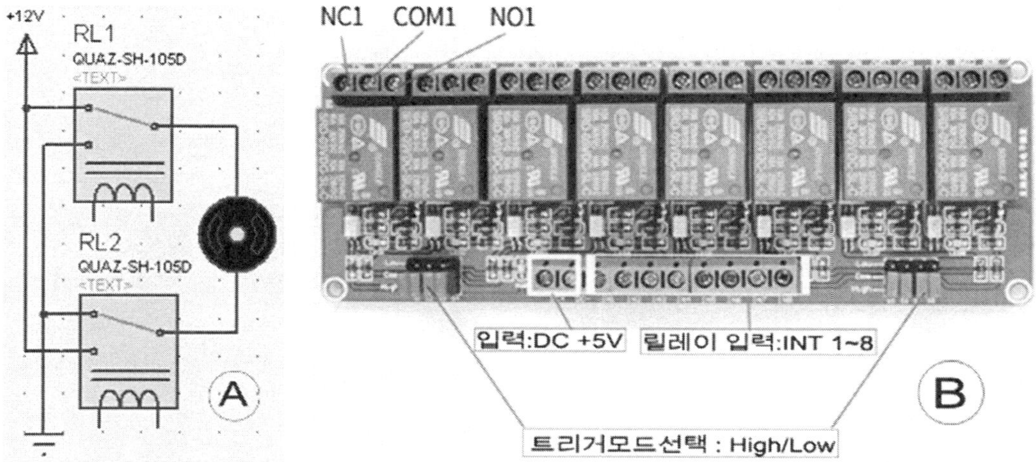

【그림 1_7_2】 모터제어를 위한 8채널 릴레이 모듈회로

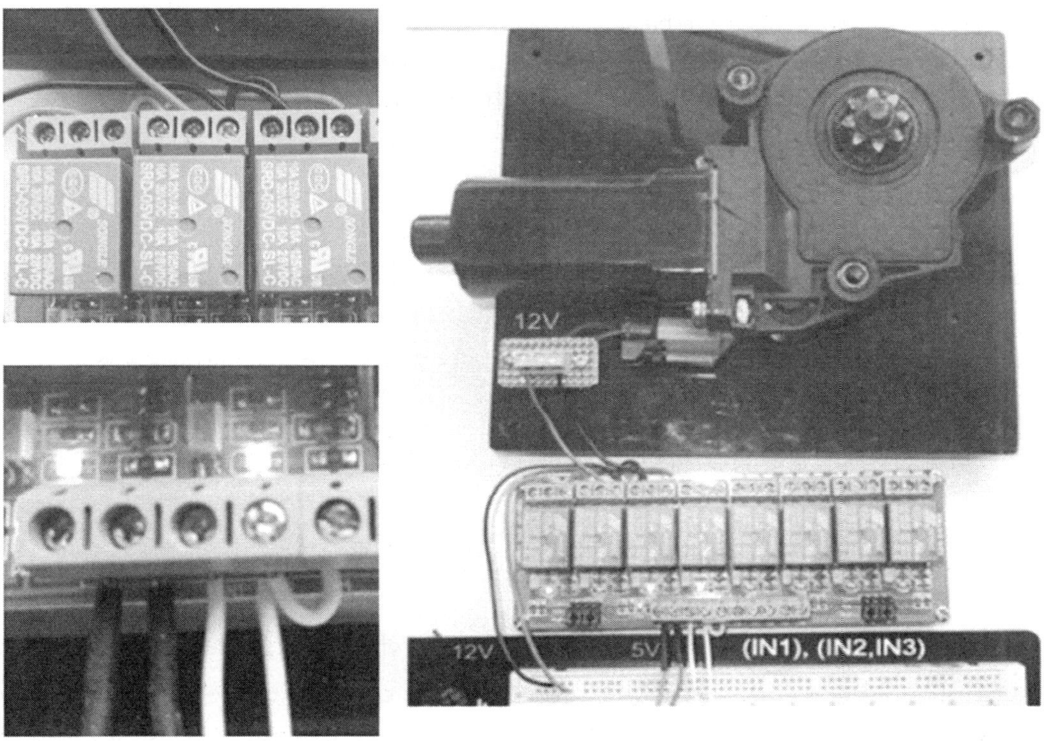

【그림 1_7_3】 자동차 윈도우 모터제어 회로 배선도

2 소스코드를 입력한다.

```
int motor_state = 0;
void setup(){
  pinMode(13, OUTPUT);
  pinMode(12, OUTPUT);
  pinMode(4, INPUT_PULLUP);//SW1(STOP)
  pinMode(3, INPUT_PULLUP);//SW2(CW)
  pinMode(2, INPUT_PULLUP);//SW3(CCW)
}
void loop(){
 if(digitalRead(4)==LOW) motor_state = 0;
 if(digitalRead(3)==LOW) motor_state = 1;
 if(digitalRead(2)==LOW) motor_state = 2;

  switch(motor_state)
  {
    case 0 : digitalWrite(13, LOW); break;                                          //①
    case 1 : digitalWrite(13, HIGH); digitalWrite(12, LOW); break;                  //②
    case 2 : digitalWrite(13, HIGH); digitalWrite(12, HIGH); break;                 //③
  }
}
```

소스코드 분석

① 모터의 전원에 연결된 릴레이로 0이면 릴레이가 동작을 안 하여 모터가 정지한다.

② 모터의 전원에 연결된 릴레1이 ON이고, 릴레이 2는 방향을 설정하는 릴레이로 평상시(OFF)에는 시계방향으로 회전한다.

③ 모터의 전원에 연결된 릴레1이 ON이고, 릴레이2는 방향을 설정하는 릴레이로 사용되었다.

프로그램[DC_1_8] 토글스위치 동작의 바운스제거 회로

[프로그램DC_1_7]은 스위치 문으로 프로그램을 하여 motor_state의 변수 값은 어느 한 스위치만 계속하여 누르게 되면 변수의 값은 변하지가 않고 다른 스위치를 눌렀을 때 값이 변하며 뗄 경우에도 그 값을 유지한다. 하지만 푸시 스위치를 사용하여 토글스위치로 동작시키려면 바운스가 발생하는 것을 고려해야만 하는데 하드웨어적으로 제거하는 방법에 대하여 알아본다.

【그림 1_8_1】에서 바운스현상을 제거하기 위해서 슈미트 트리거회로가 내장된 7414 IC와 입력에 R1과 C1을 연결하여 사용을 하는데 그림(c)에서 τ = R1×C1= 0.1[sec]가 된다.

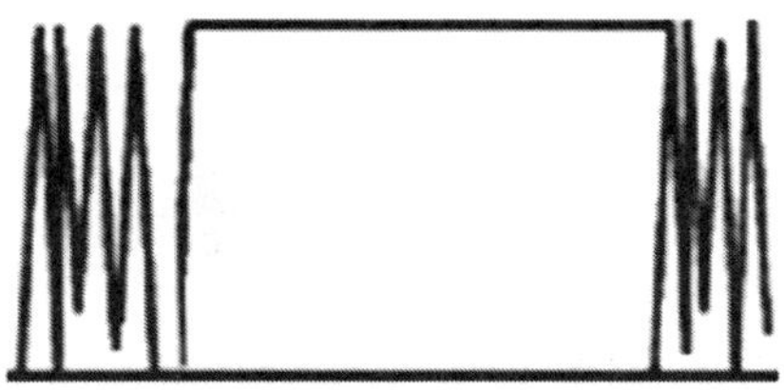

(a) 스위치 ON/OFF 시의 파형

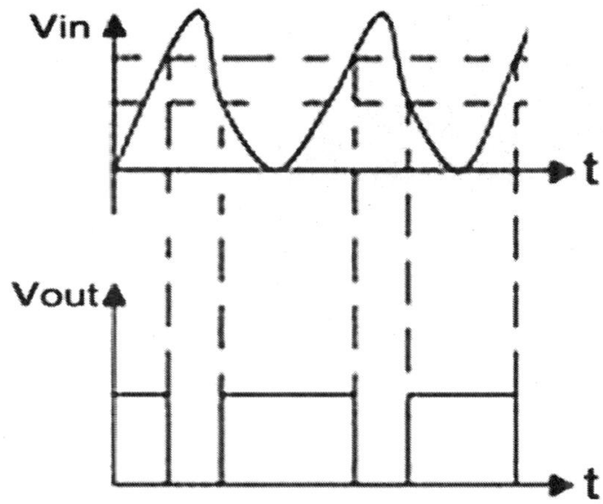

(b) 슈미트 트리거회로의 입 · 출력 파형

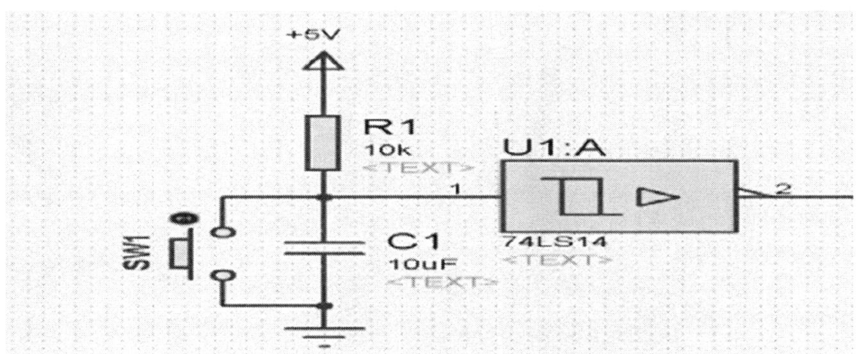

(c) 바운스 제거 회로

【그림 1_8_1】 바운스 제거 및 슈미트 트리거 회로

① 【그림 1_8_2】회로에서 C2는 모터회전에 의한 노이즈가 발생하여 마이크로 컨트롤러(MCU) 입력 신호에 영향을 줄 수 있으므로 이를 제거하기 위한 용도로 사용한다. 【그림 1_8_3】은 브레드보드에 구현한 회로 배선도이다.

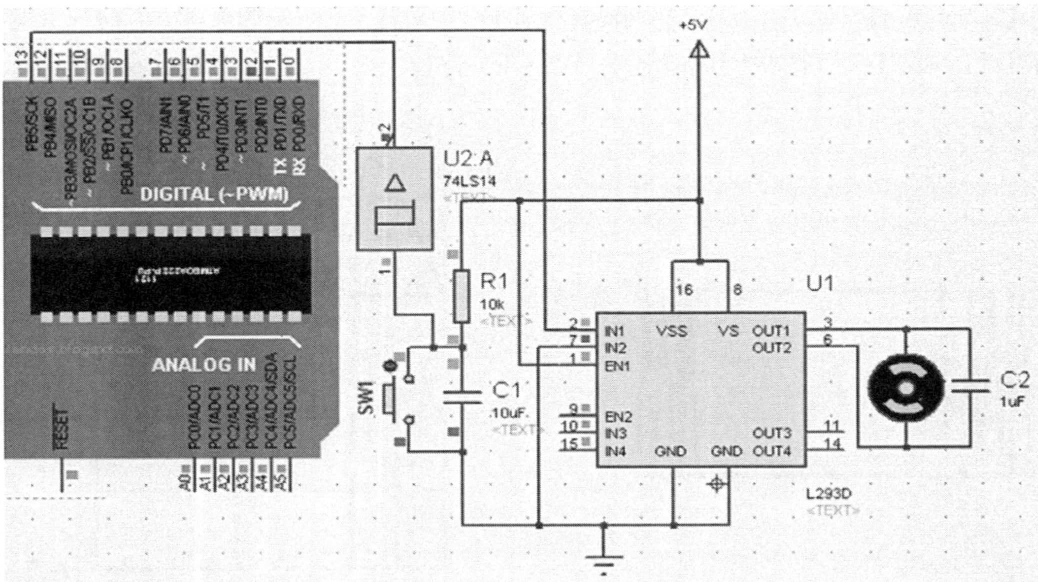

【그림 1_8_2】 슈미트 트리거 회로를 이용한 모터제어 회로

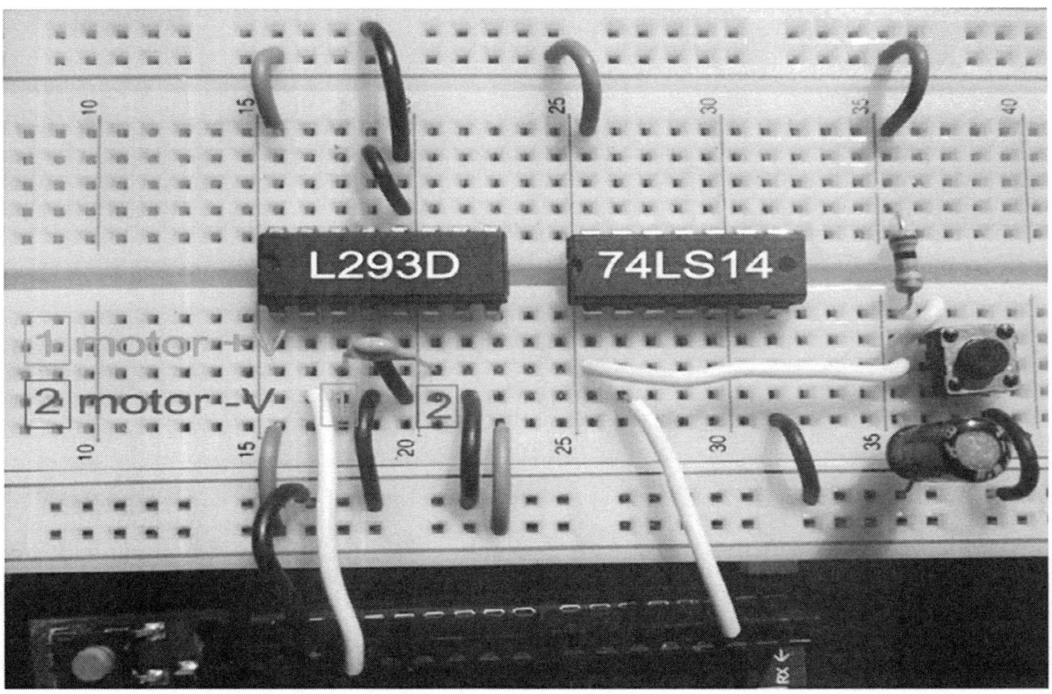

【그림 1_8_3】 슈미트 트리거 회로를 이용한 모터제어 회로 배선도

2 다음과 같이 소스코드를 입력한다.

```
boolean motor_state = 0;                                    //①
int temp=0, key = 0;                                        //②
void setup(){
 pinMode(13, OUTPUT);
 pinMode(2, INPUT);
}
void loop(){
 if(digitalRead(2) == HIGH && key == 0)                     //③
  {
   motor_state = !motor_state;
   digitalWrite(13, motor_state);
   key = 1;
   temp = key;
 }
  if(digitalRead(2) == LOW && temp==1)
   {
    temp=0;
    key =temp;                                              //④
   }
}
```

소스코드 분석

① 모터의 동작상태 값을 저장하기 위한 변수로 초기 값은 모터정지

② 버튼의 상태 값을 저장하기 위한 변수

③ 버튼을 눌렀다가 뗄 때마다 모터가 ON/OFF로 동작한다.

④ key 변수에 0을 대입하여 다시 입력을 받을 수 있게 한다.

☞ 응용과제 DC 모터 ON/OFF 제어

⇨【그림 1_8_A】회로에서 SW1은 모터 ⇨ ON/OFF, SW2는 모터 ⇨ 정 · 역 동작이 되도록 프로그램 하시오.

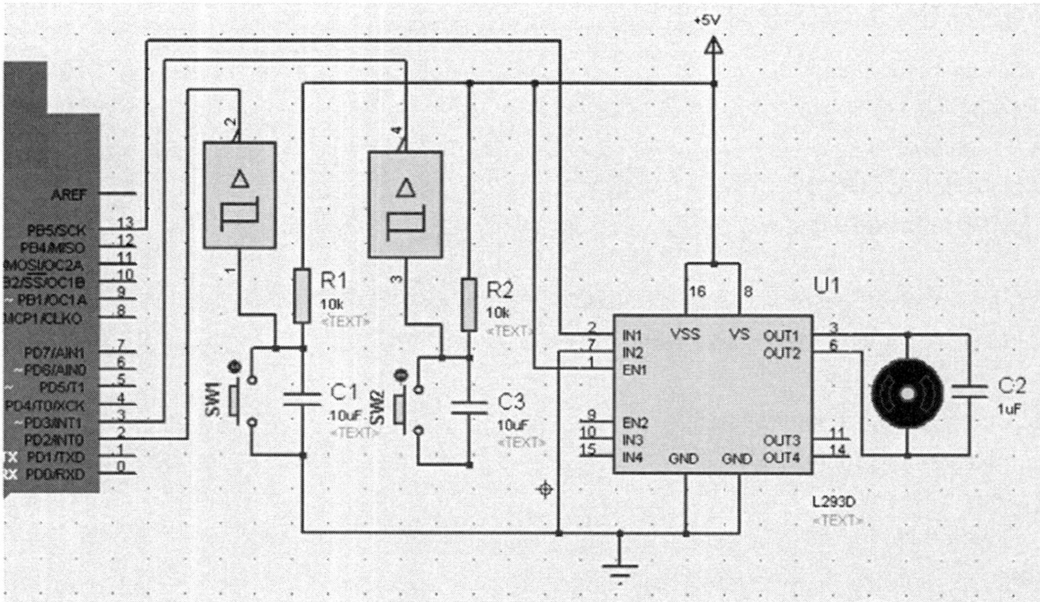

【그림 1_8_A】 모터의 정 · 역제어 회로

프로그램[DC_1_9] DC 모터 속도제어 회로1

DC 모터의 회전속도는 아두이노 보드의 MCU에서는 아날로그 값을 출력할 수가 없으므로 PWM(Pulse Width Modulation)파형을 사용하여 제어한다. 아두이노 보드에서 PWM파형이 출력되는 핀은 핀 번호 앞에 ~표시가 된 핀으로 (3, 5, 6, 9, 11)이다.

이를 사용하기 위해서는 간편하게 analogWrite(pin, value)함수를 이용하면 되는데 이 함수의 인수 pin은 PWM파형을 출력할 핀 번호이고 value는 8비트 레지스터 값으로 0에서 255의 값을 가지며 이 값에 따라 듀티 비가 결정된다.

이 함수는 아날로그 값을 출력하는 함수는 아니고 0과 1의 디지털 출력인 PWM파형을 출력하는 함수로 【그림1_9_1】 PWM파형 측정결과를 보여주는 그림이다.

1 PWM파형을 알아보기 위해서 다음과 같이 소스코드를 입력한다.

```
void setup(){                                              //①
 pinMode(11,OUTPUT);
 pinMode(10,OUTPUT);
 pinMode(9,OUTPUT);
}
```

```
void loop(){
 analogWrite(11,64);                                        //②
 analogWrite(10,127);                                       //③
 analogWrite(9,191);                                        //④
}
```

소스코드 분석

① 디지털 11번 핀, 10번 핀, 9번 핀을 출력으로 설정

② PWM 출력 파형으로 【그림1_9_1】의 11번 핀 참조

③ PWM 출력 파형으로 【그림1_9_1】의 10번 핀 참조

④ PWM 출력 파형으로 【그림1_9_1】의 9번 핀 참조

* Duty(%) = ON Time/(ON Time+OFF Time) x 100

10번 파형의 경우 $\frac{127}{255}$ X 100 = 49[%]

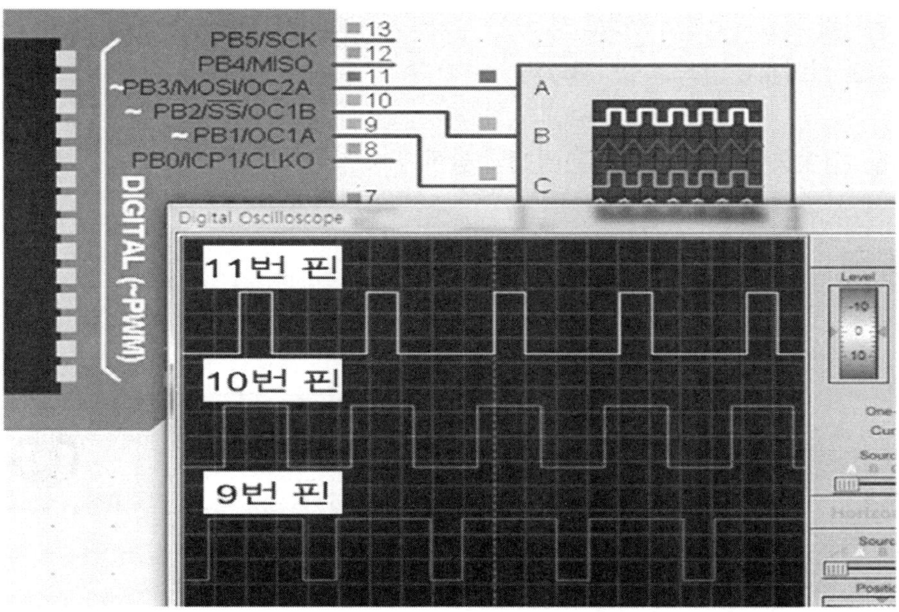

【그림 1_9_1】 PWM파형시뮬레이션 결과

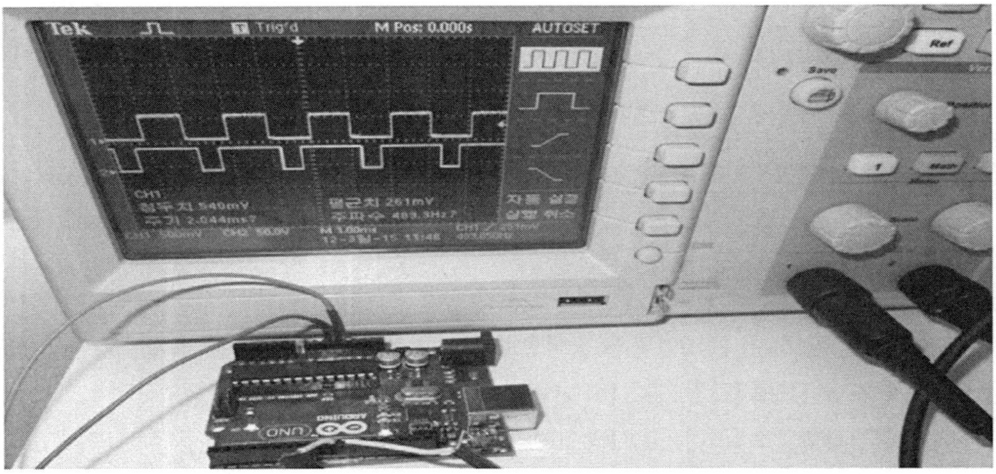

【그림 1_9_2】 오실로스코프로 측정한 9번 핀과 10번 핀의 파형

프로그램[DC_1_10] DC 모터 속도제어 회로2

DC 모터의 회전속도를 3단계로 제어하는 프로그램으로 PWM의 듀티 비의 변화에 따른 속도의 변화를 알아보는 프로그램이다.

① 디지털 핀(2, 3, 4, 5)에 【그림 1_10_1】과 같이 푸시 스위치를 연결한다.

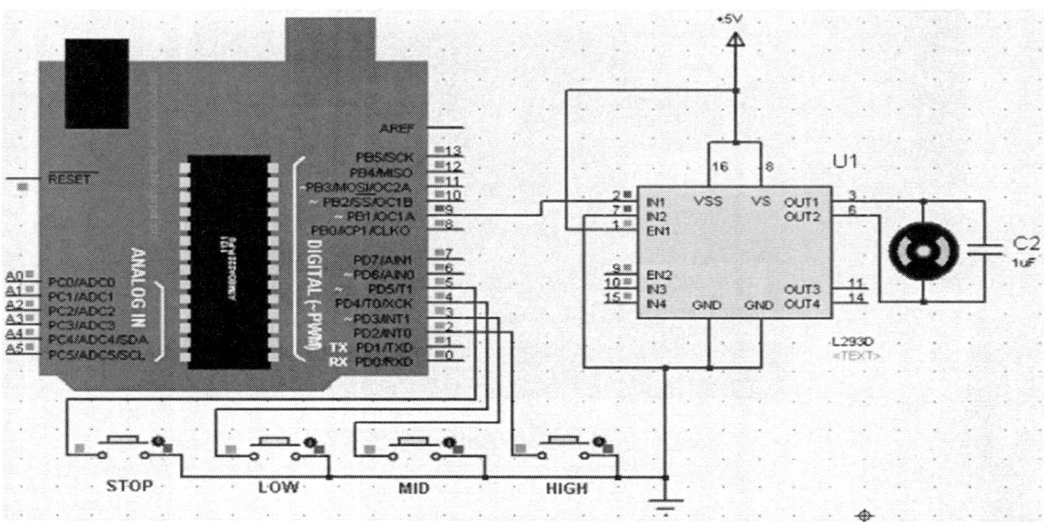

【그림 1_10_1】 PWM 듀티 비에 의한 모터제어 회로

2 다음과 같이 소스코드를 입력한다.

```
int motor_state = 0;                                          //①
void setup(){                                                 //②
  pinMode(9,OUTPUT);
  pinMode(5, INPUT_PULLUP);
  pinMode(4, INPUT_PULLUP);
  pinMode(3, INPUT_PULLUP);
  pinMode(2, INPUT_PULLUP);
}
void loop(){
 if(digitalRead(5)==LOW) motor_state = 0;
 if(digitalRead(4)==LOW) motor_state = 1;
 if(digitalRead(3)==LOW) motor_state = 2;
 if(digitalRead(2)==LOW) motor_state = 3;

  switch(motor_state)                                         //③
  {
    case 0 : analogWrite(9,0); break;
    case 1 : analogWrite(9,64); break;
    case 2 : analogWrite(9,127); break;
    case 3 : analogWrite(9,255); break;
  }
}
```

소스코드 분석

① 모터의 동작상태 값을 저장하기 위한 변수

② 디지털 5번 핀, 4번 핀, 3번 핀, 2번 핀을 내부풀업 모드로 한다.

③ PWM파형에 따라서 모터의 회전속도를 제어한다.

프로그램[DC_1_11] DC 모터 ON/OFF제어[Seeed Motor Shield v2.0]

DC 모터의 제어에 모터쉴드를 이용하면 편리한데 제조사에서 회로도와 라이브러리를 함께 제공해 준다.

회로도와 라이브러리파일은 http://www.seeedstudio.com/wiki/Motor_Shield_V2.0 주소에서 MotorDriver20121210.zip 파일을 다운받아 압축을 풀고 라이브러리에 추가해 주면 되

고 이 보드에 사용된 IC는 L298로 【그림 1_11_1】은 모터쉴드 V2.0 보드이다.

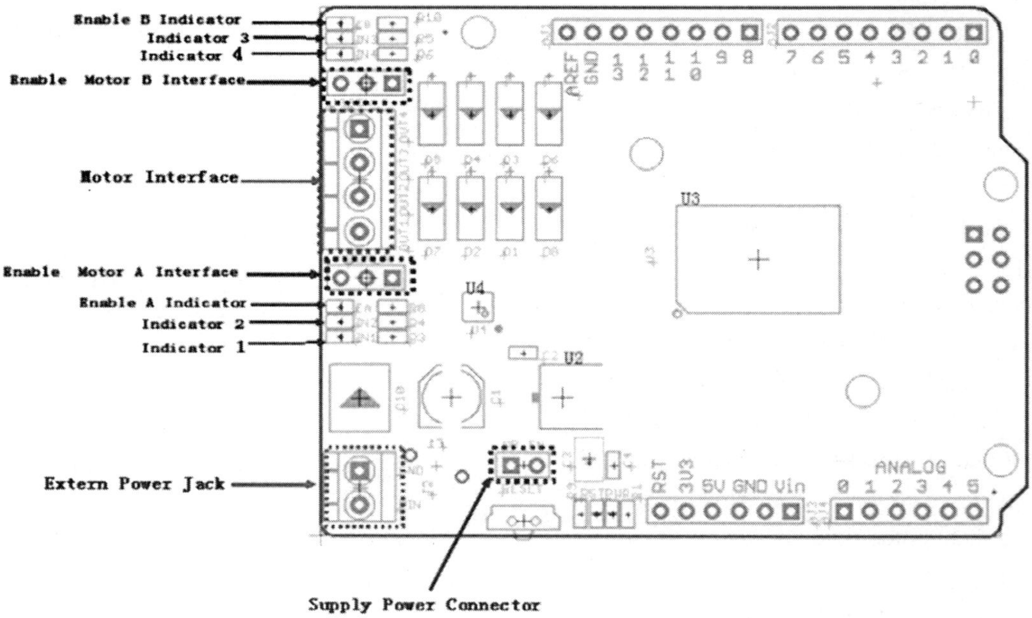

【그림 1_11_1】 모터쉴드 V2.0 보도

제조사에서 제공해 주는 MotorDriver.h 및 MotorDriver.cpp 파일을 보면 아두이노 보드에서 사용한 핀과 각각의 함수의 기능에 대해서도 알 수 있다.

```
//MotorDriver.h
#ifndef __MOTORDRIVER_H__
#define __MOTORDRIVER_H__
#include <Arduino.h>
/******Pins definitions*************/
#define MOTORSHIELD_IN1      8   //motor_A_ +, -
#define MOTORSHIELD_IN2      11  //motor_A_ -, +
#define MOTORSHIELD_IN3      12  //motor_B_ +, -
#define MOTORSHIELD_IN4      13  //motor_B_ -, +
#define SPEEDPIN_A           9   //motor_A_PWM
#define SPEEDPIN_B           10  //motor_B_PWM
/*************Motor ID**********************/
#define MOTORA                    0
```

```
#define MOTORB                      1
#define MOTOR_POSITION_LEFT         0
#define MOTOR_POSITION_RIGHT        1
#define MOTOR_CLOCKWISE             0
#define MOTOR_ANTICLOCKWISE         1
#define USE_DC_MOTOR                0

struct MotorStruct
{
        int8_t speed;
        uint8_t direction;
        uint8_t position;
};
/**Class for Motor Shield**/
class MotorDriver
{
        MotorStruct motorA;
        MotorStruct motorB;
public:
        void init();
        void configure(uint8_t position, uint8_t motorID);
        void setSpeed(int8_t speed, uint8_t motorID);
        void setDirection(uint8_t direction, uint8_t motorID);
        void rotate(uint8_t direction, uint8_t motor_position);
        void rotateWithID(uint8_t direction, uint8_t motorID);
        void goForward();
        void goBackward();
        void goLeft();
        void goRight();
        void stop();
        void stop(uint8_t motorID);
};
extern MotorDriver motordriver;
#endif

//MotorDriver.cpp
#include "MotorDriver.h"
```

```
void MotorDriver::init()
{
        pinMode(MOTORSHIELD_IN1,OUTPUT);
        pinMode(MOTORSHIELD_IN2,OUTPUT);
        pinMode(MOTORSHIELD_IN3,OUTPUT);
        pinMode(MOTORSHIELD_IN4,OUTPUT);
        pinMode(SPEEDPIN_A,OUTPUT);
        pinMode(SPEEDPIN_B,OUTPUT);
        stop();
        /*Configure the motor A to control the wheel at the left side.*/
        configure(MOTOR_POSITION_LEFT,MOTORA);
        /*Configure the motor B to control the wheel at the right side.*/
        configure(MOTOR_POSITION_RIGHT,MOTORB);
        setSpeed(127,MOTORA);
        setSpeed(127,MOTORB);
        setDirection(MOTOR_ANTICLOCKWISE,MOTORA);
        setDirection(MOTOR_CLOCKWISE,MOTORB);
}
```

모터쉴드 제조사에서 제공하는 DC 모터 예제파일로 모터를 구동해 보면서 어떻게 동작하는지 확인해 보기 바란다.

```
//DCMotorDemo File
// Demo function:The application method to drive the DC motor.
// Author:Frankie.Chu
// Date:20 November, 2012
#include "MotorDriver.h"                                                    //①
void setup()
{
  /*Configure the motor A to control the wheel at the left side.*/
  /*Configure the motor B to control the wheel at the right side.*/
  motordriver.init();
  motordriver.setSpeed(200,MOTORB);                                         //②
  motordriver.setSpeed(200,MOTORA);
}
void loop()
{
  motordriver.goForward();                                                  //③
```

```
  delay(2000);
  motordriver.stop();                                   //④
  delay(1000);
  motordriver.goBackward();                             //⑤
  delay(2000);
  motordriver.stop();
  delay(1000);
  motordriver.goLeft();                                 //⑥
  delay(2000);
  motordriver.stop();
  delay(1000);
  motordriver.goRight();                                //⑦
  delay(2000);
  motordriver.stop();
  delay(1000);
}
```

소스코드 분석

① 모터쉴드 제조사에서 제공하는 헤더파일

② init()함수 안에 초기 값은 setSpeed(127,MOTORB)인데 200으로 다시 지정 함.

③ 모터A와 모터B가 같은 방향으로 시계방향(CW)으로 회전한다.

④ 모터A와 모터B가 같이 정지 한다.

⑤ 모터A와 모터B가 같은 방향으로, 시계반대방향(CCW)으로 회전한다.

⑥ 모터A와 모터B가 서로 다른 방향으로, 모형 자동차의 경우 좌회전을 한다.

⑦ 모터A와 모터B가 서로 다른 방향으로, 모형 자동차의 경우 우회전을 한다.

DC 모터 데모파일의 헤더파일을 분석해보면 간단하게 프로그램 할 수 있는데 다음 예제는 모터 두 개가 동시에 시계방향으로 회전하는 프로그램이다.

```
void setup() {
  // put your setup code here, to run once:
  pinMode(8,OUTPUT);
  pinMode(9,OUTPUT);
  pinMode(10,OUTPUT);
  pinMode(11,OUTPUT);
  pinMode(12,OUTPUT);
  pinMode(13,OUTPUT);
```

```
  digitalWrite(9,HIGH);//motor_A_PWM
  digitalWrite(10,HIGH); //motor_B_PWM
  // CW
  digitalWrite(8,HIGH);//motor_A_ +, −
  digitalWrite(11,LOW);//motor_A_ −, +
  digitalWrite(12,LOW); //motor_B_ +, −
  digitalWrite(13,HIGH); //motor_B_ −, +
  /* CCW
  digitalWrite(8,LOW);//motor_A_ +, −
  digitalWrite(11,HIGH);//motor_A_ −, +
  digitalWrite(12,HIGH); //motor_B_ +, −
  digitalWrite(13,LOW); //motor_B_ −, +
  */
}
void loop() {
  // put your main code here, to run repeatedly:
}
```

【그림 1_11_1】모터쉴드에서 두 개의 모터가 연결이 되어있는 경우에 각 함수에 따른 모터의 회전 방향은 【그림 1_11_2】와 같고, 모터를 【그림 1_11_3】과 같이 할 경우에는 MOTOR A나 MOTOR B의 둘 중에 하나의 모터 극성을 바꾸어 주면 된다.

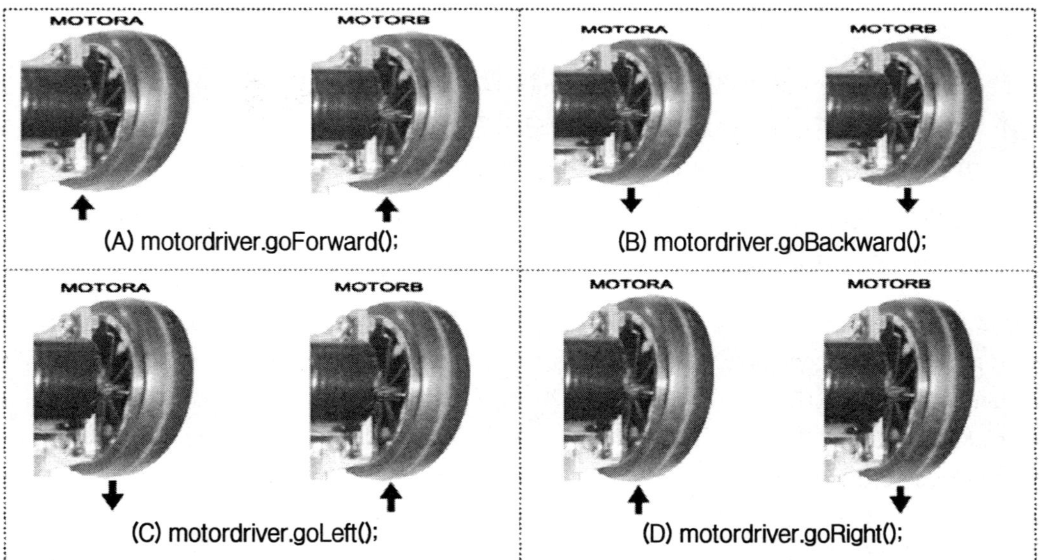

【그림 1_11_2】 모터의 회전방향

본 예제에서는 제조사의 예제에서 사용하지 않은 함수에 대해서 알아보기로 한다.

① 아두이노 보드 위에 모터쉴드 보드를 장착하고, 【그림 1_11_3】와 같이 두개의 모터를 연결한다.

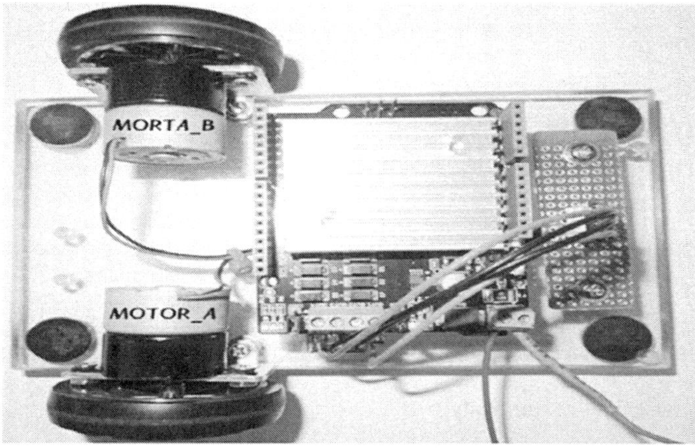

【그림 1_11_3】 모터쉴드 V2.0 보드 모터 연결

② 【그림 1_11_3】와 같이 모터 2개를 제어하는 회로인데 속도는 고정이고 좌, 우의 모터가 정지 및 정 · 역제어가 되는 프로그램으로 【그림 1_11_4】와 같이 아두이노 보드에 푸시스위치 6개를 연결한다.

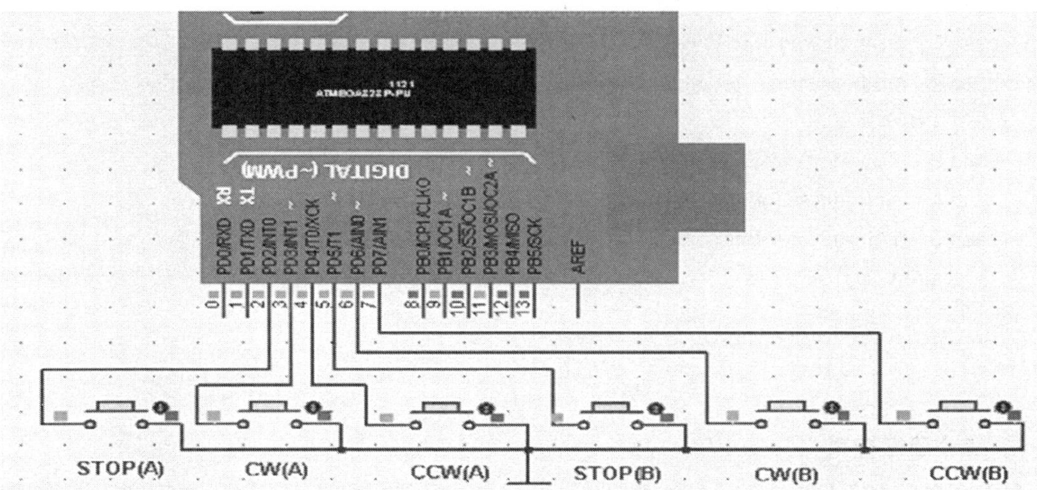

【그림 1_11_4】 두 개의 모터제어 회로

③ 소스코드는 다음과 같다.

```
#include "MotorDriver.h"                                              // ①
int motor_state = 0;                                                  // ②
void setup()
{
  motordriver.init();                                                 // ③
  pinMode(2,INPUT_PULLUP);                                            // ④
  pinMode(3,INPUT_PULLUP);
  pinMode(4,INPUT_PULLUP);
  pinMode(5,INPUT_PULLUP);
  pinMode(6,INPUT_PULLUP);
  pinMode(7,INPUT_PULLUP);
}
void loop()
{
  if(digitalRead(2)==LOW) motor_state = 0;
  if(digitalRead(3)==LOW) motor_state = 1;
  if(digitalRead(4)==LOW) motor_state = 2;
  if(digitalRead(5)==LOW) motor_state = 3;
  if(digitalRead(6)==LOW) motor_state = 4;
  if(digitalRead(7)==LOW) motor_state = 5;
  switch(motor_state)
  {
    case 0 : motordriver.stop(MOTORA); break;                         // ⑤
    case 1 : motordriver.rotateWithID(MOTOR_CLOCKWISE, MOTORA);break;  // ⑥
    case 2 : motordriver.rotateWithID(MOTOR_ANTICLOCKWISE, MOTORA);
           break;                                                     // ⑦
    case 3 : motordriver.stop(MOTORB); break;                         // ⑧
    case 4 : motordriver.rotateWithID(MOTOR_CLOCKWISE, MOTORB);break;  // ⑨
    case 5 : motordriver.rotateWithID(MOTOR_ANTICLOCKWISE, MOTORB);
           break;                                                     // ⑩
  }
}
```

소스코드 분석

① 모터쉴드 제조사에서 제공하는 헤더파일로 이 파일을 열어보면 아두이노 보드와 모터쉴드와 연결된 핀 번호를 알 수 있다.

② 모터의 동작 상태를 제어하기 위한 변수

③ 모터A와 모터B의 초기 설정상태 함수이다.

④ 버튼의 상태를 입력받기위해서 디지털 2번 핀, 3번, 4번, 5번, 6번, 7번 핀이 내부풀업 모드이다.

⑤ 모터A가 정지한다.

⑥ 모터A가 시계방향으로 회전한다.

⑦ 모터B가 시계반대방향으로 회전한다.

⑧ 모터B가 정지한다.

⑨ 모터B가 시계방향으로 회전한다.

⑩ 모터B가 시계방향으로 회전한다.

☞ 응용과제 PWM에 의한 DC 모터 속도 제어

【그림 1_11_A】회로의 SW1은 모터A가 정지하고 모터의 속도조절이 되도록 다음의 함수를 이용하여 프로그램 하시오.

```
STOP(0) ⇨ motordriver.setSpeed(0,MOTORA);        //정지
Speed(1) ⇨ motordriver.setSpeed(51,MOTORA);
Speed(2) ⇨ motordriver.setSpeed(102,MOTORA);
Speed(3) ⇨ motordriver.setSpeed(152,MOTORA);
Speed(4) ⇨ motordriver.setSpeed(204,MOTORA);
Speed(5) ⇨ motordriver.setSpeed(255,MOTORA);     //최고 속도
```

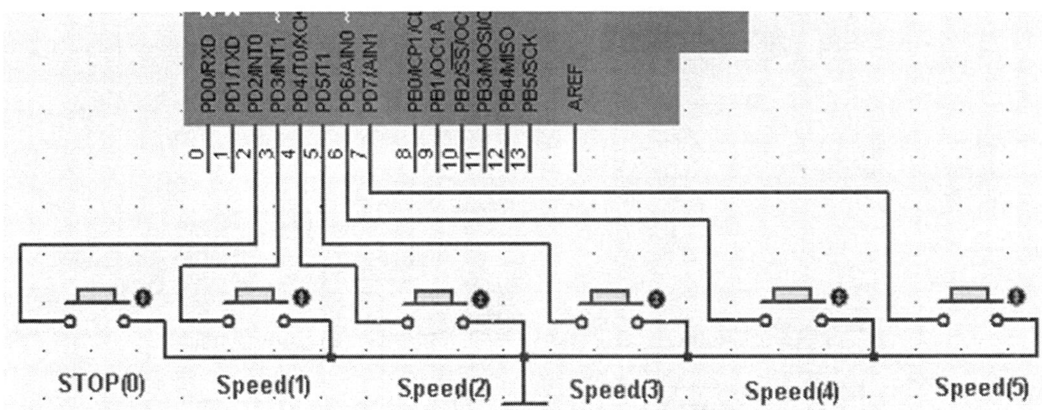

【그림 1_11_A】 모터의 회전속도 제어

프로그램[DC_1_12] 모터쉴드에 의한 DC 모터제어2

두 개의 모터가 번갈아 가면서 정회전과 역회전을 반복하는 프로그램을 한다. 이번 예제에서도 모터쉴드를 이용하는데 제조회사는 다르지만 사용법은 유사하다. 제조회사에서는 사용자가 쉽게 프로그램을 할 수 있도록 회로도를 제공하는데 http://arduino.cc/en/Main/ArduinoMotorShieldR3주소에서 참고하기 바란다. 【그림 1_12_1】은 모터쉴드의 주요 회로이고, <표 1_12_1>은 모터쉴드와 아두이노 보드의 핀 접속도이다.

<표 1_12_1> 모터쉴드의 핀 연결

Function	pins per Ch. A	pins per Ch. B
Direction	D12	D13
PWM	D3	D11
Brake	D9	D8
Current Sensing	A0	A1

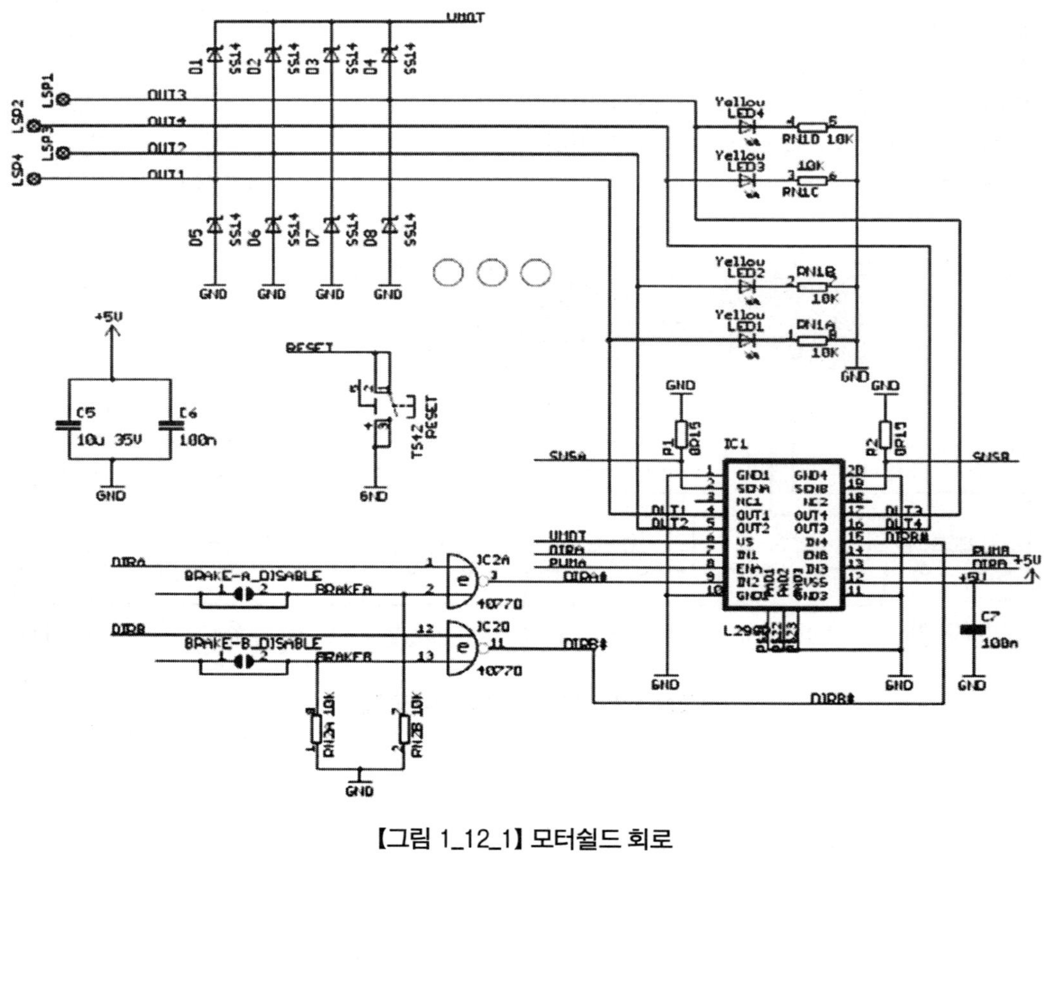

【그림 1_12_1】 모터쉴드 회로

다음은 제조사에서 제공하는 모터구동 예제파일인데 다음의 주소 http://www.instructables.com/id/Arduino-Motor-Shield-Tutorial/에서 다운을 받아서 실행해 보길 바란다.

```
void setup() {
  //Setup Channel A
  pinMode(12, OUTPUT); //Initiates Motor Channel A pin
  pinMode(9, OUTPUT);  //Initiates Brake Channel A pin
}
void loop(){
  //forward @ full speed
  digitalWrite(12, HIGH); //Establishes forward direction of Channel A
  digitalWrite(9, LOW);   //Disengage the Brake for Channel A
  analogWrite(3, 255);    //Spins the motor on Channel A at full speed
  delay(3000);
  digitalWrite(9, HIGH);  //Eengage the Brake for Channel A
  delay(1000);
  //backward @ half speed
  digitalWrite(12, LOW);  //Establishes backward direction of Channel A
  digitalWrite(9, LOW);   //Disengage the Brake for Channel A
  analogWrite(3, 123);    //Spins the motor on Channel A at half speed
  delay(3000);
  digitalWrite(9, HIGH);  //Eengage the Brake for Channel A
  delay(1000);
}
```

① 【그림 1_12_2】와 같이 두 개의 모터를 연결한다.

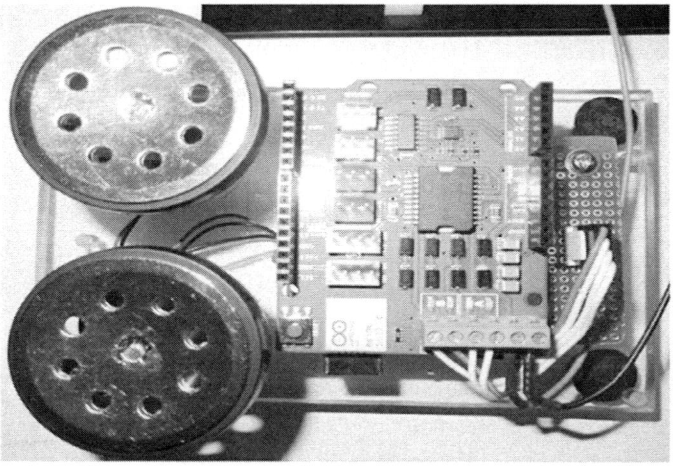

【그림 1_12_2】 아두이노보드와 모터쉴드 연결

② 소스코드는 다음과 같다.

```
#define dir_motor_A 12
#define dir_motor_B 13
#define PWM_motor_A 3
#define PWM_motor_B 11
#define break_motor_A 9
#define break_motor_B 8
void setup() {
  pinMode(dir_motor_A, OUTPUT);
  pinMode(dir_motor_B, OUTPUT);
  pinMode(PWM_motor_A, OUTPUT);
  pinMode(PWM_motor_B, OUTPUT);
  pinMode(break_motor_A, OUTPUT);
  pinMode(break_motor_B, OUTPUT);
  digitalWrite(PWM_motor_A, HIGH);
  digitalWrite(PWM_motor_B, HIGH);
  digitalWrite(break_motor_A, HIGH);
  digitalWrite(break_motor_B, HIGH);
  delay(1000);
}
```

```
void loop() {
  //motor_A
  digitalWrite(break_motor_A, LOW);                // ①
  digitalWrite(dir_motor_A, HIGH);                 // ②
  delay(1000);                                     // ③
  digitalWrite(break_motor_A, HIGH);               // ④
  delay(1000);
  digitalWrite(break_motor_A, LOW);                // ⑤
  digitalWrite(dir_motor_A, LOW);                  // ⑥
  delay(1000);
  digitalWrite(break_motor_A, HIGH);               // ⑦
  delay(1000);
  //motor_B                                        // ⑧
  digitalWrite(break_motor_B, LOW);
  digitalWrite(dir_motor_B, HIGH);
  delay(1000);
  digitalWrite(break_motor_B, HIGH);
  delay(1000);
  digitalWrite(break_motor_B, LOW);
  digitalWrite(dir_motor_B, LOW);
  delay(1000);
  digitalWrite(break_motor_B, HIGH);
  delay(1000);
}
```

소스코드 분석

① 모터A를 정지 상태에서 해제한다.

② 모터A를 시계방향으로 회전시킨다.

③ 1초 동안 시간지연을 한다.

④ 모터A를 정지시킨다.

⑤ 모터A를 정지 상태에서 해제한다.

⑥ 모터A를 시계반대방향으로 회전시킨다.

⑦ 모터A를 정지시킨다.

⑧ 모터B의 동작도 모터A와 같은 순서로 동작한다.

프로그램[DC_1_13] 모터쉴드에 의한 DC 모터제어3

모터쉴드에서 모터 A를 연결하고 아날로그입력 A2에 가변저항을 연결하여 입력되는 전압의 변화에 따라서 디지털출력 3번 핀으로 PWM파형이 출력되어 모터의 속도를 제어하는 프로그램이다.

A0와 A1은 모터쉴드의 전류센싱 단자와 연결이 되어있는데 시리얼모니터를 통해서 어떻게 동작되는지 알아보기로 한다. 전류센싱을 통하여 모터의 정상동작 여부를 판단하고 과부하시에 전원을 차단하는 회로를 구성할 수가 있고【그림 1_13_1】은 전류센싱 회로도 인데【그림 1_12_1】 모터쉴드 회로와 같이 연결해서 사용되고 L298IC의 데이터시트도 참고하기 바란다.

【그림 1_13_2】은 전류센싱 측정값을 시리얼모터에 보여주는 것으로 이 값을 이용하여 모터의 전류를 감지하여 전류 값에 따라서 모터의 ON/OFF를 제어하는 프로그램도 가능하다. 모터의 종류에 따라서 소비전력도 다르므로 모터에 따라 다른 값으로 출력된다. 이번 예제에서는 단순히 모터의 회전속도에 따라서 값이 변화되는 것을 보여주는 예제이다.

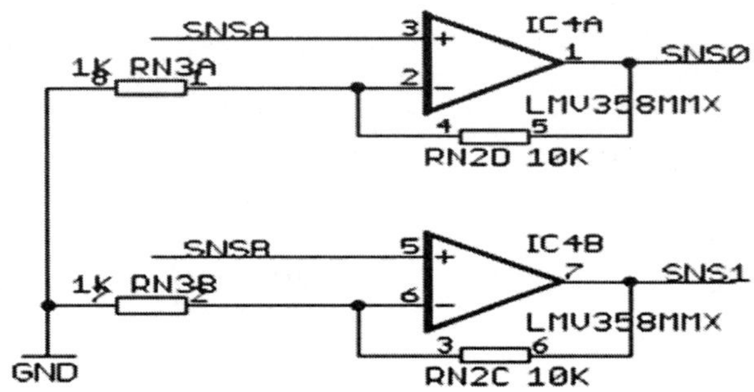

【그림 1_13_1】 모터쉴드 보드의 전류센싱 회로

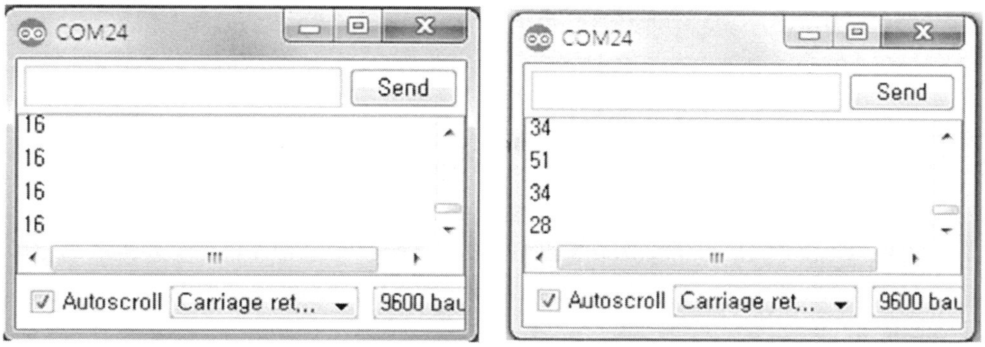

(A) 모터 정지 (B) 모터 회전

【그림 1_13_2】 모터의 전류센싱 측정 값

① 【그림 1_13_3】과 같이 A3입력의 가변 저항 값을 조절함에 따라서 입력전압이 변하는데 이 값을 PWM파형으로 출력하여 모터의 회전속도를 제어 하는 프로그램이다.

그림(B)는 진동모터로 안마기에 사용된 것을 보여주는 그림이고 이 모터는 의료기기 등 다른 용도로도 많이 사용이 된다.

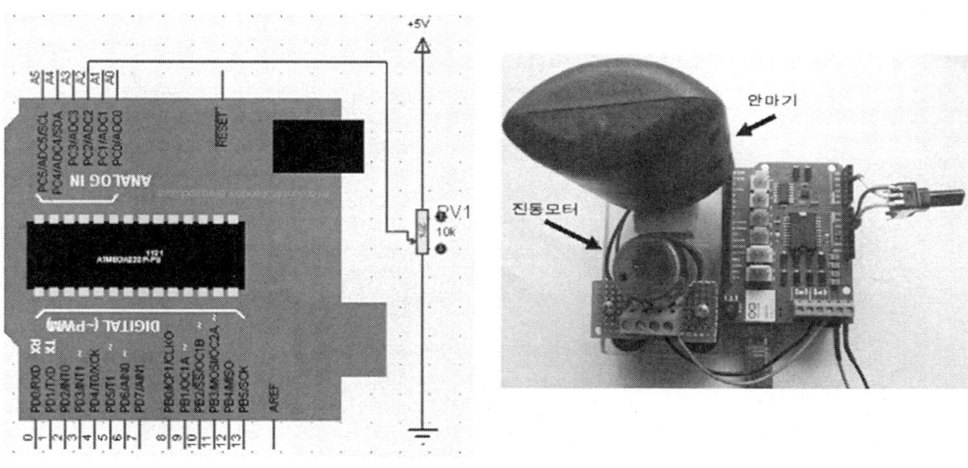

(A) 회로도 (B) 진동 모터

【그림 1_13_3】 아날로그 입력 값에 대한 모터속도제어 회로

② 소스코드는 다음과 같다.

```
void setup() {
  //Setup Channel A
  pinMode(12, OUTPUT); //Initiates Motor Channel A pin
```

```
  pinMode(9, OUTPUT); //Initiates Brake Channel A pin
  Serial.begin(9600);
}
void loop(){
  val = analogRead(A2);
  digitalWrite(12, HIGH); /Establishes forward direction of Channel A
  digitalWrite(9, LOW); //Disengage the Brake for Channel A
  analogWrite(3, val/4); //Spins the motor on Channel A at full speed     //①
  Serial.println(analogRead(A0));                                          //②
}
```

소스코드 분석

① 아두이노의 3번 핀과 모터쉴드의 채널A 모터가 연결되어있다.

② 아두이노의 A0번 핀과 모터쉴드의 채널A 모터의 전류센싱 출력과 연결되어있다.

* 모터의 속도에 따라서 전류 센싱 값도 약간의 변화가 있다.(과 전류를 감지할 수 있다.)

☞ 응용과제 아날로그 입력 값에 대한 DC 모터 속도제어1

【그림 1_13_A1】회로에서 아날로그 A3입력은 MORTOR A 회전속도제어 와 두 개의 스위치로는 각각의 모터가 정지 및 회전이 되도록 프로그램을 하시오.

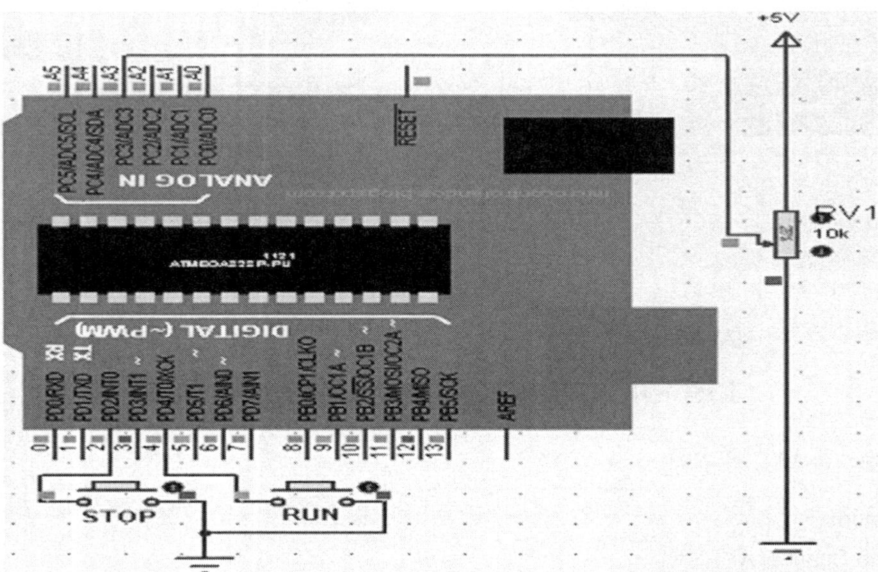

【그림 1_13_A1】 한 개의 아날로그입력에 대한 모터속도제어 회로

☞ 응용과제 **아날로그 입력 값에 대한 DC 모터 속도제어2**

【그림 1_13_A2】회로에서 아날로그A3입력은 MORTOR A 회전속도제어와 아날로그 A4 입력은 MORTOR B 회전속도를 제어하고 여섯 개의 스위치로는 각각의 모터가 정지 및 정회전 및 역회전이 되도록 프로그램을 하시오.

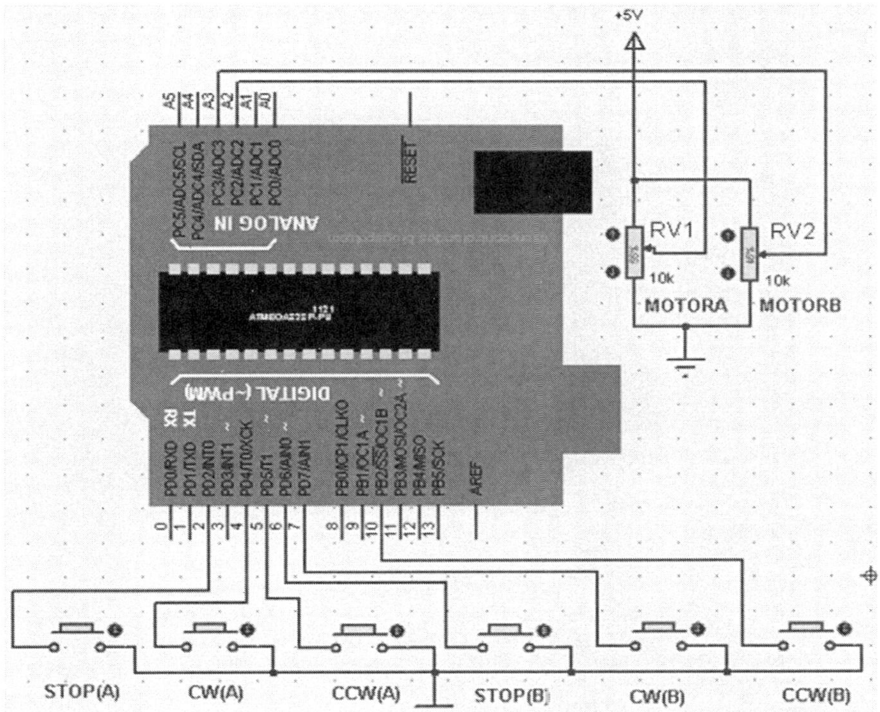

【그림 1_13_A2】 두개의 아날로그입력에 대한 모터속도제어 회로

Chapter 2

스테핑 모터 제어

프로그래밍

제2장
스테핑 모터 제어

2.1 스테핑 모터의 개요

스테핑 모터란 스텝(step)에 의해 구동되는 모터로 4개의 모터 상이 있어서 한 스텝, 한 스텝 진행하면서 모터가 회전한다. AC 서보 및 DC 서보모터에 비하여 값이 싸고 정확한 각도 제어에 유리하여 우리 주위에서 쉽게 접할 수 있다. 펄스(pulse)에 의해 디지털(digital)적으로 제어가 가능하므로 마이크로 컨트롤러에서 사용하기에 적합한 모터이다. 따라서 다른 모터와 달리 모터의 위치를 검출하기 위한 궤환(feedback)없이 정해진 각도를 회전하고, 상당히 높은 정확도로 정지할 수 있다.

1) 종류

(1) 구조에 따른 분류

① 가변 릴럭턴스 형(Variable Reluctance Type ; VR형)

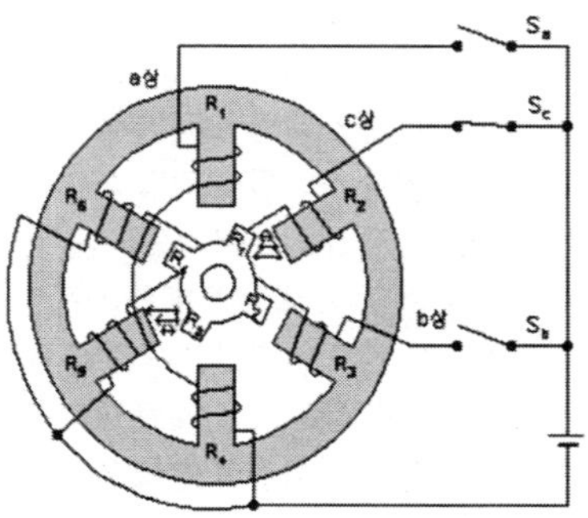

[그림 2.1.1] 가변 릴럭턴스 형 스테핑 모터

[그림 2.1.1]과 같이 VR형은 연철 또는 성층강판으로 된 회전자(rotor)가 있고, 톱니바퀴형의 회전자와 고정자(stator) 권선에서 만들어지는 전자력에 끌려 회전한다. 이때 형성된 자

기회로의 자기저항 값이 작아지는 방향으로 토크가 발생하여 회전자가 회전한다. 이 모터는 무 여자일 때 전자력이 어느 곳에서도 발생하지 않으므로 유지 토크는 0이다. 회전자의 관성이 작고, 고속응답이 우수하며 스텝 각은 1.8°~15°가 일반적이다.

② 영구자석 형(Permanent Magnet Type ; PM형)

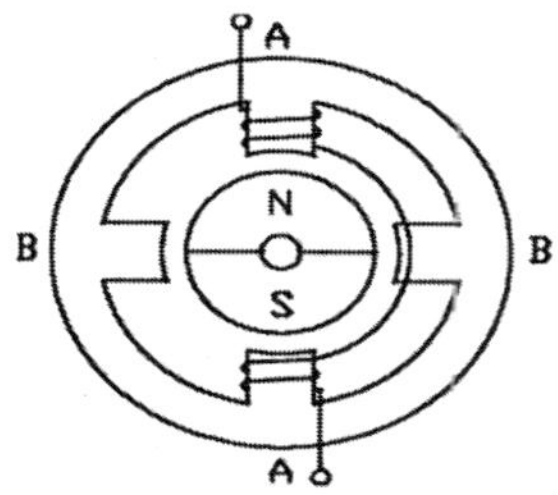

[그림 2.1.2] 영구자석 형 스테핑 모터

[그림 2.1.2]와 같이 PM형은 회전자로 영구자석을 사용하고 이 회전자는 고정자 권선에서 발생되는 전자력에 의해 회전자계의 극성에 따라 토크가 발생하여 회전한다. 이 모터는 영구자석을 사용하기 때문에 무 여자 시에도 유지 토크가 있다. 영구자석의 종류에 따라 스텝 각이 분류되며 스텝 각이 큰 90°, 45°의 모터는 일반적으로 알니코계 자석을 사용하고, 18°, 15°, 11.25°, 7.5°, 1.8°의 모터는 페라이트계 자석을 사용한다.

③ 혼합 PM형(Hybrid PM Type)

[그림 2.1.3]과 같이 PM과 VR형을 복합한 형태로 회전자 바깥쪽에 톱니가 나와 있어 회전자에 축 방향으로 자화된 영구자석이 끼워져 있으며 그 바깥쪽에 톱니가 있는 2개의 철심으로 구성되어 있다. 2상의 혼합형으로 회전자의 치(yoke)수가 50개이고 1 스텝 당 1.8°(360도/200펄스)이다. 철심 A는 N극, 철심 B는 S극으로 자화되며 서로의 치는 반 피치만큼 어긋나 있어 스텝각의 정밀도를 높인다. 따라서 스텝 각은 0.72°~3.6°이며 고정밀도, 높은 토크, 적은 스텝의 모터에 사용된다.

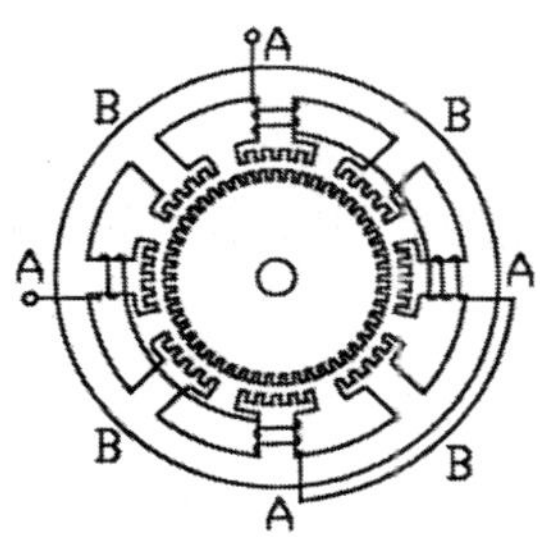

[그림 2.1.3] 혼합 PM형 스테핑 모터

(2) 구동방법에 따른 분류

권선에 흐르는 전류의 방향에 따라 유니폴라(unipolar) 구동방식과 바이폴라(bipolar) 구동방식으로 분류한다.

① 유니폴라 형

[그림 2.1.4]와 같이 각 상의 권선에 흐르는 전류($A \to A'$, $A' \to A$, $B \to B'$, $B' \to B$)의 방향이 일정하게 하는 방식으로 권선에 공통단자가 있으며 2상(A상, $\overline{A}$상)만 표시되고 화살표는 전류의 방향이다. 각 상에 흐르는 전류의 방향이 일정하여 출력회로가 간단하고 저가이며 고속응답 특성을 갖는다.

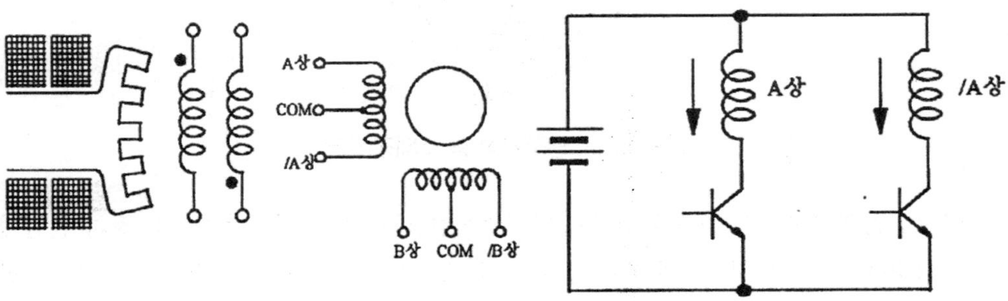

[그림 2.1.4] 유니폴라 구동방식

② 바이폴라 형

[그림 2.1.5]와 같이 각 상의 권선에 흐르는 전류의 방향이 바뀌는 방식으로 고정자의 치에 결선된 권선의 형태는 1개로 공통단자가 없다. 각도의 높고, 큰 토크를 얻을 수 있다.

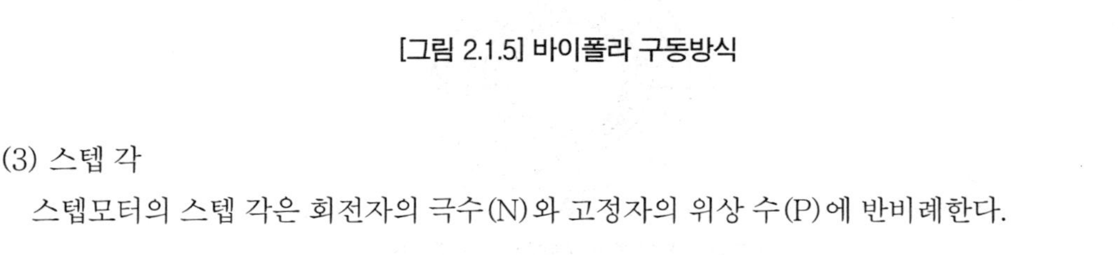

[그림 2.1.5] 바이폴라 구동방식

(3) 스텝 각

스텝모터의 스텝 각은 회전자의 극수(N)와 고정자의 위상 수(P)에 반비례한다.

$$스텝\ 각 = \frac{360}{N \cdot P}\ [°]$$

2) 형태

[그림 2.1.6]과 같이 형태와 종류는 다양하다.

(a) 가변 릴럭턴스 형

(b) 영구자석 형

(c) hybrid형

[그림 2.1.6] 각종 스테핑 모터

3) 장 · 단점

(1) 스테핑 모터의 장점

① 디지털 신호로 직접 개 루프 제어를 할 수 있고 시스템 전체가 간단하다.

② 펄스신호의 주파수에 비례한 회전속도를 얻을 수 있으므로 속도제어가 광범위 하다.

③ 기동, 정지, 정역회전 변속이 용이하며 응답특성이 좋다.

④ 모터의 회전각이 입력펄스 수에 비례하고 모터의 속도가 1초간의 입력펄스 수에 비례한다.

⑤ 1스텝 당 각도오차가 5%이내이며 회전각의 오차가 스텝마다 누적되지 않는다.

⑥ 정지 시에 높은 유지토크로 위치로 유지할 수 있으며 기동 및 정지 응답성이 양호하므로 서보 모터로서 사용이 가능하다.

⑦ 저속으로 높은 토크 운전할 수 있으며 모터 축에 직결함으로서 초 저속 동기 회전이 가능하다.

⑧ 직류서보모터 등과 같이 브러시 교환 등 보수가 필요 없고 모터 자체의 부품수가 적기 때문에 신뢰성이 높다.

⑨ 회전각의 검출을 위한 센서가 없으므로 가격이 저렴하다.

(2) 스테핑 모터의 단점

① 특정 주파수에서 진동 및 공진이 발생할 수 있고 관성이 있는 부하에 약하다.

② 고속 운전 시 조화가 안 되는(탈조현상) 경우가 있다.

③ 드라이버로 구동 시에는 권선의 인덕턴스 영향으로 권선에 충분한 전류를 흘리지 못하여 펄스비가 상승함에 따라 토크가 저하하므로 직류 서보모터에 비해 효율이 떨어 진다.

4) 원리

스테핑 모터의 구동방법은 그 권선 코일에 어떤 형태로 전류를 흐르게 하는가에 따라 구별되고 있다. 이것은 모터의 종류에 따라서 달라지지만, [그림 2.1.7]과 같이 가장 많이 사용되고 있는 PM형 스테핑 모터의 스텝 값이 90°의 경우인 예로 설명한다. $A, B, \bar{A}, \bar{B}$는 신호 입력에 따라 전자석으로 동작하게 된다. 아래 나오는 신호에서 신호 입력이 들어가면 전자석이 동작하여 축에 연결되어 있는 영구자석인 고정자는 자화되고 회전자를 끌어당긴다.

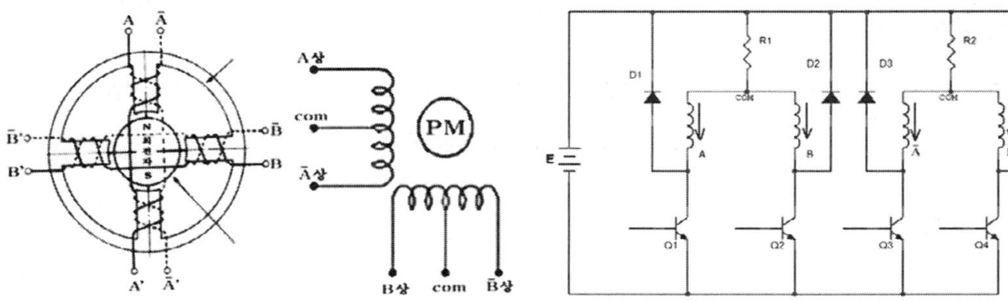

[그림 2.1.7] 4상 모터의 여자방법

(1) 4상 모터의 1상 여자 동작

[그림 2.1.8]과 같이 1상 여자 방식의 모터의 동작을 위한 신호를 나타낸다.

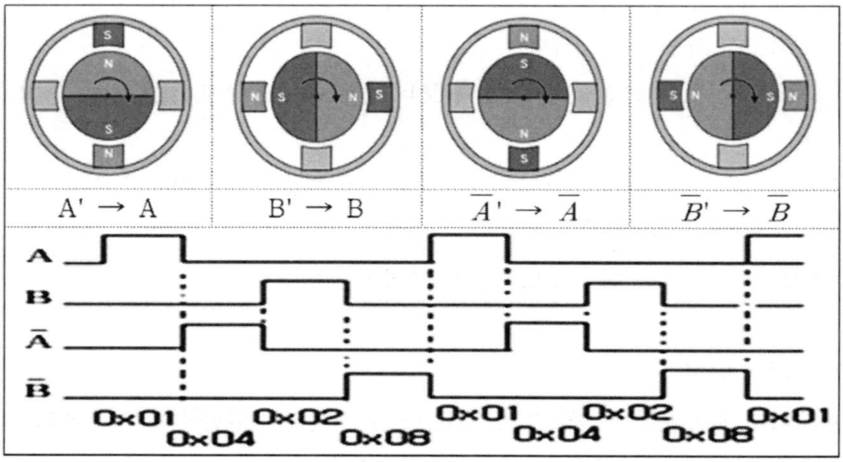

[그림 2.1.8] 1상 여자방식

step 1에서 A상에 연결된 TR이 on이 되어 A-> COM으로 전류가 흐른다. 코일에 전류가 흐름으로써 고정자의 상은 N, S극으로 여자된다. 이때 B 쪽에는 전류가 흐르고 있지 않으므로 B 쪽의 상은 비 여자이지만, A쪽의 여자에 동반해서 회전자의 영구자석은 각각 N과 S, S와 N이 결합해서 안정한 위치에 정지한다.

다음에 step 2로 진행하면 먼저 on하고 있던 A상에 연결된 TR은 off가 되고, 대신에 B상에 연결된 TR이 on이 된다. B상에 연결된 TR이 on이 되면 B -> COM의 코일에 전류가 흘러 이번에는 90°씩 어긋나고 있는 고정자가 여자가 된다. 그리고 여자위치가 이동한 것으로 회전자도 시계 방향으로 당겨져 90° 회전하게 된다. 같은 방법으로 step 3과 step 4의 동작을 함으로써 모터는 각 스텝 당 90°씩 진행시켜 회전시킬 수 있다.

(2) 4상 모터의 2상 여자 동작

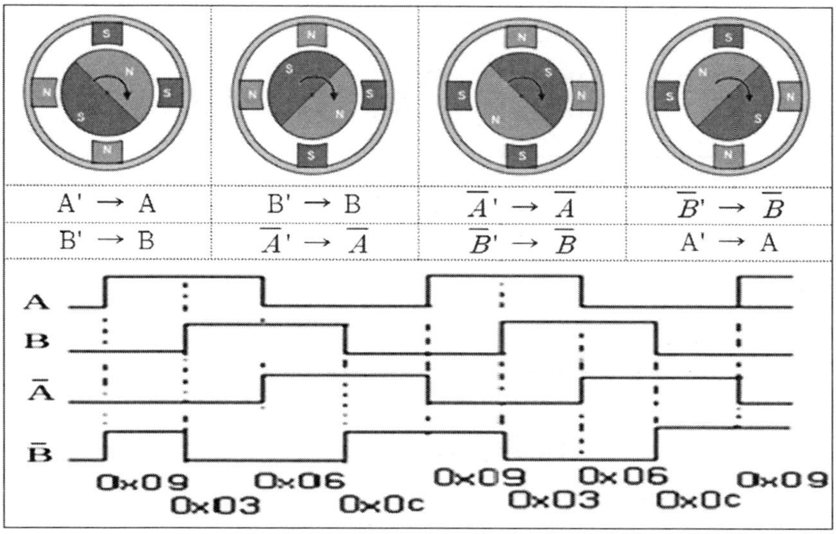

[그림 2.1.9] 2상 여자방식

[그림 2.1.9]와 같이 기본적인 동작은 1상 여자 방식과 동일하다 차이점은 토크를 좋게 하기 위해 2개의 코일을 동시에 동작시킨다는 것이다. 1상 여자에 비하면 전류가 많이 흐르는 단점이 있지만 정지상의 오버슈터나 언더슈터가 작고 과도 특성이 좋아진다.

(3) 4상 모터의 1-2 상 여자 동작

[그림 2.1.10]과 같이 1-2 상 여자는 전술한 1상 여자와 2상 여자가 교대로 반복하는 것이다. 따라서 회전자는 스텝 마다 45° 회전한다. 1-2상 여자는 1상 여자와 2상 여자의 특성을

갖고 있으므로 스텝 비가 배가 된다. 스텝의 각도가 다른 동작법에 비해 1/2 만큼 작기 때문에 3가지 방식 중 가장 성능이 좋다. 단점은 다른 여자방식과 같은 속도를 내려면 마이크로 컨트롤러에서 클럭을 2배로 만들어야 한다는 것이다.

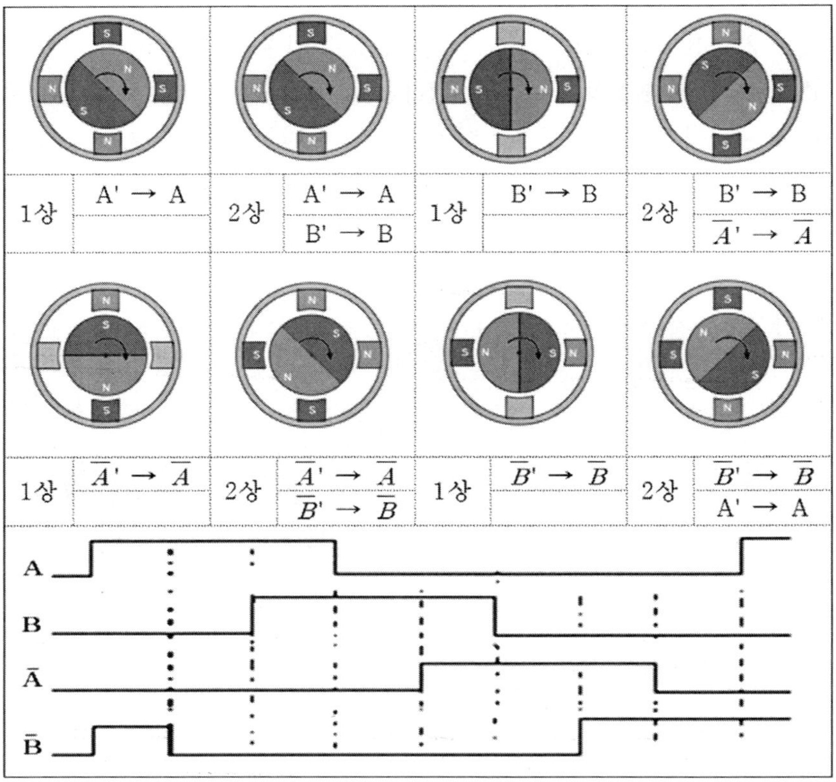

[그림 2.1.10] 1-2상 여자방식

2.2 스테핑 모터의 특성

1) 회전각과 회전수의 관계

스텝각을 θ_s, 1분간에 가해지는 펄스수 n를 이라 하면 1분간의 모터 회전각 $w=n\times\theta_s$로 회전수 N으로 변경하면

$N=\frac{w}{360}=\frac{60\times n\times\theta_s}{360}$ [rpm] 따라서 1초간 펄스속도를 f라면 다음과 같이 나타낸다.

$$f=\frac{60\times n\times\theta_s}{360}\ [rpm]$$

2) 토크 특성과 동기 탈조 현상

스테핑 모터의 회전속도는 스위칭되는 속도로 결정되므로 [그림 2.2.1]과 같이 인입 토크는 동기회전으로 인입할 때의 최대 토크로 스텝입력에 의해서 나타낼 수 있는 최대 토크이며 탈출토크는 자기동 영역을 초과해서 스테핑 모터가 동기를 잃지 않고, 발생할 수 있는 최대 토크를 말한다. 또한 각 상의 권선전류에 의해서 발생되는 고정자측의 회전자계가 너무나 빠른 속도로 회전하기 때문에 특정한 관성을 갖고 있는 회전자가 이를 쫓아가지 못하는 탈조현상이 발생한다.

따라서 인입 토크 곡선과 탈출 토크 곡선 사이의 영역을 스루영역이라 하여 최대 자기동주파수 이상의 구동펄스를 스텝적(일시적)으로 인가하지 않고 서서히 증가시키면(또는 감소) 최대 자기동주파수 이상의 구동주파수로도 탈조를 일으키지 않고 모터를 회전시킬 수 있다. 이와 같은 형태로 운전하게 되면 모터는 최대 응답주파수 이하의 주파수 영역에서는 운전이 가능하다. 이와 같이 최대 자기동주파수 이상에서 최대 응답주파수 미만의 운전 가능한 주파수 영역을 스루영역이 존재하고 여자시 최대 정지 토크(홀딩토크)는 정격전류를 유지하고, 출력측에 외부토크를 가하여 각도의 변위가 생겼을 때에 발생하는 최대 토크를 나타낸다.

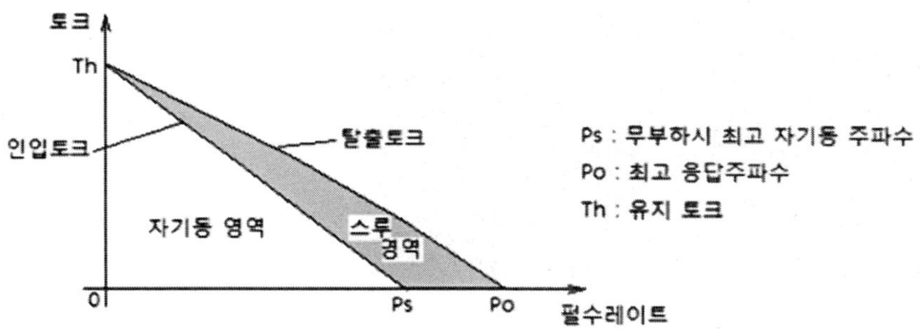

[그림 2.2.1] 스테핑 모터의 토크 특성

3) 정지 토크와 각도 변위

[그림 2.2.2]와 같이 부하 토크 T_L이 유지 토크 T_H 보다 작을 때 각도 변위 θ는 T_L에 비례하지만 부하 토크가 T_H를 넘으면 각도 변위 θ_H를 넘어 스테핑 모터의 토크는 감소되어 부의 토크가 발생하는 것을 탈조라 하여 회전 중에 부하 토크가 탈출 토크를 넘어 탈조가 발생하면 스테핑 모터는 토크를 발생하지 못한다.

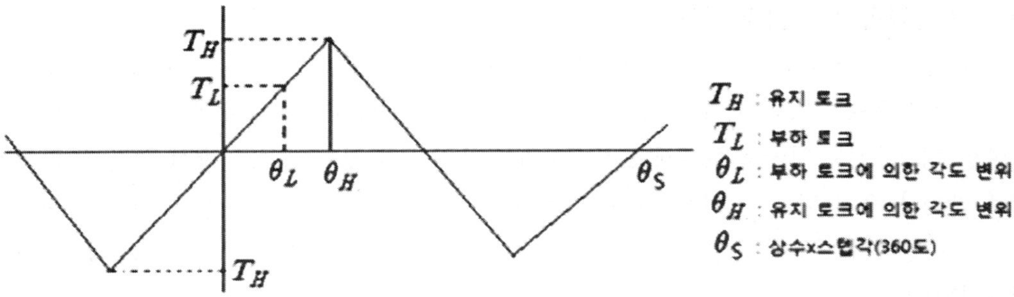

[그림 2.2.2] 정지 시 토크와 각도 변위

4) 회전각도와 회전속도 계산

(1) 회전각도 제어

회전각도 [°] =step 각 [°] x pulse 수

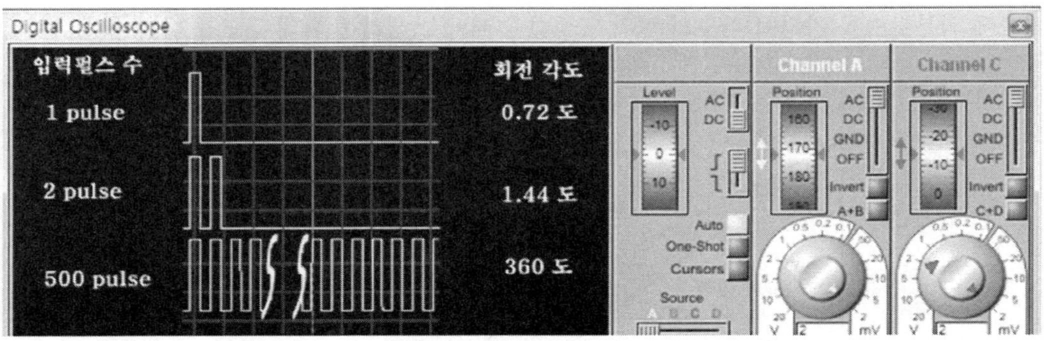

[그림 2.2.3] 5상 스테핑 모터 0.72[°] Full Step 구동

(2) 회전속도 제어

$$\text{회전각도} = \frac{pulse \text{ 속도 [Hz]}}{360^\circ/step \text{ 각[°]}} \times 60[\text{sec}]$$

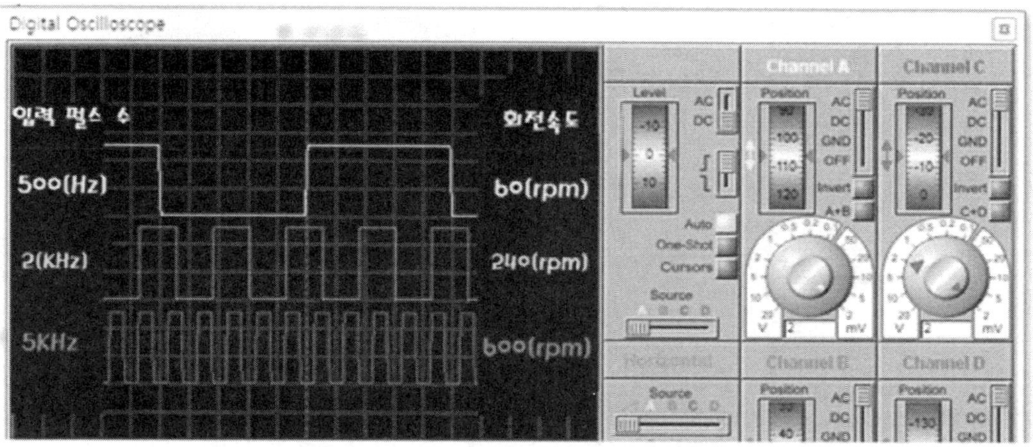

[그림 2.2.4] 5상 스테핑 모터 0.72[°] Full Step 구동

2.3 스테핑 모터의 기본 제어회로

이번 장에서는 스테핑 모터제어를 위한 프로그램으로 특히 주의할 점은 1장에서와 마찬가지로 PC의 USB전원으로 모터를 구동하면 PC의 고장 원인이 되므로 반드시 모터전원을 분리해 놓은 상태에서 아두이노 보드에 업로드 한 다음에 USB 케이블을 분리하고 모터전원을 연결한다. 또한 유니폴라 스테핑 모터를 구동하기 위해서 무엇보다 중요한 것은 모터의 결선으로 제조회사마다 다르므로 반드시 확인을 해야만 한다. [그림 2.3.1]의 (A), (B), (C), (D)는 대표적인 6핀 커넥터 결선을 보여주는 것이며 (E)는 시뮬레이션 툴에서의 결선도이다. 만일 모터가 동작하지 않는 경우에는 모터커넥터의 핀 배열과 소스코드를 다시 한 번 확인하기 바라고 본 교재에서는 (A)의 결선도로 프로그램 하였다.

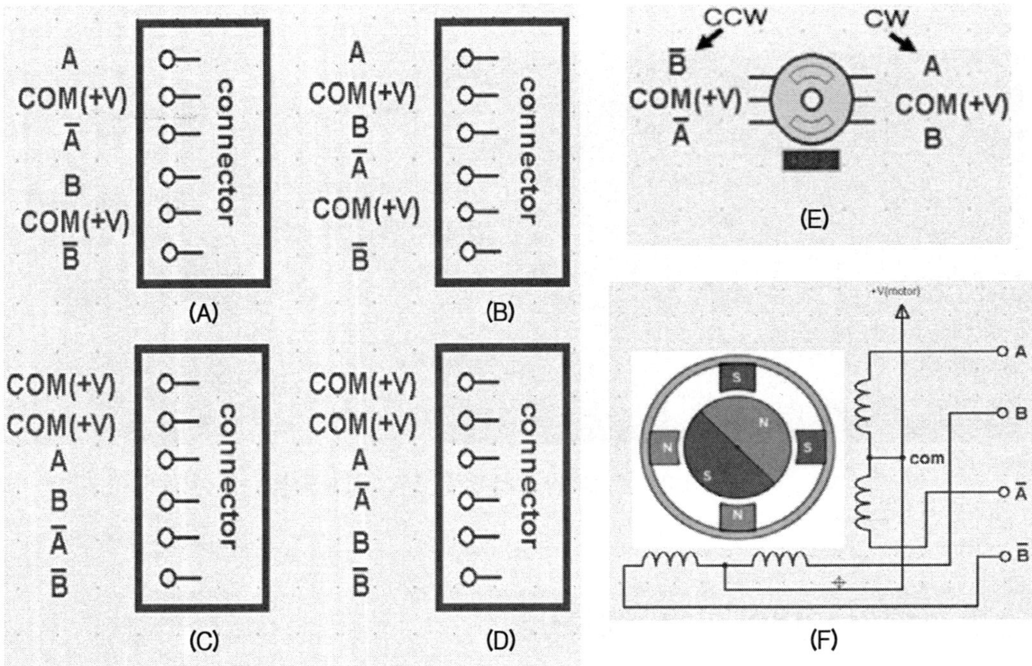

[그림 2.3.1] 6핀 유니폴라 스테핑 모터의 핀 결선

<표 2.3.1>은 유니폴라 스테핑 모터의 제어방식에 의한 동작을 나타낸다.

<표 2.3.1> 유니폴라 스테핑 모터의 동작

스텝 \ 방향 \ 코일		A	B	$\bar{A}$	$\bar{B}$	제어방식
1	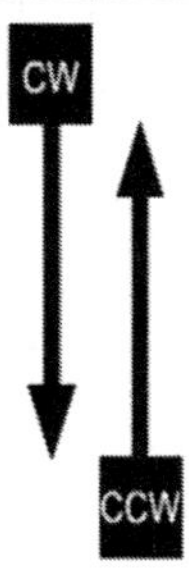	1	0	0	0	1상
		1	1	0	0	2상
2		0	1	0	0	1상
		0	1	1	0	2상
3		0	0	1	0	1상
		0	0	1	1	2상
4		0	0	0	1	1상
		1	0	0	1	2상

제어에서도 DC모터와 마찬가지로 전용IC를 많이 사용하는데 대표적인 IC가 SLA7024와 L297 IC를 많이 사용하는데 [그림 2.3.1]은 오옴사에서 제작한 스테핑 모터 제어용 보드이다.

프로그래밍

프로그램[St_2_1] 스테핑 모터의 1상 제어 방식

유니폴라 스테핑 모터를 제어하기 위한 간단한 1상 제어 방법에 대하여 알아보기로 한다.

【그림 2_1_1】은 스테핑 모터 제어회로이고, 【그림 2_1_2】는 배선도로 스위치 4개는 【St_2_4】에 적용한다. 【그림 2_1_3】은 여러 종류의 스테핑 모터이다.

① 【그림 2_1_1】와 같이 회로를 설계한다.

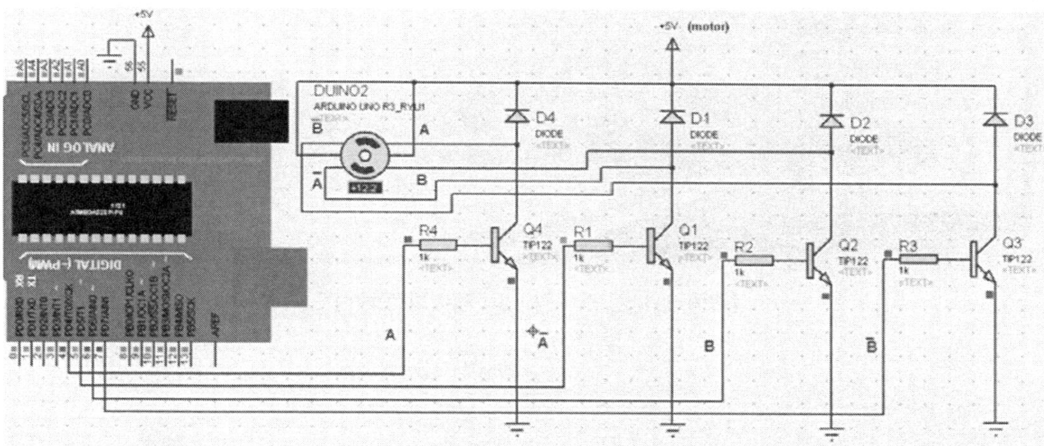

【그림 2_1_1】 스테핑 모터 제어회로

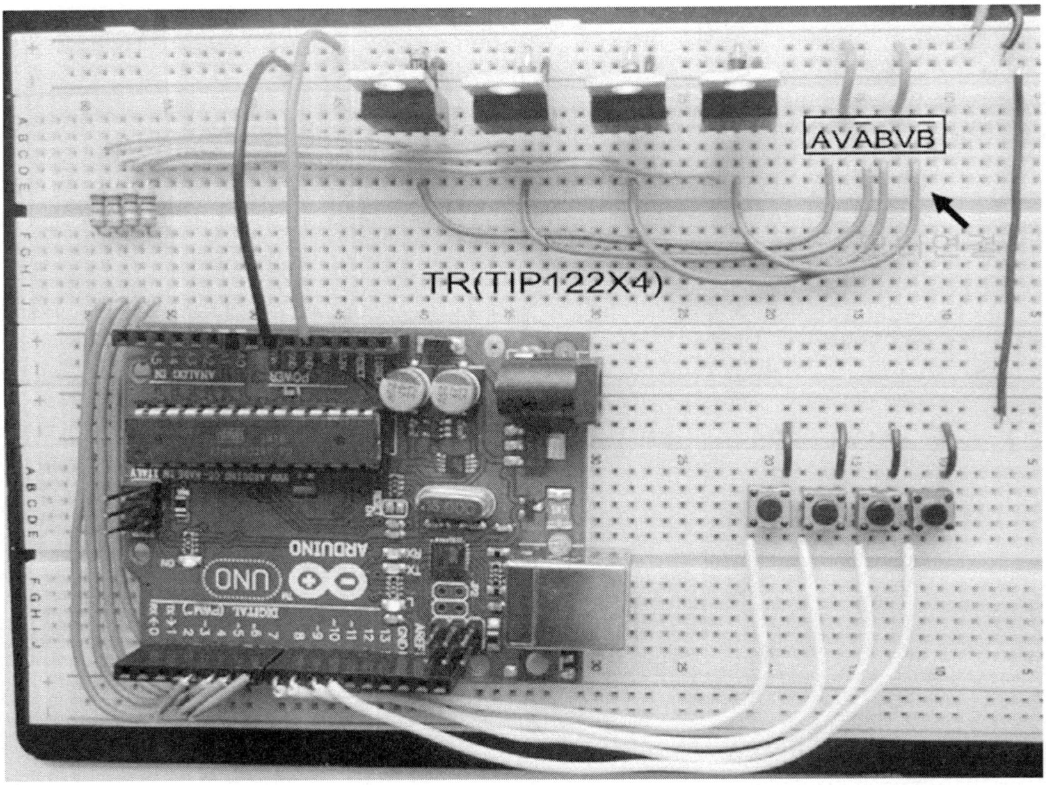

【그림 2_1_2】 스테핑 모터 제어회로 배선도

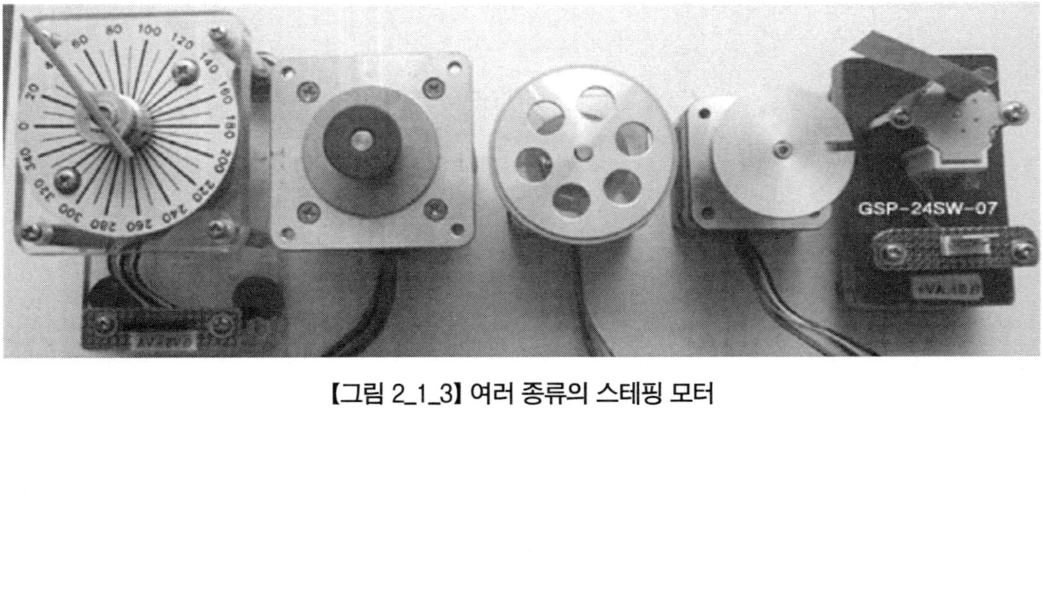

【그림 2_1_3】 여러 종류의 스테핑 모터

2 소스코드를 입력한다.

1상 제어방식

```
int motorPin1 = 4;
int motorPin2 = 5;
int motorPin3 = 6;
int motorPin4 = 7;
int delayTime = 10;
void setup() {                              //①
  pinMode(motorPin1, OUTPUT);
  pinMode(motorPin2, OUTPUT);
  pinMode(motorPin3, OUTPUT);
  pinMode(motorPin4, OUTPUT);
}
void loop() {
  digitalWrite(motorPin1, HIGH);            //②
  digitalWrite(motorPin2, LOW);
  digitalWrite(motorPin3, LOW);
  digitalWrite(motorPin4, LOW);
  delay(delayTime);                         //③
  digitalWrite(motorPin1, LOW);
  digitalWrite(motorPin2, LOW);
  digitalWrite(motorPin3, HIGH);            //④
  digitalWrite(motorPin4, LOW);
  delay(delayTime);
  digitalWrite(motorPin1, LOW);
  digitalWrite(motorPin2, HIGH);            //⑤
  digitalWrite(motorPin3, LOW);
  digitalWrite(motorPin4, LOW);
  delay(delayTime);
  digitalWrite(motorPin1, LOW);
  digitalWrite(motorPin2, LOW);
  digitalWrite(motorPin3, LOW);
  digitalWrite(motorPin4, HIGH);            //⑥
  delay(delayTime);
}
```

2상 제어방식

```
int motorPin1 = 4;
int motorPin2 = 5;
int motorPin3 = 6;
int motorPin4 = 7;
int delayTime = 10;
void setup() {
  pinMode(motorPin1, OUTPUT);
  pinMode(motorPin2, OUTPUT);
  pinMode(motorPin3, OUTPUT);
  pinMode(motorPin4, OUTPUT);
}
void loop() {
  digitalWrite(motorPin1, HIGH);
  digitalWrite(motorPin2, LOW);
  digitalWrite(motorPin3, HIGH);
  digitalWrite(motorPin4, LOW);
  delay(delayTime);
  digitalWrite(motorPin1, LOW);
  digitalWrite(motorPin2, HIGH);
  digitalWrite(motorPin3, HIGH);
  digitalWrite(motorPin4, LOW);
  delay(delayTime);
  digitalWrite(motorPin1, LOW);
  digitalWrite(motorPin2, HIGH);
  digitalWrite(motorPin3, LOW);
  digitalWrite(motorPin4, HIGH);
  delay(delayTime);
  digitalWrite(motorPin1, HIGH);
  digitalWrite(motorPin2, LOW);
  digitalWrite(motorPin3, LOW);
  digitalWrite(motorPin4, HIGH);
  delay(delayTime);
}
```

소스코드 분석

① 아두이노 보드의 디지털 핀 4, 5, 6, 7번 핀을 출력으로 설정한다.

② 스테핑 모터의 $A\ \bar{A}\ B\ \bar{B}$ 중에서 아두이노 보드의 4번 핀을 통하여 트랜지스터의 베이스에 전류가 공급이 되면 트랜지스터가 동작을 하여 스테핑 모터의 +com에서 A상으로 전류가 흐른다.

③ 스테핑 모터에 한 번의 펄스를 공급한 다음에 10ms의 지연시간을 준다.

④ 스테핑 모터의 $A\ \bar{A}\ B\ \bar{B}$ 중에서 스테핑 모터의 +com 에서 B상으로 전류가 흐른다.

⑤ 스테핑 모터의 $A\ \bar{A}\ B\ \bar{B}$ 중에서 스테핑 모터의 +com 에서 $\bar{A}$상으로 전류가 흐른다.

⑥ 스테핑 모터의 $A\ \bar{A}\ B\ \bar{B}$ 중에서 스테핑 모터의 +com에서 $\bar{B}$상으로 전류가 흐른다.

* 2상 제어방식으로도 동작시켜보길 바란다.

☞ 응용과제 스테핑 모터 1-2상제어 방식

【그림 2_1_1】회로에서 스테핑 모터가 1–2상 방식으로 동작이 되도록 프로그램 하시오.

프로그램[St_2_2] 스테핑 모터의 정 · 역 제어 1

2상 제어방식으로 스테핑 모터가 정회전과 역회전을 반복하는 프로그램으로 회로는【그림 2_1_1】과 같다.

1 소스코드를 입력한다.

```
int motor_data[4] ={B01010000,B01100000,B10100000,B10010000};          //①
int i, delayTime = 10;                                                  //②
char cnt=0;
void setup() {
  DDRD = B11111110;                                                     //③
  DDRD = DDRD | B11110000;                                              //④
}
void loop() {
  for(i=0; i<500;i++)                                                   //⑤
  {
    if(cnt>3) cnt=0;
    PORTD = motor_data[cnt];
    delay(delayTime);
```

```
    cnt++;
  }
  for(i=0; i<500;i++)                                              //⑥
  {
    if(cnt<0) cnt=3;
    PORTD = motor_data[cnt];
    delay(delayTime);
    cnt--;
   }
}
```

소스코드 분석

① 2상 제어방식으로 스테핑 모터에 펄스를 공급하기 위한 데이터
② 스테핑 모터에 펄스를 공급한 후에 지연시간(회전속도 조정)
③ D포트의 8비트 중에 상위 7비트(디지털 핀:7,6,5,4,3,2,1)를 출력으로 설정
④ D포트의 상위 4비트(디지털 핀:7,6,5,4)를 출력으로 설정
  * ③ 또는 ④는 비트연산을 할 경우에 사용하면 편리하다.
⑤ 스테핑 모터에 펄스를 공급한다.(CW : Clock Wise)
⑥ 스테핑 모터에 펄스를 공급한다.(CCW : Counter Clock Wise)

프로그램[St_2_3] 스테핑 모터의 정 · 역 제어2

스위치 입력에 따른 스테핑 모터의 정 · 역 제어에 대하여 알아본다. 주의할 점은 외부 풀업으로 입력을 받는 경우에는 외부에 풀업저항을 달아주어야만 정상으로 동작을 하며 이 회로는 내부 풀업으로 스위치 입력을 받으며 【그림 2_3_2】는 왕복운동을 하는데 이용된 것을 보여준다.

1 【그림 2_3_1】은 스위치 입력에 따른 정 · 역제어 회로이고, 【그림 2_3_2】는 배선도이다.

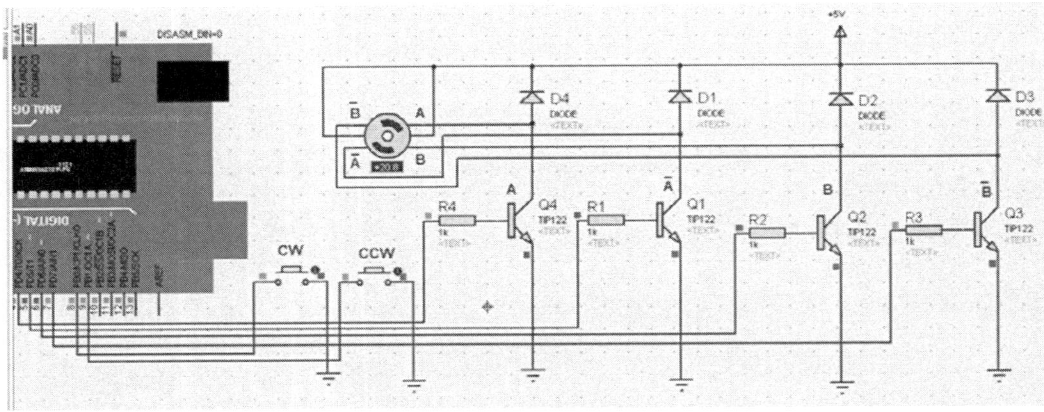

【그림 2_3_1】 스위치 입력에 따른 정 · 역 제어회로

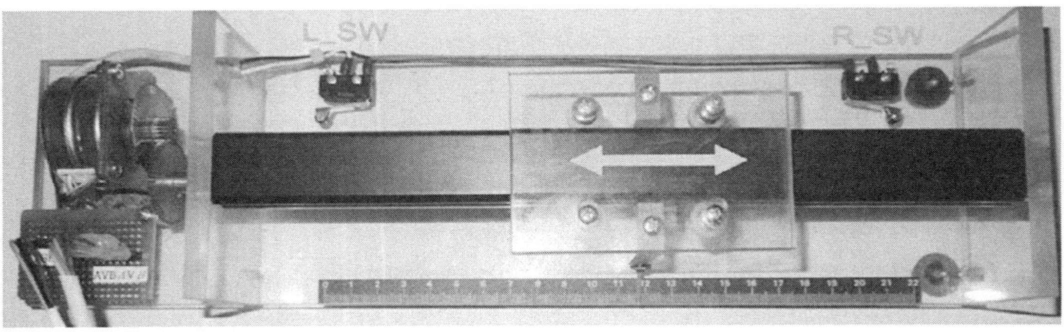

【그림 2_3_2】 왕복운동에 사용한 정 · 역 제어회로 배선도

② 소스코드를 입력한다.

```
int motor_data[4] ={B01010000,B01100000,B10100000,B10010000};
int delayTime = 5;                                          //①
char cnt=0, dir = 0;                                        //②
int left = 8;                                               //③left limit SW
int right = 9;                                              //④right limit SW
void setup() {
  pinMode(left,INPUT_PULLUP);                               //⑤left_SW
  pinMode(right,INPUT_PULLUP);                              //⑥right_SW

  DDRD = B11111110;
  DDRD = DDRD | B11110000;                                  //⑦
```

```
}
void loop() {
 if(digitalRead(left) == LOW) dir = 0;                    //⑧
 if(digitalRead(right) == LOW) dir = 1;                   //⑨
 if(dir==0)                                               //⑩
 {
  cnt++;
  if(cnt>3) cnt=0;
 }
 if(dir==1)                                               //⑪
 {
  cnt--;
 if(cnt<0) cnt=3;
 }
 PORTD = motor_data[cnt];                                 //⑫
 delay(delayTime);                                        //⑬
}
```

소스코드 분석

① 스테핑 모터의 회전속도를 저장하기 위한 변수

② 스테핑 모터에 각상에 펄스를 공급하기 위한 데이터를 저장하는 변수 및 회전방향을 저장하기 위한 변수

③ 왼쪽 한계점에 도달 했는지를 감지하기 위한 핀 지정

④ 오른쪽 한계점에 도달 했는지를 감지하기 위한 핀 지정

⑤ 왼쪽 한계점에 도달 했는지를 감지하기 위한 내부 풀업 입력으로 설정

⑥ 오른쪽 한계점에 도달 했는지를 감지하기 위한 내부 풀업 입력으로 설정

⑦ D포트의 디지털 핀 상위 4비트를 출력으로 설정한다.

⑧ 왼쪽 한계점에 도달 했는지를 판단한다.

⑨ 오른쪽 한계점에 도달 했는지를 판단한다.

⑩ 구동장치가 오른쪽으로 이동한다.

⑪ 구동장치가 왼쪽으로 이동한다.

⑫ 스테핑 모터를 2상으로 제어하기위한 데이터를 출력한다.

⑬ 스테핑 모터의 회전속도를 조절하기 위한 변수

프로그램[St_2_4] 스테핑 모터의 속도제어

스테핑 모터의 속도는 주파수가 빨라짐에 따라서 속도도 빨라지는데 너무 주파수를 높게 주게 되면 모터는 탈조현상이 발생한다. 제조사에서 제공하는 데이터시트를 보면 펄스 당 회전각과 동작전압이 자세히 나와 있으므로 참고하기 바란다.

1 【그림 2_4_1】과 같이 디지털 8번, 9번, 10번, 11번 핀으로 내부 풀업을 이용하여 입력신호를 받아서 이 값에 대응하여 속도를 제어한다.

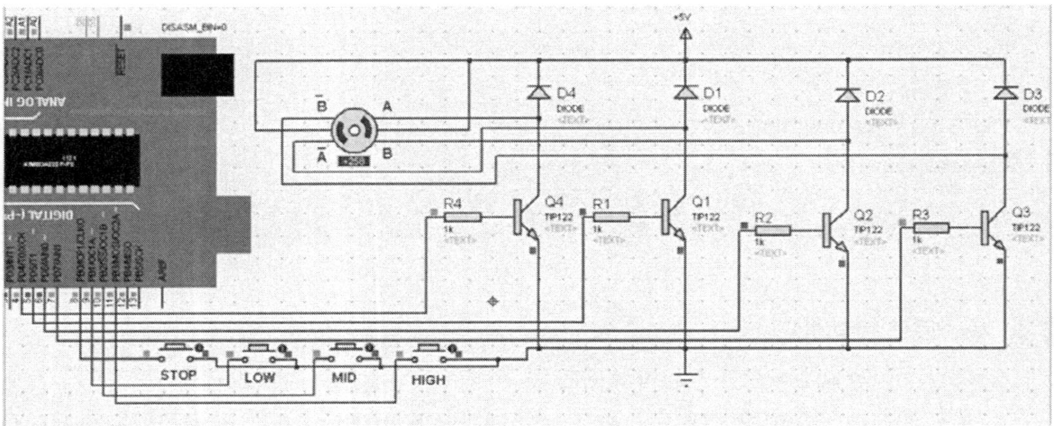

【그림 2_4_1】스테핑 모터 속도제어회로

2 다음과 같이 소스코드를 입력한다.

```
int motor_data[4] ={B01010000,B01100000,B10100000,B10010000};
int delayTime ;
int cnt = 0, key = 0;                                                    //①
}
void setup() {                                                           //②
  pinMode(8, INPUT_PULLUP);
  pinMode(9, INPUT_PULLUP);
  pinMode(10, INPUT_PULLUP);
  pinMode(11, INPUT_PULLUP);
  DDRD = B11111110;
  DDRD = DDRD | B11110000;
void loop() {                                                            //③
```

```
  if(digitalRead(8)==LOW) key=0;
  if(digitalRead(9)==LOW)  key=1;
  if(digitalRead(10)==LOW)  key=2;
  if(digitalRead(11)==LOW)  key=3;
  switch(key)
  {
   case 0 : PORTD = 0x00; break;
   case 1 : PORTD = motor_data[cnt]; delayTime = 200; break;
   case 2 : PORTD = motor_data[cnt]; delayTime = 50; break;
   case 3 : PORTD = motor_data[cnt]; delayTime = 5; break;
  }
  delay(delayTime);
  cnt++;
  if(cnt>3) cnt=0;
}
```

소스코드 분석

① 스테핑 모터의 각 상에 전류를 공급하기 위한 데이터 및 키 입력에 따른 회전속도를 조절하기 위한 변수선언

② 디지털 핀 8,9,10,11을 입력으로 설정하고 디지털 핀 4,5,6,7은 출력으로 설정

③ 푸시버튼의 입력에 따라서 회전속도가 변한다. 만일 key변수의 값이 0이면 스테핑 모터에 전원공급이 차단되어 정지된다.

* 만일 스테핑 모터의 어느 하나의 상에 전류를 공급 해두면 N극과 S극이 형성이 되어 정지(break) 기능을 사용 할 수 있다.

프로그램[St_2_5] ULN2003 IC를 사용한 스테핑 모터 제어1

【그림 2_5_1】의 회로는 트랜지스터 대신에 ULN 2003 IC를 사용한 회로이며 스테핑 모터의 정격을 반드시 확인하고 IC에는 방열판을 부착하는 것이 좋다. 동작은 STOP버튼을 누르면 정지, RUN버튼을 누르면 모터가 회전을 한다.

1 【그림 2_5_1】의 회로에서 ULN2003 IC의 8번 핀을 아두이노 보드의 그라운드와 연결하고 9번 핀은 모터전원의 +V에 연결을 한다. 【그림 2_5_2】는 배선도이고, 【그림 2_5_3】은 5선 스테핑 모터 제어회로 배선도이다.

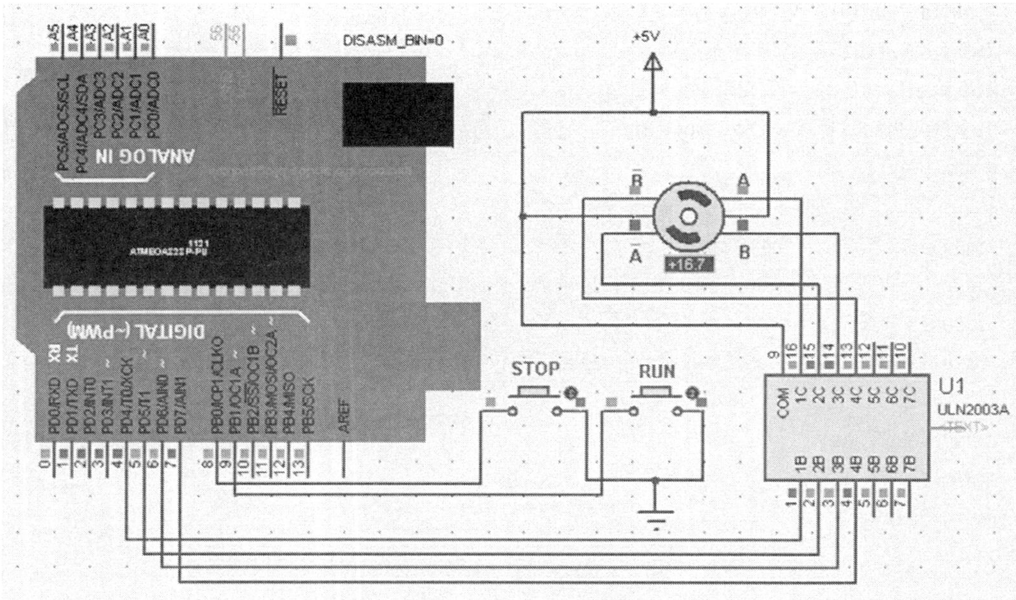

* ULN2003 IC 내부

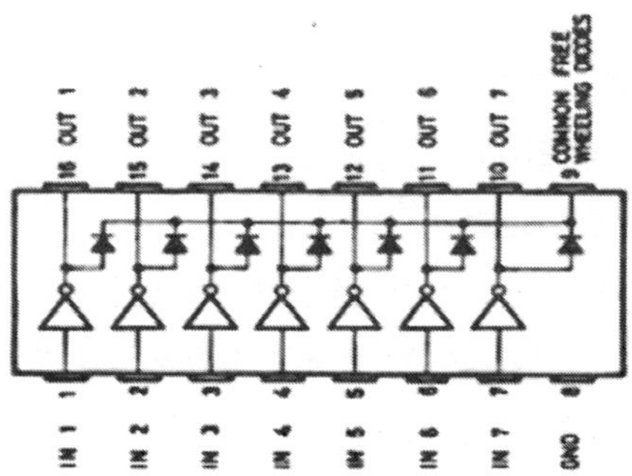

【그림 2_5_1】 ULN2003 IC를 사용한 스테핑 모터 제어회로

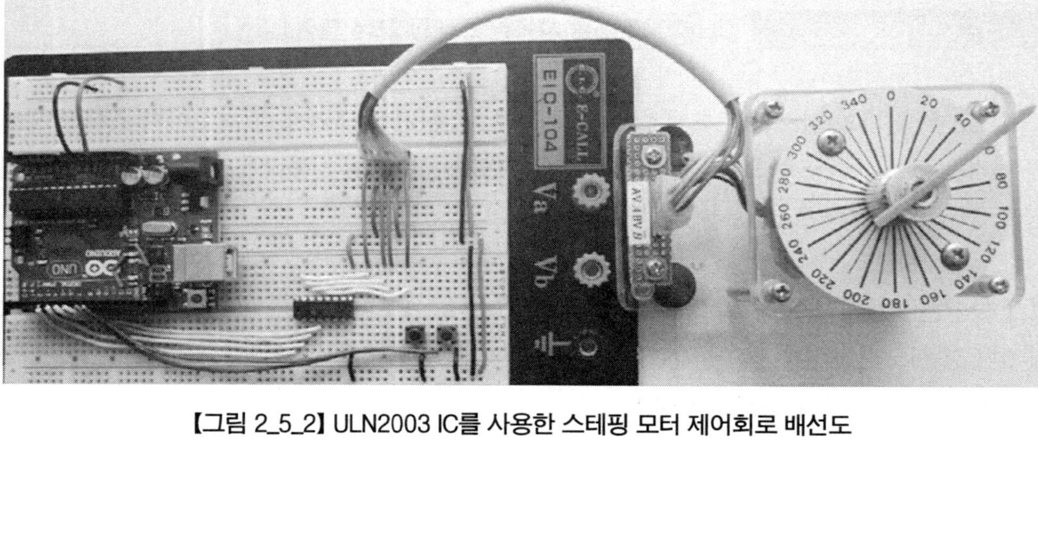

【그림 2_5_2】 ULN2003 IC를 사용한 스테핑 모터 제어회로 배선도

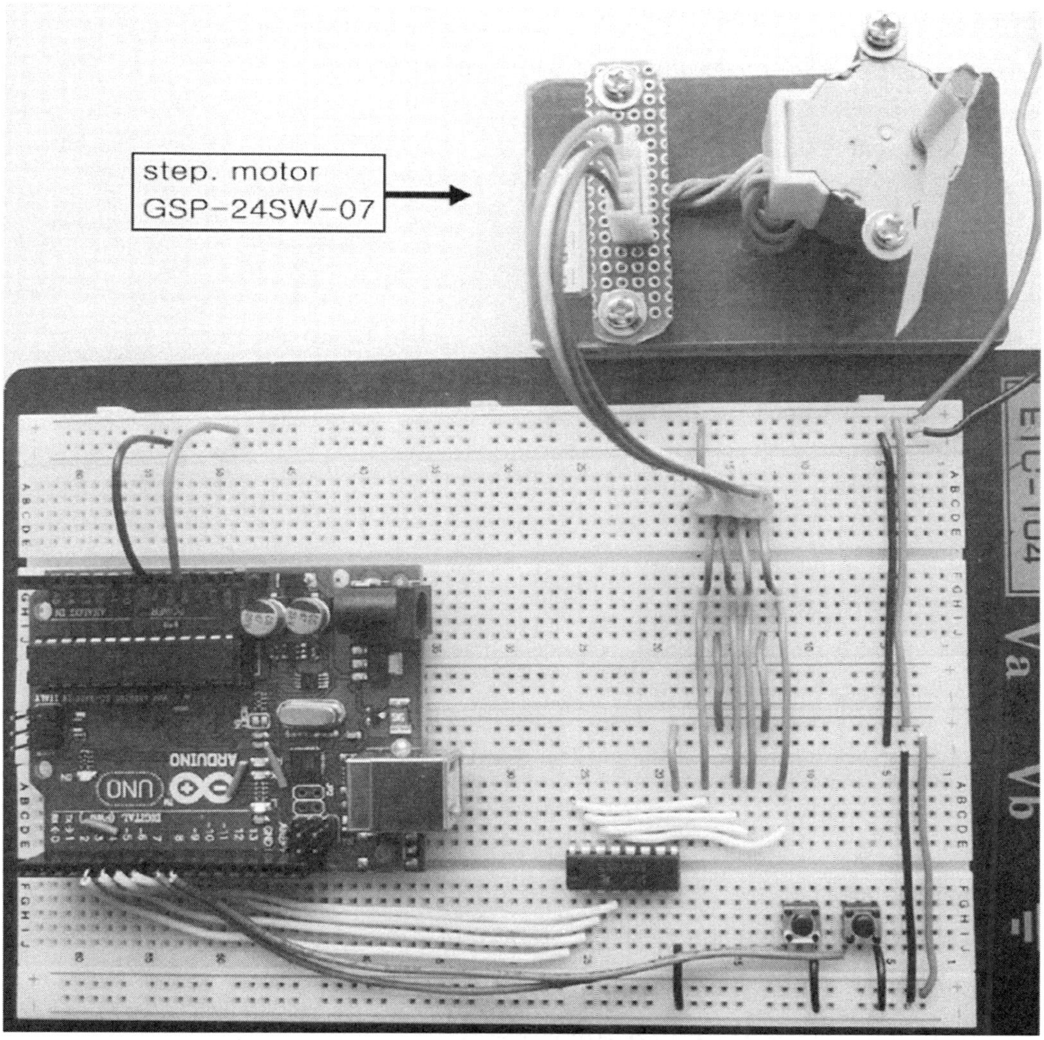

【그림 2_5_3】 5선 스테핑 모터 제어회로 배선도

2 다음과 같이 소스코드를 입력한다.

```
int motor_data[4] ={B01010000,B01100000,B10100000,B10010000};
int delayTime = 5;
char cnt=0, state = 0;                                                    //①
void setup() {
  pinMode(8, INPUT_PULLUP);                                               //②
  pinMode(9, INPUT_PULLUP);                                               //③
  DDRD = B11110000;
  DDRD = DDRD | B11110000;                                                //④
}
void loop() {
 if(digitalRead(8) == LOW) state = 0;                                     //⑤
 if(digitalRead(9) == LOW) state = 1;                                     //⑥
 switch(state)
 {
  case 0 : PORTD =0x00; break;                                            //⑦
  case 1 : PORTD = motor_data[cnt]; delay(delayTime);                     //⑧
           cnt++; if(cnt>3) cnt=0; break;
 }
}
```

소스코드 분석

① 스테핑 모터에 펄스공급과 동작 상태를 저장하기 위한 변수

② 디지털 핀 8번 핀으로 입력을 받기 위하여 내부 풀업으로 설정

③ 디지털 핀 9번 핀으로 입력을 받기 위하여 내부 풀업으로 설정

④ 디지털 핀 상위 4비트만 출력으로 사용된다.

⑤ 정지버튼을 눌렀는지를 감지한다.

⑥ 동작버튼을 눌렀는지를 감지한다.

⑦ 모터의 정지신호를 출력한다.

⑧ 모터가 동작하도록 펄스 신호를 공급한다.

* 참고로 다음은 아두이노 홈페이지에서 제공을 해 주는 소스코드로 회로의 구성은 【그림 2_5_4】과 같고 스테핑 모터의 제조사 별로 결선이 다를 수 있으므로 【그림 2.3.1】 6핀 유니폴라 스테핑 모터의 핀 결선을 참고하기 바란다.

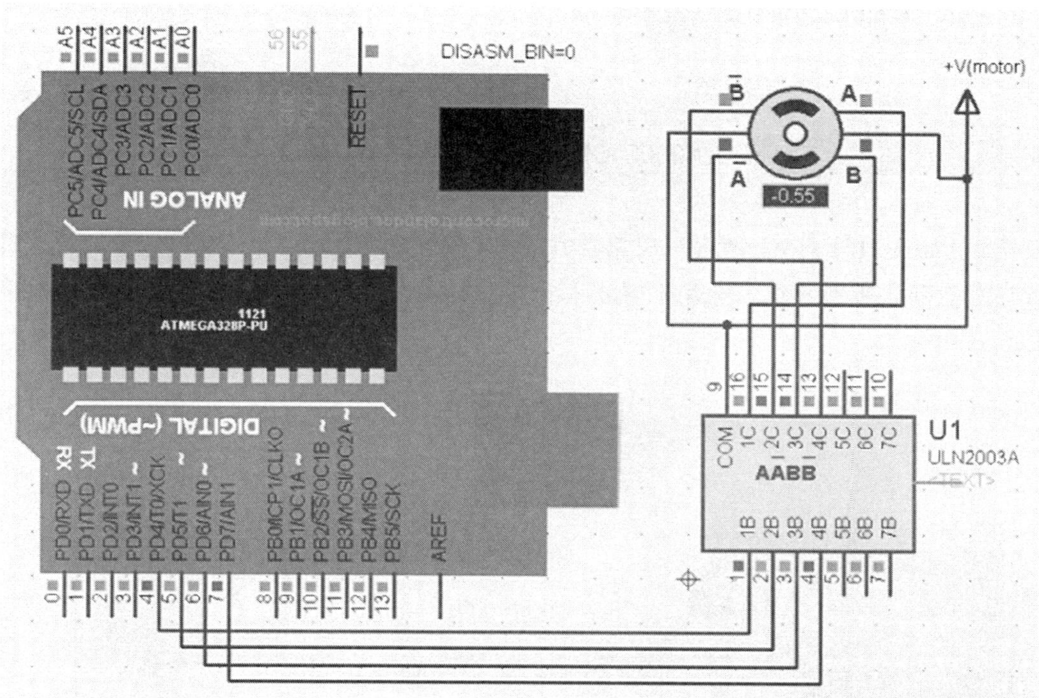

【그림 2_5_4】 라이브러리함수에 스테핑 모터 제어회로

```
#include <Stepper.h>
Stepper stepper(100, 4,5,6,7);                    //①
void setup()
{
 stepper.setSpeed(50);                            //②
}
void loop()
{
 stepper.step(400);                               //③
 stepper.step(-400);                              //④
}
```

소스코드 분석

① stepper 함수의 100은 스텝수이고, 4,5,6,7은 아두이노 보드의 디지털 핀 번호

② 스테핑 모터의 회전 속도조절

③ 모터가 시계방향으로 회전한다.

④ 모터가 시계반대방향으로 회전한다.

프로그램[St_2_6] ULN2003 IC를 사용한 스테핑 모터 제어2

【그림 2_6_1】의 회로는 아두이노 홈페이지에서 제공해 주는 회로로 2개의 신호로 스테핑 모터를 간단하게 제어하는 방법에 대하여 알아본다. 주소는 http://arduino.cc/en/reference/stepper이다.

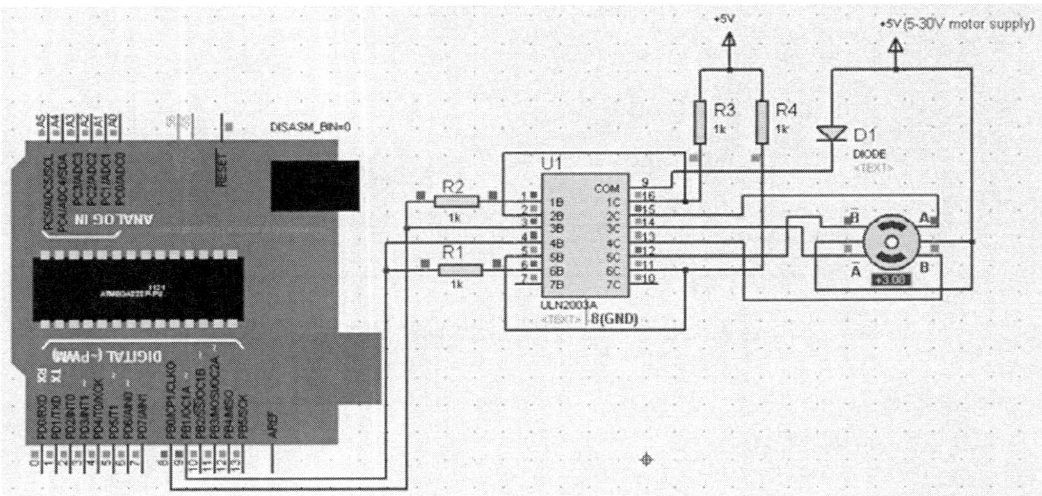

【그림 2_6_1】 라이브러리함수에 의한 제어회로

다음은 아두이노 홈페이지에서 제공해 주는 소스코드이다.

```
#include <Stepper.h>
Stepper stepper(100, 8, 9);                                  // ①
void setup()
{
  stepper.setSpeed(50);                                      //②
}
void loop()
{
  stepper.step(200);                                         //③
  stepper.step(-200);                                        //④
}
```

소스코드 분석

① stepper 함수의 100은 스텝수이고, 아두이노 보드의 8번,9번 핀으로 디지털신호를 출력한다.

② 스테핑 모터의 회전 속도조절

③ 모터가 시계방향으로 회전한다.

④ 모터가 시계반대방향으로 회전한다.

프로그램[St_2_7] 아날로그 입력 값에 의한 속도제어

【그림 2_7_1】의 회로에서 아날로그(A0)의 값을 입력 받아서 속도를 제어하고 디지털입력 2번 핀과 3번 핀에서는 정회전과 역회전을 입력받는 프로그램이다. 참고로 정회전과 역회전은 함수에서 step()함수에서 인수에서 부호를 변경해도 되고 또는 물리적으로 8번 핀과 9번 핀을 바꿔주어도 되고 또는 스테핑 모터의 배선을 변경해 주어도 된다.$(AVB\bar{A}V\bar{B} \rightarrow \bar{B}V\bar{A}BVA)$

1 【그림 2_7_1】은 스테핑 모터 정 · 역 제어회로이고, 【그림 2_7_2】는 배선도이다.

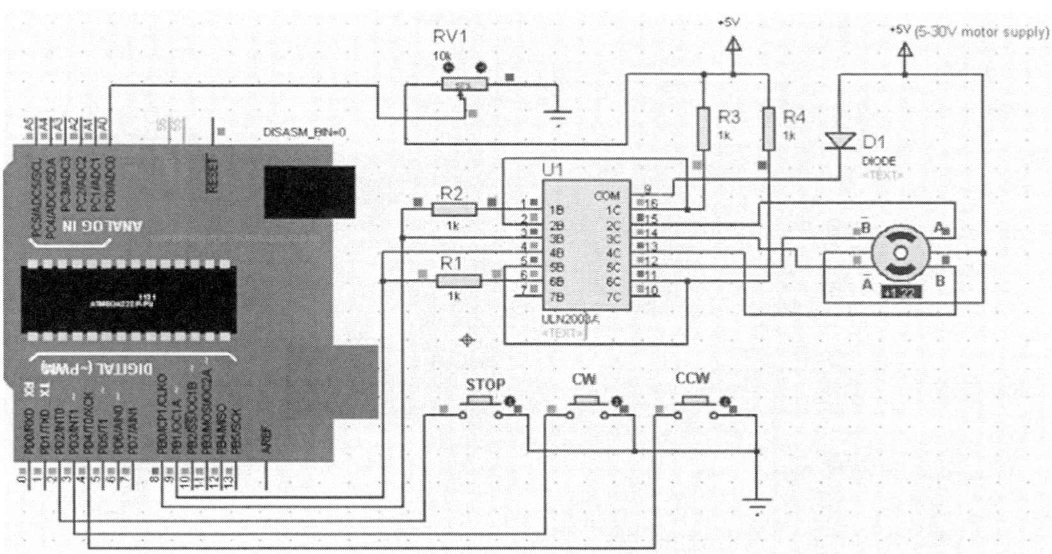

【그림 2_7_1】 스테핑 모터 정 · 역 제어회로

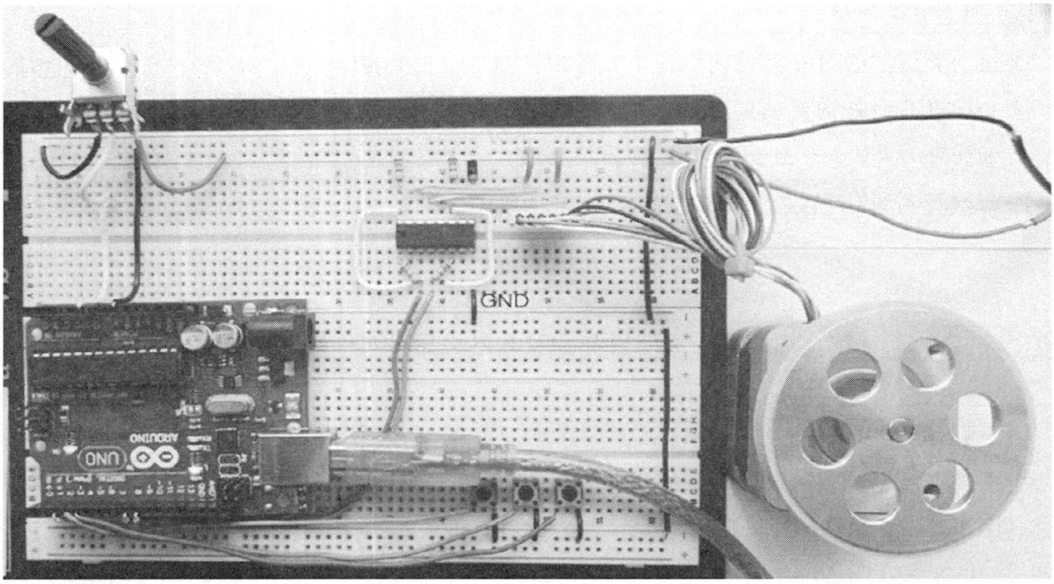

【그림 2_7_2】 스테핑 모터의 정 · 역 제어회로 배선도

② 다음과 같이 소스코드를 입력한다.

```
#include <Stepper.h>                                    //①
int val,motor_speed;
int dir=0;                                              //②
Stepper stepper(100, 8, 9);                             //③
void setup()                                            //④
{
  pinMode(2, INPUT_PULLUP);//stop
  pinMode(3, INPUT_PULLUP);//CW
  pinMode(4, INPUT_PULLUP);//CCW
}
void loop()
{
  val = analogRead(A0);                                 //⑤
  motor_speed = map(val, 0,1023, 10, 300);              //⑥
  stepper.setSpeed(motor_speed);//RPM

  if(digitalRead(2) == LOW) dir = 0;
  if(digitalRead(3) == LOW) dir = 1;
  if(digitalRead(4) == LOW) dir = 2;
```

```
  switch(dir)
  {
    case 0 : stepper.step(0);break;//stop                    //⑦
    case 1 : stepper.step(1); break;//CW                     //⑧
    case 2 : stepper.step(-1);break;//CCW                    //⑨
  }
}
```

소스코드 분석

① 함수의 프로토타입(prototype)선언 및 구조체(structure) 등의 자료구조가 정의

② 모터의 회전방향 및 정지의 정보를 저장하는 변수

③ 100은 스텝 수이고 아두이노 보드의 8번,9번 핀으로 디지털신호를 출력한다.

④ 디지털 2,3,4번 핀을 내부풀업으로 입력으로 설정한다.

⑤ 아날로그 값을 읽어 들인다.

⑥ 아날로그 10비트의 값(0~1023)을 (10~300)범위로 변환한다.

⑦ 모터가 정지한다.

⑧ 모터가 시계방향으로 한 스텝씩 회전한다.

⑨ 모터가 시계반대방향으로 한 스텝씩 회전한다.

☞ 응용과제 스테핑 모터 정 · 역 제어(토글)

【그림 2_7_A】회로에서 속도는 일정하고 두 개의 스위치에서 디지털입력 값을 받아서 SW1은 정지/회전, SW2는 정회전/역회전 동작이 되도록 프로그램 하시오.

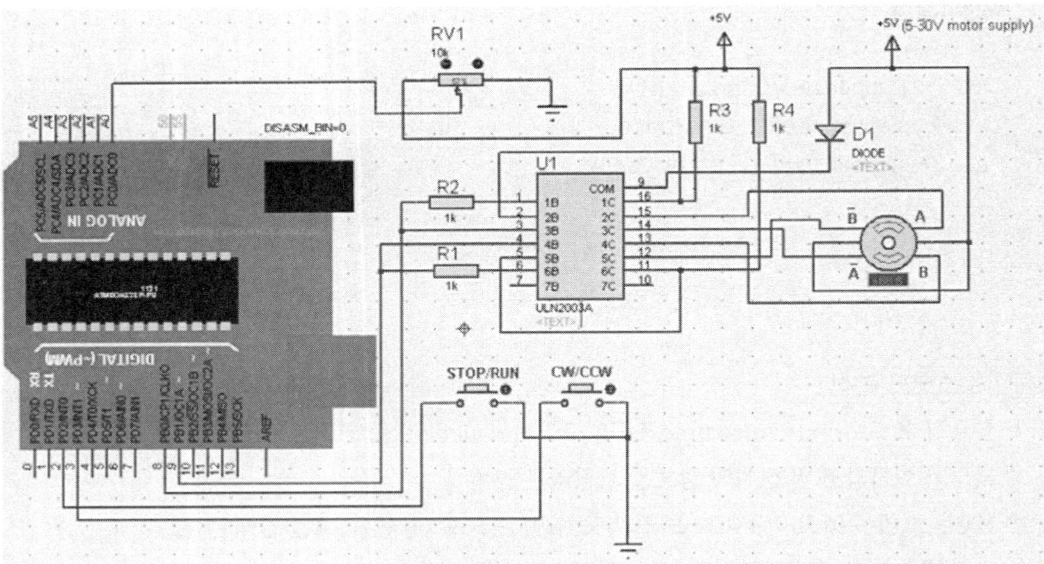

【그림 2_7_A】 스테핑 모터 정 · 역 제어회로

프로그램[St_2_8] 두 개의 스테핑 모터 제어

【그림 2_8_1】의 회로는 두 개의 스테핑 모터를 제어하는 회로이며 SW1은 모터1과 모터2가 정지, SW2는 모터1 동작, SW3은 모터2 동작, SW4는 모터1과 모터2가 동시에 동작을 하는 회로이다. 74LS125 IC는 모터를 선택하기 위한 용도로 아두이노의 6번 핀과 7번 핀은 모터를 선택하기 위한 신호선이고 8번 핀과 9번 핀은 스테핑 모터를 회전시키기 위한 신호이다. 참고로 ULN2003 IC는 열이 많이 발생하므로 방열판을 부착하는 것이 좋으며 반드시 스테핑 모터의 정격을 확인 후 연결하기 바란다.(본 실험에서는 6V 0.6A 1.8도 사용)

① 【그림 2_8_1】은 두 개의 스테핑 모터제어회로이고, 【그림 2_8_2】는 배선도이며, 【그림 2_8_3】은 회로의 동작을 나타낸다.

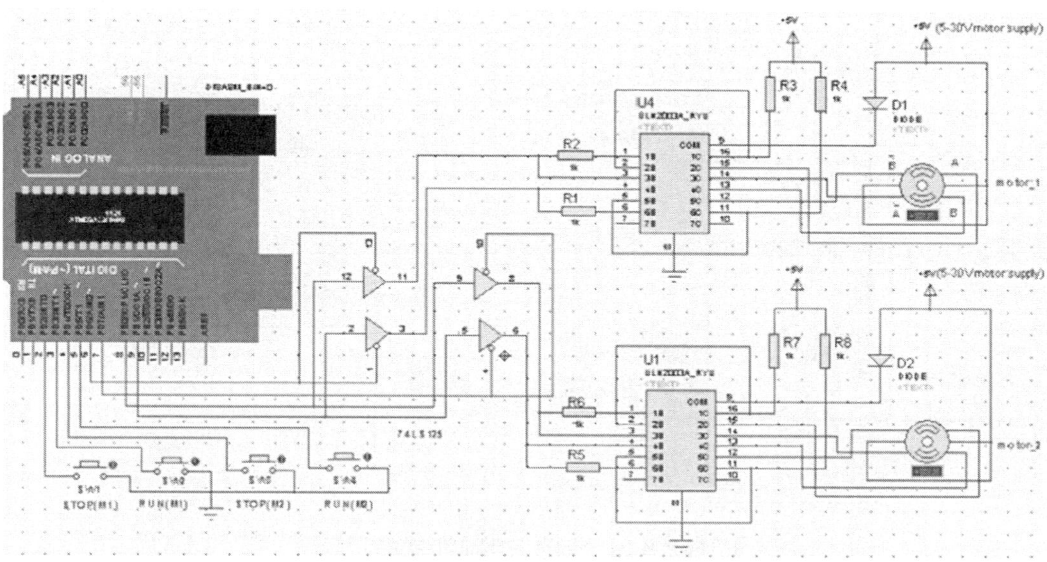

【그림 2_8_1】 두 개의 스테핑 모터 제어회로

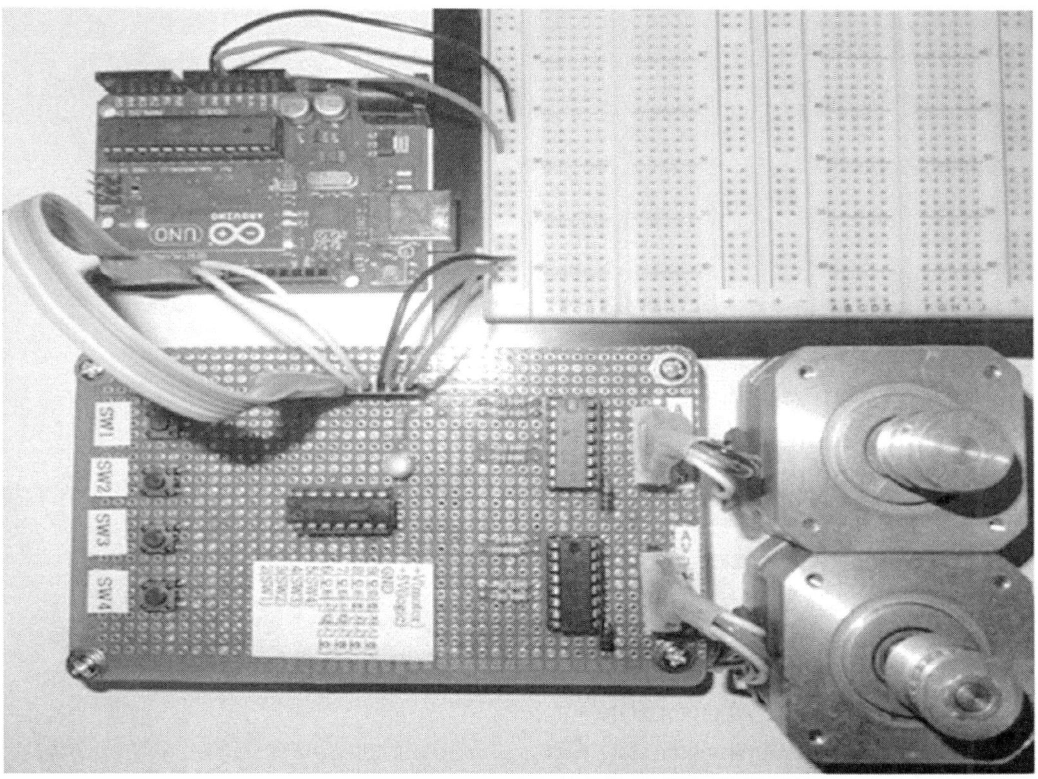

【그림 2_8_2】 두 개의 스테핑 모터 제어회로 배선도

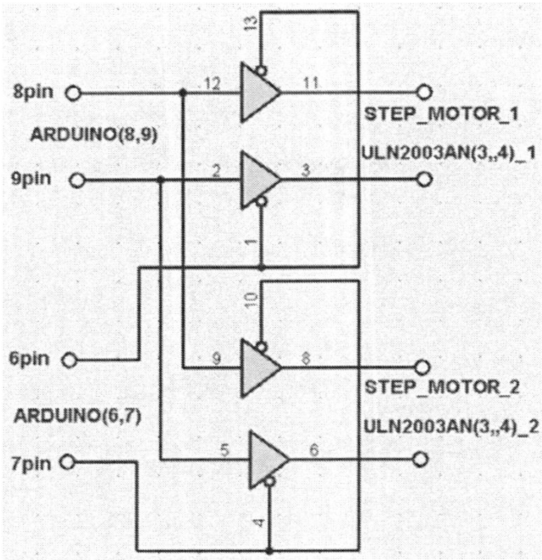

제어선		모터	
6pin	7pin	motor_1	motor_2
HIGH	HIGH	STOP	STOP
LOW	HIGH	RUN	STOP
HIGH	LOW	STOP	RUN
LOW	LOW	RUN	RUN

【그림 2_8_3】 스테핑 모터제어 회로의 동작

② 다음과 같이 소스코드를 입력한다.

```
#include <Stepper.h>
int motor_speed = 200;                                   //①
char motor_state = 0;                                    //②
Stepper stepper(100, 8, 9);                              //③
void setup()                                             //④
{
  pinMode(2, INPUT_PULLUP);
  pinMode(3, INPUT_PULLUP);
  pinMode(4, INPUT_PULLUP);
  pinMode(5, INPUT_PULLUP);
  pinMode(6, OUTPUT);
  pinMode(7, OUTPUT);
  stepper.setSpeed(motor_speed);
}
void loop()
{
  if(digitalRead(2) == LOW) motor_state = 0;             //⑤
  if(digitalRead(3) == LOW) motor_state = 1;             //⑥
  if(digitalRead(4) == LOW) motor_state = 2;             //⑦
  if(digitalRead(5) == LOW) motor_state = 3;             //⑧
```

```
  switch(motor_state)                                                          //⑨
  {
   case 0 : digitalWrite(6,HIGH);digitalWrite(7,HIGH);break;
   case 1 : stepper.step(1); digitalWrite(6,LOW);digitalWrite(7,HIGH);break;
   case 2 : stepper.step(1); digitalWrite(6,HIGH);digitalWrite(7,LOW);break;
   case 3 : stepper.step(1); digitalWrite(6,LOW);digitalWrite(7,LOW);break;
  }
}
```

소스코드 분석

① 모터 회전속도의 초기 값

② 모터 동작 상태의 초기 값(정지)

③ 100은 스텝수이고 아두이노 보드의 8번,9번 핀으로 디지털신호를 출력한다.

④ 디지털 핀 2,3,4,5번은 내부 풀업으로 입력을 받도록 설정하고 6,7번은 출력설정

⑤ 2번 핀이 LOW이면 모터1과 모터2 모두 정지

⑥ 3번 핀이 LOW이면 모터1은 동작하고 모터2 정지한다.

⑦ 4번 핀이 LOW이면 모터1은 정지하고 모터2는 동작한다.

⑧ 5번 핀이 LOW이면 모터1과 모터2 모두 동작한다.

⑨ 디지털 핀의 8,9번으로 스테핑 모터의 시계방향 신호(step함수)를 보내주고, 디지털 핀 6,7번은 모터를 선택하는 신호이다.

응용과제 두개의 스테핑 모터 제어

【그림 2_8_A】 회로에서 SW1을 눌렀다가 뗄 때마다 모터1의 STOP/RUN 동작을 반복하고, SW2를 눌렀다가 뗄 때마다 CW/CCW 동작을 반복하고, SW3을 눌렀다가 뗄 때마다 모터2의 STOP/RUN 동작을 반복하고, SW4를 눌렀다가 뗄 때마다 CW/CCW 동작을 반복하도록 프로그램 하시오.

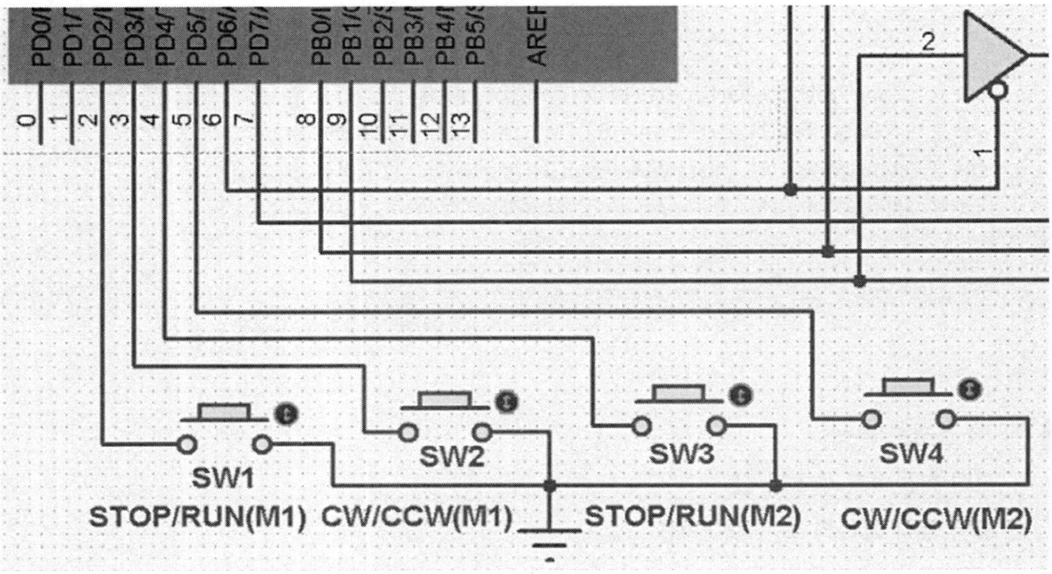

【그림 2_8_A】 두 개의 스테핑 모터 제어회로

프로그램[St_2_9] 바이폴라 방식의 스테핑 모터 제어1

【그림 2_9_1】의 회로는 바이폴라 스테핑 모터를 제어하는 회로이며 <표 2_9_1>은 동작 테이블을 보여준다. 참고로 유니폴라모터 6선은 A상과 B상의 중간 단자 com단자를 사용하지 않고 4선으로 사용하고 전압만 맞추어 주면 동작한다.

① 【그림 2_9_1】은 L293D IC를 사용한 스테핑 모터제어 회로와 배선도이고, <표 2_9_1>은 바이폴라방식의 스테핑 모터 동작표이다.

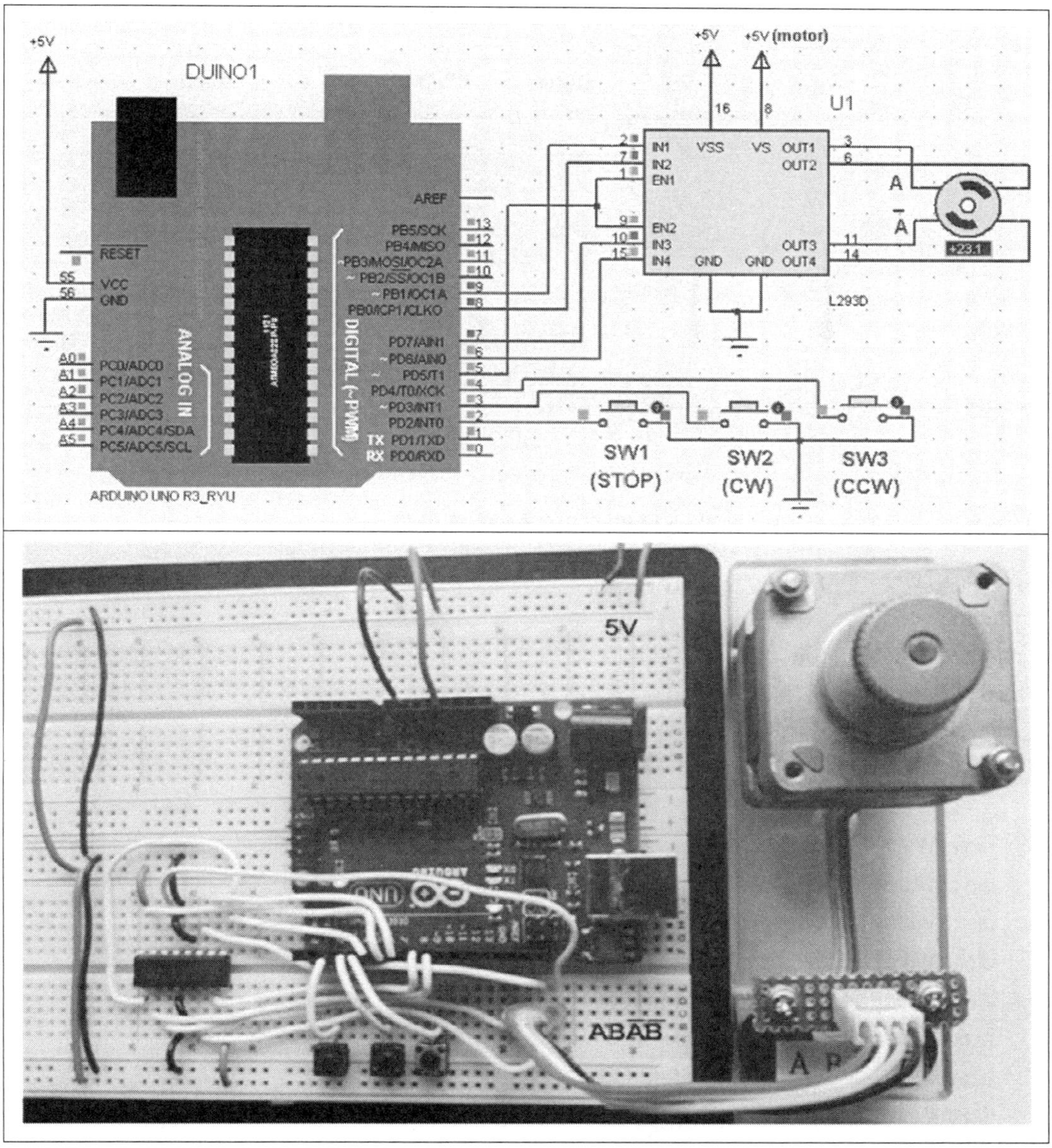

【그림 2_9_1】 L293D IC를 사용한 스테핑 모터 제어회로

<표 2_9_1> 바이폴라방식의 스테핑 모터 동작표

<table>
<tr><th colspan="3">코일 / 스텝</th><th>코일 A</th><th>코일 B</th><th>코일 $\overline{A}$</th><th>코일 $\overline{B}$</th><th>제어방식</th></tr>
<tr><td rowspan="2">1</td><td rowspan="8">CW
↓</td><td rowspan="8">CCW
↑</td><td>+</td><td>−</td><td>−</td><td>−</td><td>1상</td></tr>
<tr><td>+</td><td>+</td><td>−</td><td>−</td><td>2상</td></tr>
<tr><td rowspan="2">2</td><td>−</td><td>+</td><td>−</td><td>−</td><td>1상</td></tr>
<tr><td>−</td><td>+</td><td>+</td><td>−</td><td>2상</td></tr>
<tr><td rowspan="2">3</td><td>−</td><td>−</td><td>+</td><td>−</td><td>1상</td></tr>
<tr><td>−</td><td>−</td><td>+</td><td>+</td><td>2상</td></tr>
<tr><td rowspan="2">4</td><td>−</td><td>−</td><td>−</td><td>+</td><td>1상</td></tr>
<tr><td>+</td><td>−</td><td>−</td><td>+</td><td>2상</td></tr>
</table>

② 다음은 소스코드로 바이폴라 스테핑 모터 1상 제어 방식이다.

```
#define cw 0
#define ccw 1
char motor_state = 0;
void motor_ctl(int dir, int dt)                                              //①
{
 if(dir==0)                                                                  //②
 {
  digitalWrite(9,HIGH); digitalWrite(8,LOW);
  digitalWrite(7,LOW); digitalWrite(6,LOW); delay(dt);
  digitalWrite(9,LOW);  digitalWrite(8,HIGH);
  digitalWrite(7,LOW);  digitalWrite(6,LOW); delay(dt);
  digitalWrite(9,LOW);  digitalWrite(8,LOW);
  digitalWrite(7,HIGH); digitalWrite(6,LOW); delay(dt);
  digitalWrite(9,LOW);  digitalWrite(8,LOW);
  digitalWrite(7,LOW);  digitalWrite(6,HIGH); delay(dt);
 }
```

```
if(dir==1)                                                                   //③
 {
  digitalWrite(9,LOW);  digitalWrite(8,LOW);
  digitalWrite(7,LOW);  digitalWrite(6,HIGH); delay(dt);
  digitalWrite(9,LOW);  digitalWrite(8,LOW);
  digitalWrite(7,HIGH); digitalWrite(6,LOW); delay(dt);
  digitalWrite(9,LOW);  digitalWrite(8,HIGH);
```

```
    digitalWrite(7,LOW); digitalWrite(6,LOW); delay(dt);
    digitalWrite(9,HIGH); digitalWrite(8,LOW);
    digitalWrite(7,LOW); digitalWrite(6,LOW); delay(dt);
  }
}
```

```
void setup() {                                                          //④
  pinMode(2, INPUT_PULLUP);
  pinMode(3, INPUT_PULLUP);
  pinMode(4, INPUT_PULLUP);
  pinMode(5, OUTPUT);                                                   //⑤
  pinMode(6, OUTPUT);
  pinMode(7, OUTPUT);
  pinMode(8, OUTPUT);
  pinMode(9, OUTPUT);
  attachInterrupt(0, motor_STOP, CHANGE);                               //⑥
}
void  motor_STOP()                                                      //⑦
{
  motor_state = 0;
}
void loop() {
  if(digitalRead(3) == LOW) motor_state = 1;
  if(digitalRead(4) == LOW) motor_state = 2;
  switch(motor_state)
  {
    case 0 : digitalWrite(5,LOW);break;                                 //⑧
    case 1 : digitalWrite(5,HIGH); motor_ctl(cw,10);break;              //⑨
    case 2 : digitalWrite(5,HIGH); motor_ctl(ccw,100);break;            //⑩
  }
}
```

소스코드 분석

① 모터를 제어하기 위한 사용자정의 함수

② 0이면 모터를 시계방향으로 회전시킨다.

③ 1 이면 모터를 시계반대방향으로 회전시킨다.

④ 핀2,3,4번은 내부 풀업으로 입력을 받도록 설정하고 5,6,7,8,9번은 출력설정

⑤ L293D IC enable

⑥ 디지털 핀 2번으로 인터럽트 입력을 받는다.

⑦ 인터럽트가 발생할 때 실행하는 함수이다.(모터정지)

⑧ 모터가 정지한다.

⑨ 모터가 시계방향으로 고속회전 한다.

⑩ 모터가 시계반대방향으로 저속회전 한다.

고찰?

아두이노 우노에서는 인터럽트 0번과 1번으로 두 개이고 핀 번호는 2번과 3번이다. 이번 예제에서의 문제점은 역방향일 경우에는 회전속도가 낮아서 시계방향의 버튼 전환 시에 바로 동작을 하지 않는 문제점이 있고 정지버튼을 누르면 인터럽트로 입력을 받으므로 바로 정지를 시킬 수가 있다.

프로그램[St_2_10] 바이폴라 방식의 스테핑 모터 제어2

【그림 2_10_1】의 회로는 바이폴라 스테핑 모터의 정 · 역제어 및 속도제어 회로로 가변저항은 속도를 제어하는 용도로 저항 값에 따라서 정지 및 속도가 변하고 SW1은 정방향, SW2는 역방향이다. 주의할 점은 PC가 고장의 원인이될 수도 있으므로 USB케이블이 연결된 상태에서는 모터연결을 하지 말고 아두이노 보드에 업로드를 한 다음에는 USB케이블을 제거하고 전원공급을 한다.

1 【그림 2_10_1】은 L293D IC를 사용한 스테핑 모터 제어회로이고, 【그림 2_10_2】는 배선도이다.

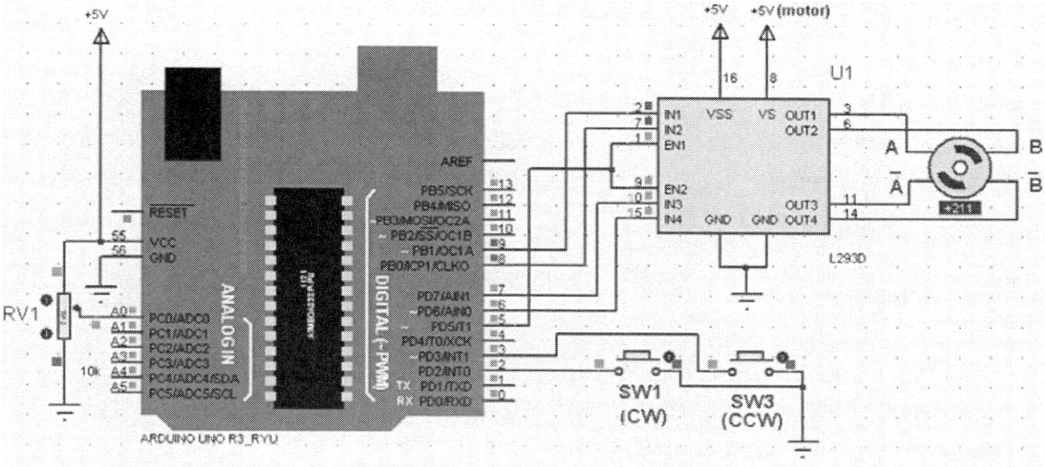

【그림 2_10_1】 L293D IC를 사용한 스테핑 모터 제어회로

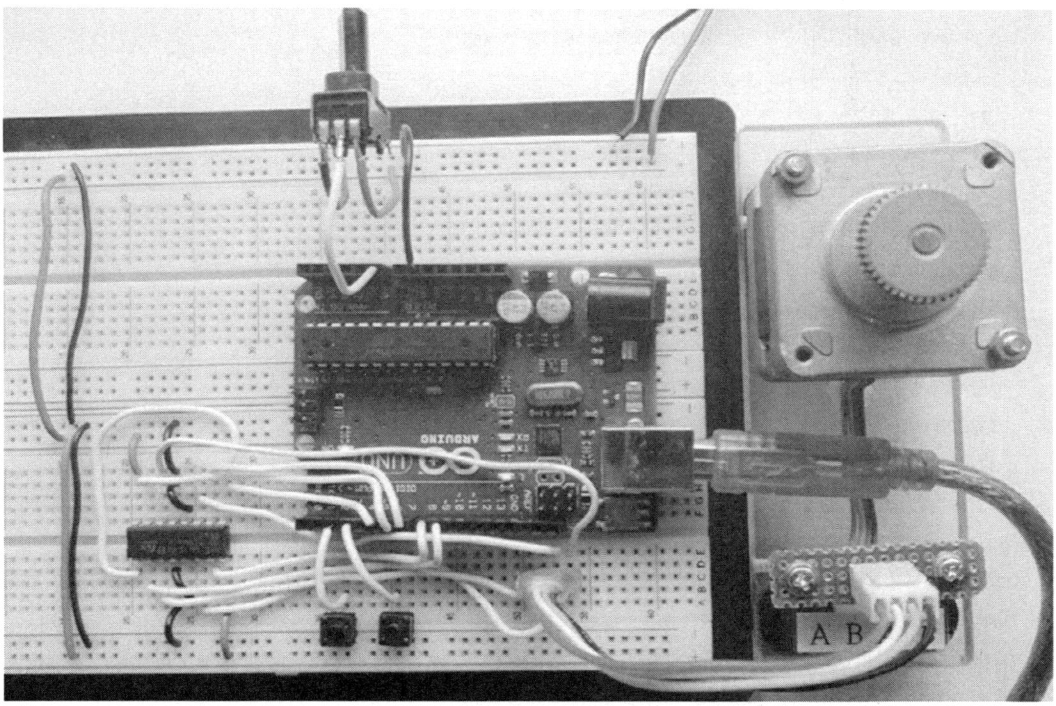

【그림 2_10_2】 L293D IC를 사용한 스테핑 모터 제어회로 배선도

2 다음은 소스코드로 바이폴라 스테핑 모터 2상 제어 방식이다.

```
#define cw 0
#define ccw 1
char motor_state = 0;                                                    //①
int val=0,motor_speed=0;                                                 //②
void motor_ctl(int dir, int dt)                                          //③
{
 if(dir==0)//forward
 {
  digitalWrite(9,HIGH);  digitalWrite(8,HIGH);
  digitalWrite(7,LOW);  digitalWrite(6,LOW);  delay(dt);
  digitalWrite(9,LOW);  digitalWrite(8,HIGH);
  digitalWrite(7,HIGH);  digitalWrite(6,LOW);  delay(dt);
  digitalWrite(9,LOW);  digitalWrite(8,LOW);
  digitalWrite(7,HIGH);  digitalWrite(6,HIGH); delay(dt);
  digitalWrite(9,HIGH);  digitalWrite(8,LOW);
  digitalWrite(7,LOW);  digitalWrite(6,HIGH); delay(dt);
 }
 if(dir==1)//backward
 {
  digitalWrite(9,HIGH); digitalWrite(8,LOW);
  digitalWrite(7,LOW);  digitalWrite(6,HIGH); delay(dt);
  digitalWrite(9,LOW);  digitalWrite(8,LOW);
  digitalWrite(7,HIGH); digitalWrite(6,HIGH); delay(dt);
  digitalWrite(9,LOW);  digitalWrite(8,HIGH);
  digitalWrite(7,HIGH); digitalWrite(6,LOW);  delay(dt);
  digitalWrite(9,HIGH); digitalWrite(8,HIGH);
  digitalWrite(7,LOW);  digitalWrite(6,LOW);  delay(dt);
  }
}
void setup() {
 pinMode(2, INPUT_PULLUP);//cw
 pinMode(3, INPUT_PULLUP);//ccw
 pinMode(5, OUTPUT);//enable
 pinMode(6, OUTPUT);
 pinMode(7, OUTPUT);
 pinMode(8, OUTPUT);
 pinMode(9, OUTPUT);
```

```
  attachInterrupt(0, motor_CW, CHANGE);                                        //④
  attachInterrupt(1, motor_CCW, CHANGE);                                       //⑤
}
void  motor_CW()
{
  motor_state = 1;
}
void  motor_CCW()
{
  motor_state = 2;
}
void loop() {
  val = analogRead(A0);
  motor_speed = map(val, 0, 1023, 150, 5);                                     //⑥
  if(motor_speed > 100) motor_state=0;                                         //⑦
  switch(motor_state)
  {
    case 0 : digitalWrite(5,LOW); break;                                       //⑧
    case 1 : digitalWrite(5,HIGH); motor_ctl(cw, motor_speed);break;           //⑨
    case 2 : digitalWrite(5,HIGH); motor_ctl(ccw, motor_speed);break;          //⑩
  }
}
```

소스코드 분석

① 모터의 동작 상태를 저장하기 위한 변수

② 아날로그 값과 모터의 속도를 저장하기위한 변수

③ 모터제어 사용자 정의함수(방향 및 속도)

④ 모터를 시계방향으로 회전시키기 위한 인터럽트함수(2번 핀)

⑤ 모터를 시계반대방향으로 회전시키기 위한 인터럽트함수(3번 핀)

⑥ 아날로그입력 값(0~1023)을 (150~5)로 변환 시킨다.

⑦ 모터속도제어 변수의 값이 100 보다 크면 모터는 정지한다.

⑧ 모터가 정지한다.

⑨ 모터가 시계방향으로 회전한다.

⑩ 모터가 시계반대방향으로 회전한다.

* <표 2-9-1> 바이폴라방식의 스테핑 모터 동작테이블 참고

프로그램[St_2_11] 아날로그 값에 의한 스테핑 모터 제어

【그림 2_11_1】의 회로에서 아날로그 값에 따라 정 · 역회전 및 정지를 하는 프로그램이다.

① 【그림 2_11_1】은 아날로그 값에 의한 바이폴라 스테핑 모터 제어회로이다.

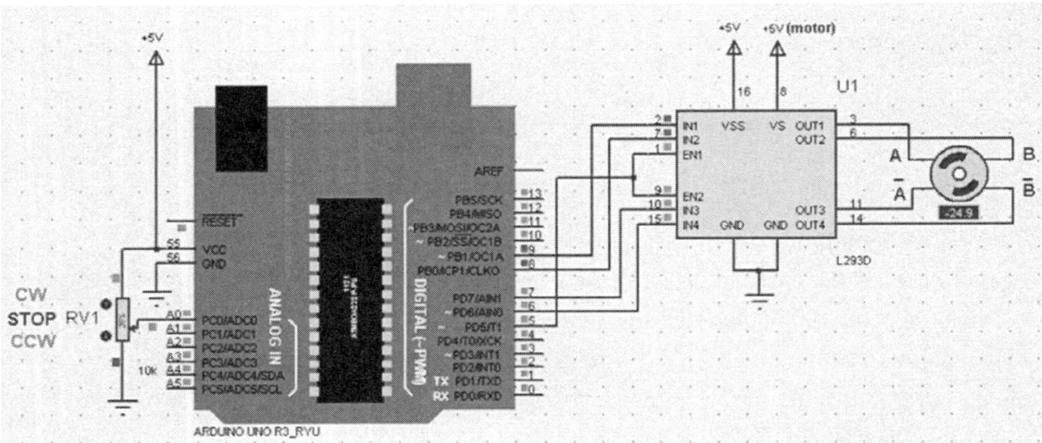

【그림 2_11_1】 아날로그 값에 의한 바이폴라 스테핑 모터 제어회로

② 다음은 소스코드로 바이폴라 스테핑 모터 2상 제어 방식이다.

```
#define cw 0
#define ccw 1
char motor_state = 0;
int val = 0,motor_speed = 10;
//~ 함수생략 프로그램[St2_10] 사용자 정의함수와 같다.
void setup() {
 pinMode(5, OUTPUT); //enable
 pinMode(6, OUTPUT); //B̄
 pinMode(7, OUTPUT); //Ā
 pinMode(8, OUTPUT); //B
 pinMode(9, OUTPUT); //A
}
void loop() {
  val = analogRead(A0);
  val = map(val, 0, 1023,300, 0);
  if(val >= 100 && val <= 200 ) motor_state = 0;                    //①
```

```
    if(val < 100) motor_state = 1;                                          //②
    if(val > 200 && val < 300 ) motor_state = 2;                            //③
   switch(motor_state)
   {
    case 0 : digitalWrite(5,LOW); break;//stop
    case 1 : digitalWrite(5,HIGH); motor_ctl(cw, motor_speed);break;
    case 2 : digitalWrite(5,HIGH); motor_ctl(ccw, motor_speed);break;
   }
}
```

소스코드 분석

① 모터가 정지한다.

② 모터가 시계방향으로 회전한다.

③ 모터가 시계반대방향으로 회전한다.

응용과제 아날로그값에 의한 바이폴라 스테핑 모터 제어

【그림 2_11_1】회로에서 아날로그 값에 따라서 정방향 및 역방향제어에 속도제어가 가능하도록 프로그램 하시오.

프로그램[St_2_12] 모터쉴드를 사용한 스테핑 모터 제어1

【그림 2_12_1】의 회로는 바이폴라 스테핑 모터를 제어하는 회로이며 동작은 정지 및 정회전과 역회전을 반복한다.

<표 2_12_1>은 동작표을 보여준다. 모터쉴드 제조사에서 제공하는 소스코드를 http://www.instructables.com/id/Arduino-Motor-Shield-Tutorial/ 주소에서 참고하기 바란다.

<표 2_12_1> 바이폴라 스테핑 모터의 동작표

Function	Channel A	Channel B
Direction	Digital 12	Digital 13
Speed (PWM)	Digital 3	Digital 11
Brake	Digital 9	Digital 8
Current Sensing	Analog 0	Analog 1

【그림 2_12_1】 바이폴라 스테핑 모터 구동

② 다음은 소스코드이다.

```
int cnt,delaylegnth = 10;
void motor_STOP()                                                    //①
{
  digitalWrite(9, HIGH);    //DISABLE CH A
  digitalWrite(8, HIGH);    //DISABLE CH B
}
void motor_CW()                                                      //②
{
  digitalWrite(9, LOW);     //ENABLE CH A
  digitalWrite(8, HIGH);    //DISABLE CH B
  digitalWrite(12, HIGH);   //Sets direction of CH A
  analogWrite(3, 255);      //Moves CH A
  delay(delaylegnth);
  digitalWrite(9, HIGH);    //DISABLE CH A
  digitalWrite(8, LOW);     //ENABLE CH B
  digitalWrite(13, HIGH);   //Sets direction of CH B
```

```
  analogWrite(11, 255);  //Moves CH B
  delay(delaylegnth);

  digitalWrite(9, LOW);   //ENABLE CH A
  digitalWrite(8, HIGH);  //DISABLE CH B
  digitalWrite(12, LOW);  //Sets direction of CH A
  analogWrite(3, 255);    //Moves CH A
  delay(delaylegnth);
  digitalWrite(9, HIGH);  //DISABLE CH A
  digitalWrite(8, LOW);   //ENABLE CH B
  digitalWrite(13, LOW);  //Sets direction of CH B
  analogWrite(11, 255);   //Moves CH B
  delay(delaylegnth);
}
void motor_CCW()                                                    //③
{
  digitalWrite(9, HIGH);  //DISABLE CH A
  digitalWrite(8, LOW);   //ENABLE CH B
  digitalWrite(13, LOW);  //Sets direction of CH B
  analogWrite(11, 255);   //Moves CH B
  delay(delaylegnth);
  digitalWrite(9, LOW);   //ENABLE CH A
  digitalWrite(8, HIGH);  //DISABLE CH B
  digitalWrite(12, LOW);  //Sets direction of CH A
  analogWrite(3, 255);    //Moves CH A
  delay(delaylegnth);
  digitalWrite(9, HIGH);  //DISABLE CH A
  digitalWrite(8, LOW);   //ENABLE CH B
  digitalWrite(13, HIGH); //Sets direction of CH B
  analogWrite(11, 255);   //Moves CH B
  delay(delaylegnth);
  digitalWrite(9, LOW);   //ENABLE CH A
  digitalWrite(8, HIGH);  //DISABLE CH B
  digitalWrite(12, HIGH); //Sets direction of CH A
  analogWrite(3, 255);    //Moves CH A
  delay(delaylegnth);
}
void setup() {
```

```
  //establish motor direction toggle pins
  pinMode(12, OUTPUT);    //CH A → HIGH = forwards and LOW = backwards
  pinMode(13, OUTPUT);    //CH B → HIGH = forwards and LOW = backwards
  //establish motor brake pins
  pinMode(9, OUTPUT);     //brake (disable) CH A
  pinMode(8, OUTPUT);     //brake (disable) CH B
  pinMode(11, OUTPUT);    //brake (disable) CH A PWM
  pinMode(3, OUTPUT);     //brake (disable) CH B  PWM
}
void loop(){
  for(cnt=0; cnt<100; cnt++) motor_CW();
  motor_STOP();delay(500);
  for(cnt=0; cnt<100; cnt++) motor_CCW();
  motor_STOP();delay(500);
}
```

소스코드 분석

① 사용자 정의 함수로 모터가 정지하는 기능을 한다.

② 사용자 정의 함수로 모터가 시계방향으로 회전하는 기능을 한다.

③ 사용자 정의 함수로 모터가 시계반대방향으로 회전하는 기능을 한다.

* 모터쉴드 제조사에서 소스코드를 제공하므로 설명은 생략한다.

프로그램[St_2_13] 모터쉴드를 사용한 스테핑 모터 제어2

【그림 2_13_1】은 CD ROM 디스크 왕복운동 결선도로 바이폴라 스테핑 모터를 사용한 CD ROM 디스크인데 간단하게 왕복운동을 반복하도록 하는 프로그램이다.

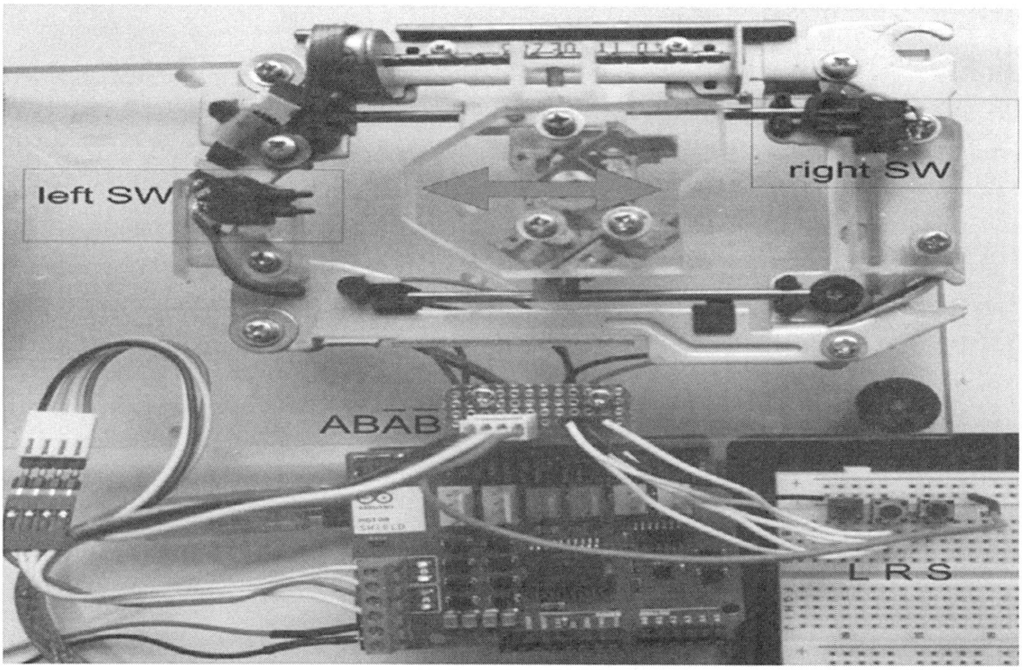

【그림 2_13_1】 CD ROM 디스크 왕복운동 결선도

[1] 【그림 2_13_2】는 바이폴라 스테핑 모터 제어회로이다.

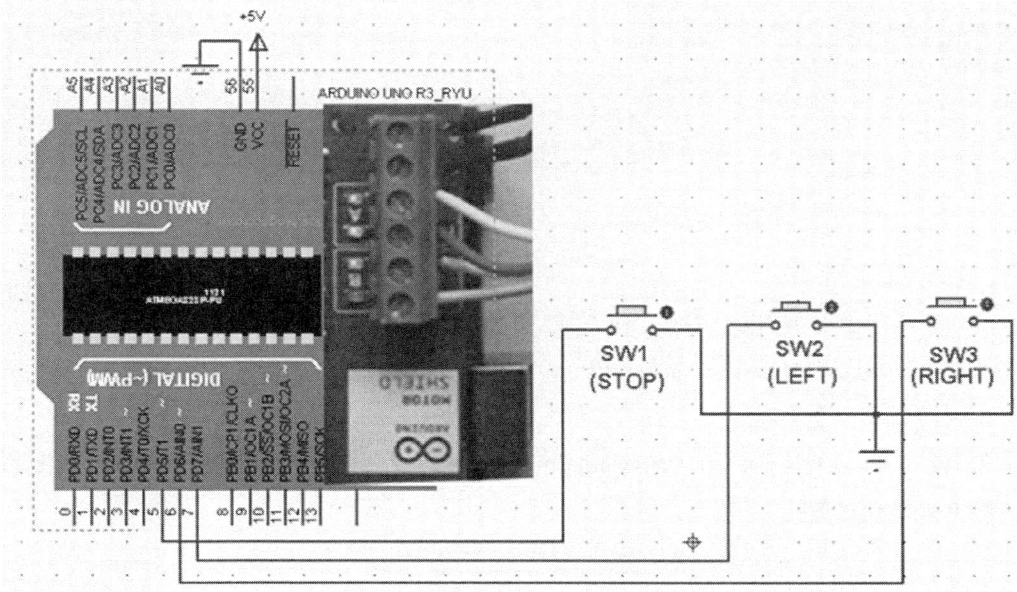

【그림 2_13_2】 바이폴라 스테핑 모터 제어회로

② 다음은 소스코드 이다.

```
int dir=0, delaylegnth = 50;
//~ 함수생략 프로그램[St2_11] 사용자 정의함수와 같다.
void setup() {
  //establish motor direction toggle pins
  pinMode(12, OUTPUT);            //CH A → HIGH = forwards and LOW = backwards
  pinMode(13, OUTPUT);            //CH B → HIGH = forwards and LOW = backwards
  //establish motor brake pins
  pinMode(9, OUTPUT);             //brake (disable) CH A
  pinMode(8, OUTPUT);             //brake (disable) CH B
  pinMode(10, OUTPUT);            //brake (disable) CH A PWM
  pinMode(3, OUTPUT);             //brake (disable) CH B  PWM
  pinMode(5, INPUT_PULLUP);       //stop
  pinMode(7, INPUT_PULLUP);       //left
  pinMode(6, INPUT_PULLUP);       //right
}
void loop(){
if(digitalRead(5)==LOW) dir = 0;                                          //①
if(digitalRead(6)==LOW) dir = 1;                                          //②
if(digitalRead(7)==LOW) dir = 2;                                          //③
switch(dir){
  case 0 : motor_STOP(); break;
  case 1 : motor_CW(); break;
  case 2 : motor_CCW(); break;
 }
}
```

소스코드 분석

① 5번 핀에 연결이 되어있는 SW1(STOP)을 누르면 모터가 정지한다.

② 【그림 2_13_1】에서 SW3과 오른쪽의 right(limit SW)가 병렬로 연결이 되어 있으며 ON이 되면 왼쪽으로 이동한다.

③ 【그림 2_13_1】에서 SW2와 왼쪽의 left(limit SW)가 병렬로 연결이 되어 있으며 ON이 되면 오른쪽으로 이동한다.

☞ 응용과제 | 모터쉴드를 사용한 바이폴라 스테핑 모터 제어

【그림 2_13_A】회로에서 SW1에서부터 SW4를 누를 때 각 SW가 회로와 같은 기능이 되도록 프로그램 하시오. 주의할 사항은 <표 2_12_1>의 모터쉴드에서 사용하지 않은 핀을 이용한다.

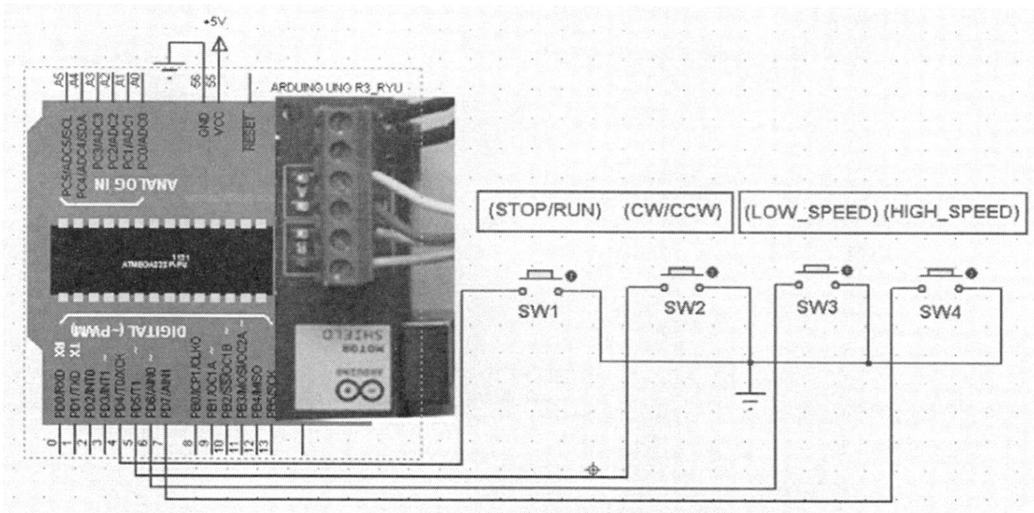

【그림 2_13_A】 모터쉴드를 사용한 스테핑 모터 제어회로

프로그램[St_2_14] 모터쉴드를 사용한 스테핑 모터 제어3

【그림 2_14_1】, 【그림 2_14_2】의 회로는 유니폴라 스테핑 모터를 제어하기 위한 ohm사 K_MOTOR2 회로도 이다.

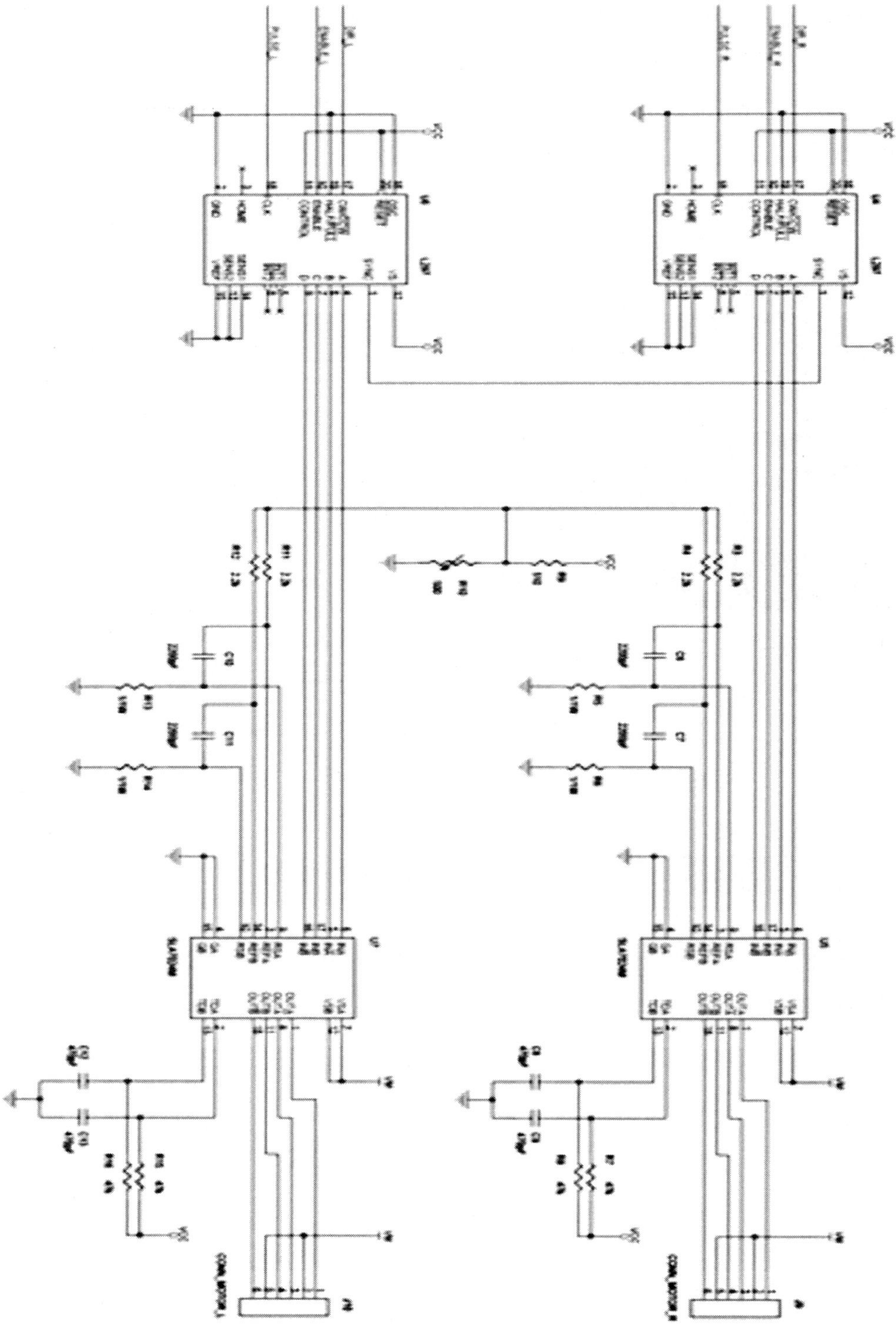

【그림 2_14_1】 ohm사 K_MOTOR2 회로도

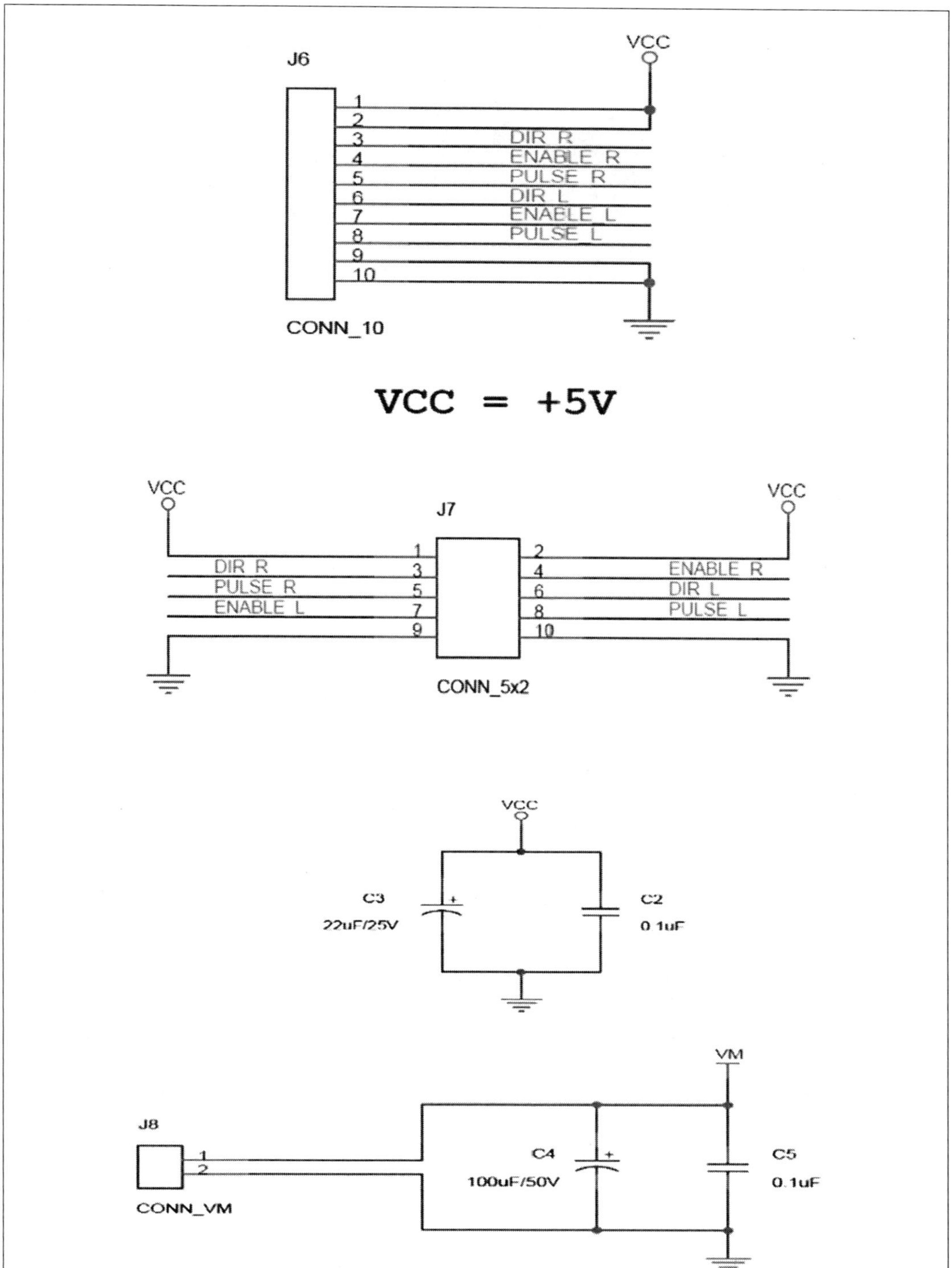

【그림 2_14_2】 ohm사 K_MOTOR2 헤더 핀

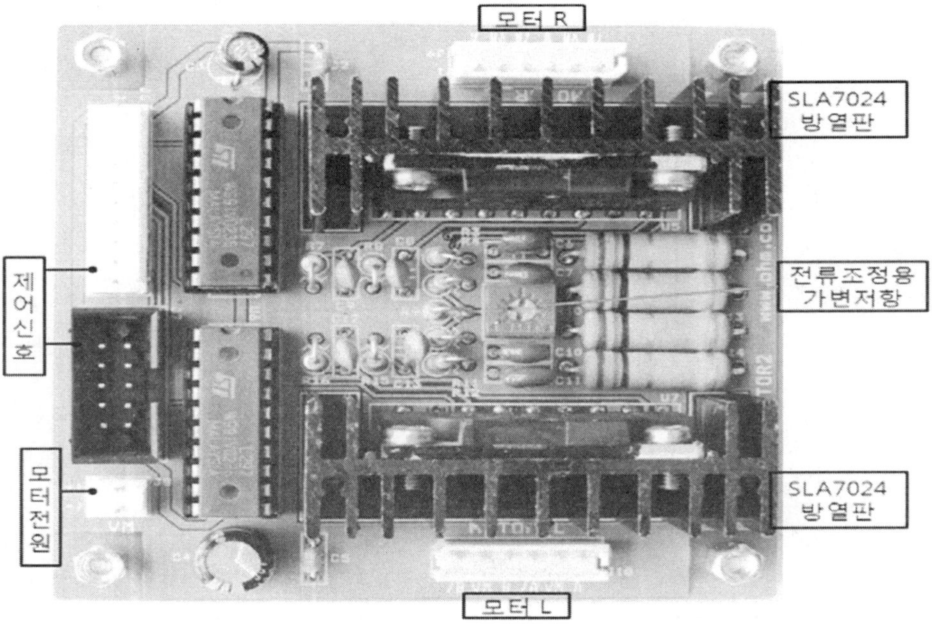

【그림 2_14_3】 ohm사 K_MOTOR2 모터쉴드

<표 2_14_1> K_MOTOR2 모터쉴드의 커넥터

[10핀 모렉스 커넥터]

핀번호	1	2	3	4	5	6	7	8	9	10
핀명	5V	5V	DIR_R	ENA_R	PUL_R	DIR_L	ENA_L	PUL_L	GND	GND

[10핀 Flat 케이블 커넥터]

핀번호	1	3	5	7	9
핀명	5V	DIR_R	PUL_R	ENA_L	GND
핀번호	2	4	6	8	10
핀명	5V	ENA_R	DIR_L	PUL_L	GND

<표 2_14_2> K_MOTOR2 모터쉴드의 커넥터

[모터 R 커넥터]

핀번호	1	2	3	4	5	6
핀명	/B	VM (COM_B)	B	/A	VM (COM_A)	A

[모터 L 커넥터]

핀번호	1	2	3	4	5	6
핀명	/B	VM (COM_B)	B	/A (COM_A)	VM	A

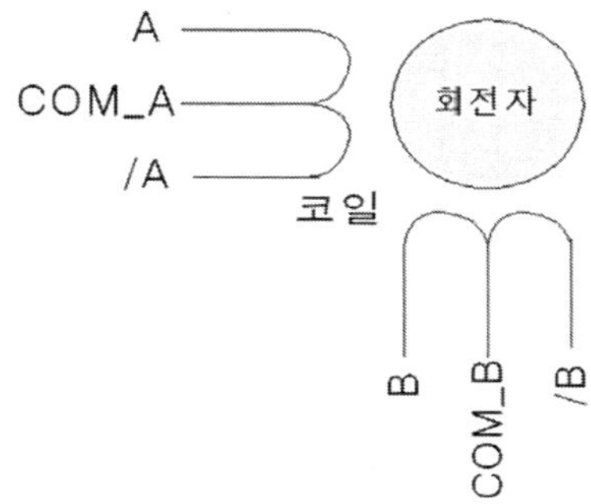

<표 2_14_3> 동작 타이밍(방향 및 속도 제어)

핀명	기능
DIR_R, DIR_L	정회전/역회전 제어(1 : 정회전, 0 : 역회전)
ENABLE_R, ENABLE_L	모터 회전/정지 제어(1 : 회전, 0 : 정지)
PULSE_R, PULSE_L	모터 구동 펄스

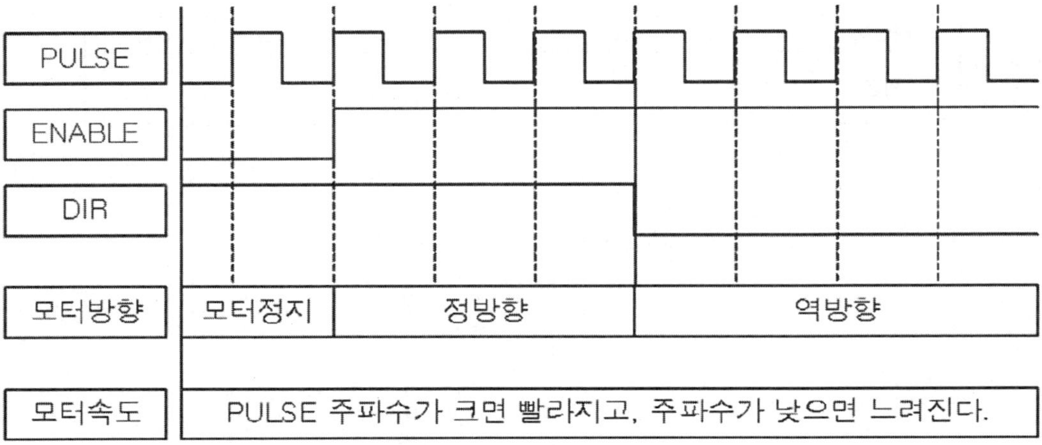

다음의 주소에서 아두이노 타이머 라이브러리 http://playground.arduino.cc/Main/MsTimer2를 추가한다.

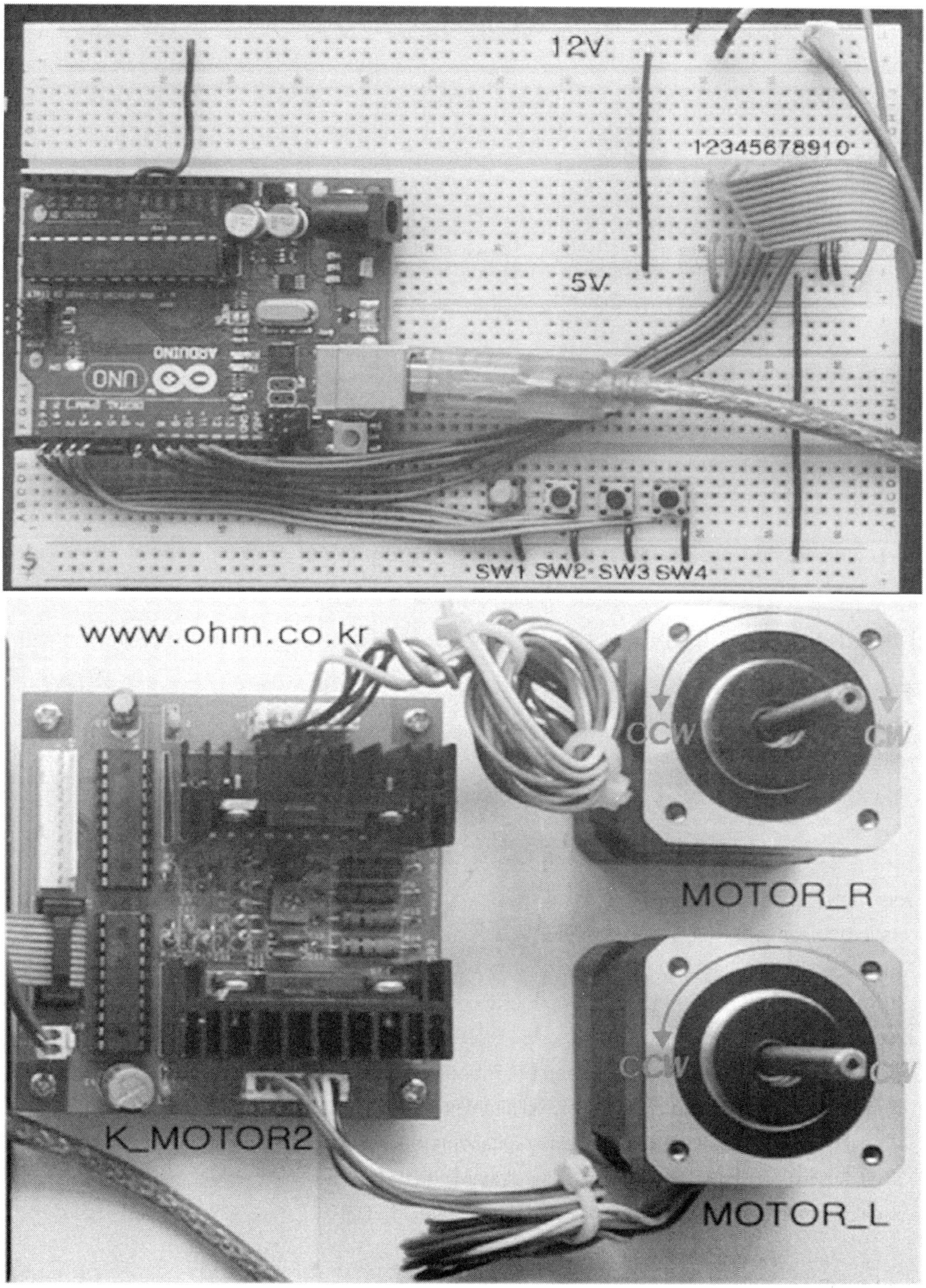

【그림 2_14_4】 K_MOTOR2 모터쉴드의 동작

① 【그림 2_14_5】는 모터쉴드에 의한 구동회로이다.

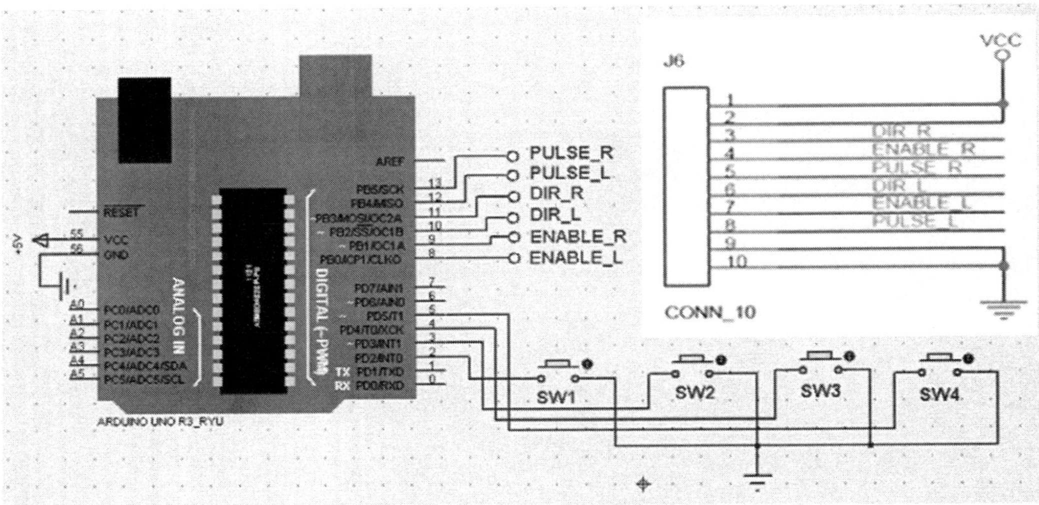

【그림 2_14_5】 모터쉴드에 의한 구동회로

② 다음의 소스코드를 입력한다.

```
#include <MsTimer2.h>                                                        //①
int lp = 0, rp = 0, motor = 0;                                               //②
void pulse(){                                                                //③
  lp++;
  rp++;
}
void motor_speed(int L,int R){                                               //④
 static boolean lout = HIGH, rout = HIGH;
 if(lp > L) {digitalWrite(12,lout); lout = !lout;lp = 0;}
 if(rp > R) {digitalWrite(13,rout); rout = !rout;rp = 0;}
}
void motor_state(boolean en_L,boolean en_R,boolean dir_L,boolean dir_R){     //⑤
  if(en_L == 0)digitalWrite(8,LOW); else digitalWrite(8,HIGH);
  if(en_R == 0)digitalWrite(9,LOW); else digitalWrite(9,HIGH);
  if(dir_L == 0)digitalWrite(10,LOW); else digitalWrite(10,HIGH);
  if(dir_R == 0)digitalWrite(11,LOW); else digitalWrite(11,HIGH);
}
void setup() {
  pinMode(13, OUTPUT); //motor_R_speed
```

```
  pinMode(12, OUTPUT); //motor_L_speed
  pinMode(11, OUTPUT); //dir_R
  pinMode(10, OUTPUT); //dir_L
  pinMode(9, OUTPUT);  //enable_R
  pinMode(8, OUTPUT);  //enable_L
  pinMode(5, INPUT_PULLUP);     //CCW
  pinMode(4, INPUT_PULLUP);     //CW
  pinMode(3, INPUT_PULLUP);     //R_stop
  pinMode(2, INPUT_PULLUP);     //L_stop
  MsTimer2::set(1,pulse);       //1ms period
  MsTimer2::start();            //타이머 실행
}

void loop() {
 if(digitalRead(2) == LOW) motor = 0 ;                                          //⑥
 if(digitalRead(3) == LOW) motor = 1 ;
 if(digitalRead(4) == LOW) motor = 2 ;
 if(digitalRead(5) == LOW) motor = 3 ;
 switch(motor) {
   case 0 : motor_state(0,0,1,1); break;                                        //⑦
   case 1 : motor_speed(5,20); motor_state(1,1,0,1); break;                     //⑧
   case 2 : motor_speed(100,50); motor_state(1,1,1,0); break;                   //⑨
   case 3 : motor_speed(0,0); motor_state(1,1,1,1); break;                      //⑩
   }
}
```

소스코드 분석

① 타이머 관련 함수를 사용하기 위하여 헤더파일을 불러온다.

② 왼쪽과 오른쪽 모터에 펄스 공급 및 모터의 동작 상태를 저장하기 위한 변수

③ 왼쪽과 오른쪽 모터에 펄스를 공급하는 사용자정의 함수이다.

④ 왼쪽과 오른쪽 모터의 속도를 조절하는 함수로 lp와 rp 값이 적을수록 속도가 빠르고 클수록 느리다.(0이면 가장 빠름)

⑤ 왼쪽과 오른쪽 모터의 동작 및 방향을 조절하는 사용자정의 함수

⑥ SW1의 입력을 감지한다.

⑦ 왼쪽과 오른쪽 모터의 동작은 정지한다.

⑧ 왼쪽 모터는 시계반대방향 오른쪽 모터는 시계방향으로 서로 다른 속도로 회전한다.

⑨ 왼쪽 모터는 시계방향 오른쪽 모터는 시계반대방향으로 서로 다른 속도로 회전한다.

⑩ 왼쪽과 오른쪽 모터가 시계방향으로 둘 다 같은 속도로 회전한다.

☞ 응용과제 | 모터쉴드를 사용한 유니폴라 스테핑 모터 제어

【그림2_14_A】회로에서 모터의 속도를 제어할 수 있도록 프로그램 하시오.

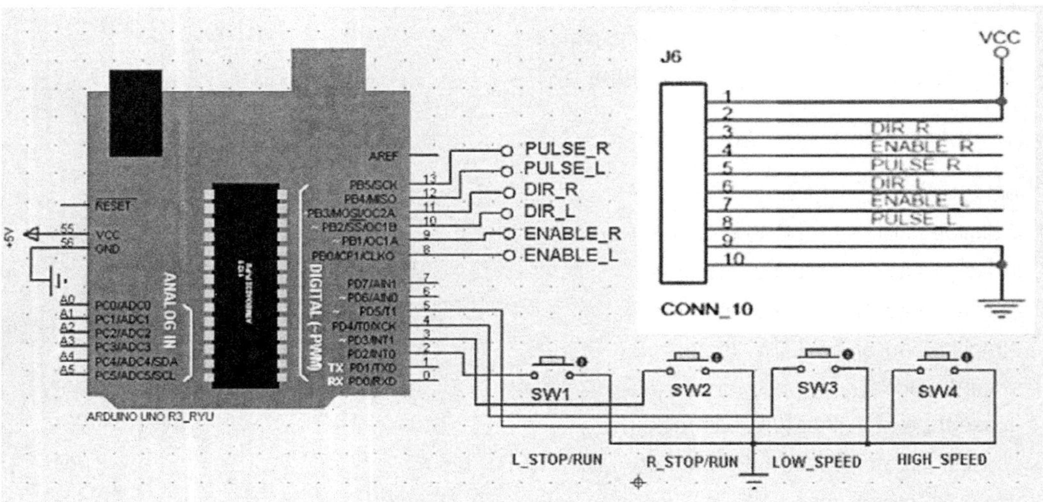

【그림 2_14_A】 모터쉴드를 이용한 구동회로

Chapter 3

서보모터 제어

프로그래밍

제3장

서보모터 제어

3.1 서보모터의 종류

서보모터(servo motor)는 명령에 따라 정확한 위치와 속도를 제어할 수 있는 모터로 프린터, 카메라, 공작기계 등의 다양한 분야에서 이용되고 있으며 서보 모터를 분류하면 [그림 3.1.1]과 같다.

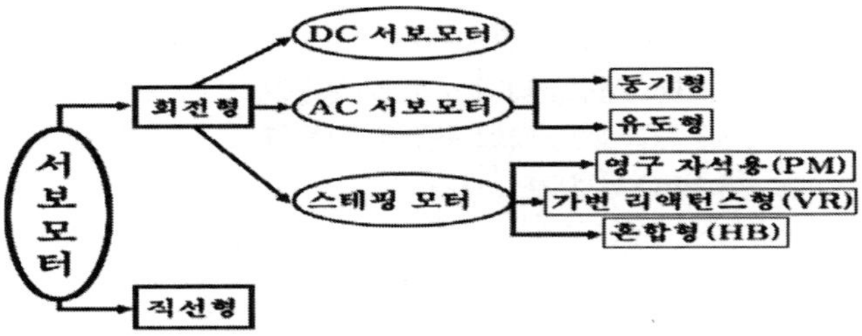

[그림 3.1.1] 서보모터의 분류

3.2 DC 서보모터의 구조 및 구동원리

1) DC 서보모터의 구조

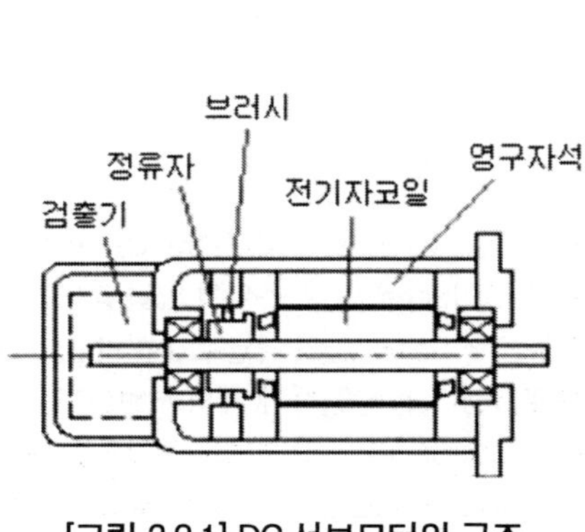

[그림 3.2.1] DC 서보모터의 구조

[그림 3.2.1]와 같이 고정자측 구성은 자로 및 기계적 지지를 목적으로 하는 원통형의 프레임과 프레임 내경에는 자석이 부착되어 있고, 회전자측 구성은 샤프트와 샤프트 외경에 정류자 및 회전자 철심이 부착되어 있으며, 회전자 철심 내에 전기자 권선이 감겨져 있다. 전기자 권선에 정류자를 통하여 전류를 공급하는 브러시 및 브러시 홀더가 부착되어 있다. Bracket 와 Flange 에는 Bal Bearing 이 있어서 회전자를 받쳐주고 있으며 Bracket 뒤쪽에는 회전속도 신호를 검출하는 검출기가 회전자와 연결되어 있는데 광학식 인코더 혹은 타코 제너레이터를 많이 사용한다.

2) DC 서보모터의 원리

DC 서보모터는 토크와 전류가 비례하여 선형 제어계의 구성이 가능하므로 비교적 간단한 회로로 안정된 제어계 설계가 가능하다. DC 서보모터는 최고 속도와 그 점에서의 허용 토크는 정류 불꽃에 의해 제약을 받는다. DC 서보모터의 구동 방식은 트랜지스터에 의한 펄스폭 변조 방식이 사용된다. 이 방식은 사용 주파수 전원을 정류하여 직류를 얻어 이 직류 전원이 모터에 인가되는 시간 폭을 주파수의 반송파에 의해 변화되어 가변 전압을 만들어 모터의 속도제어를 한다. 이런 방식의 제어는 응답성이 좋고 부하 마찰 토크가 국부적으로 변화하므로 다관절 로봇과 같이 자세에 의한 모터 축 환산부하 관성이 크게 변하는 제어계에서도 충분히 안정된 제어를 행할 수 있다.

3.3 AC 서보모터의 구조 및 구동원리

1) AC 서보모터의 구조

서보모터의 구조는 [그림 3.3.1]과 같이 자속을 만들어내기 위한 영구 자석이 회전자에 부착된 회전 자계형이고 권선은 고정자측에 설치된 정지 전기자 구조이다.

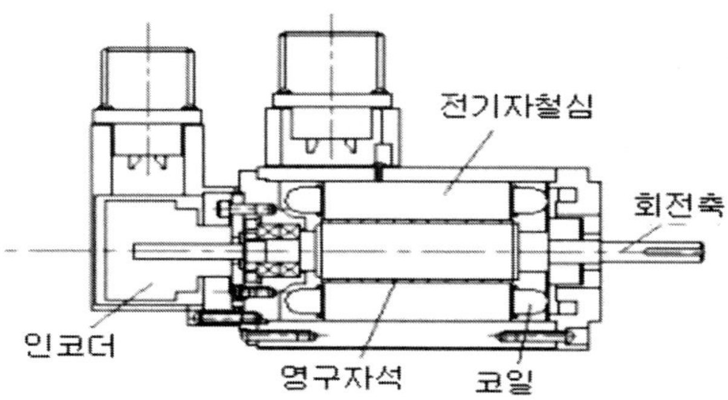

[그림 3.3.1] AC 서보모터의 구조

따라서 AC 서보 모터의 구성 요소는 회전자, 고정자, 센서 및 이것을 지탱하는 프레임, 베어링, 커플링 등으로 구성되어 있다.

2) AC 서보모터의 구조상 특징

서보모터에서는 가감속을 행하기 위해 최대 토크는 정격 토크에 대하여 수배 크게 하지 않으면 안되는데 DC서보모터에 있어서는 가감속 영역이라 불리우는 정류한계가 있고 이것을 넘어서 사용하면 Flash Over현상(정류자 불꽃이 갑자기 과대해지는 현상)이 나타난다. 더구나 이 정류한계는 회전속도가 커지면 현저하게 저하한다. 그러나 AC 서보모터에 있어서는 정류한계가 존재하지 않기 때문에 고속회전 영역까지 최대 토크를 저감하지 않고 운전할 수 있다.

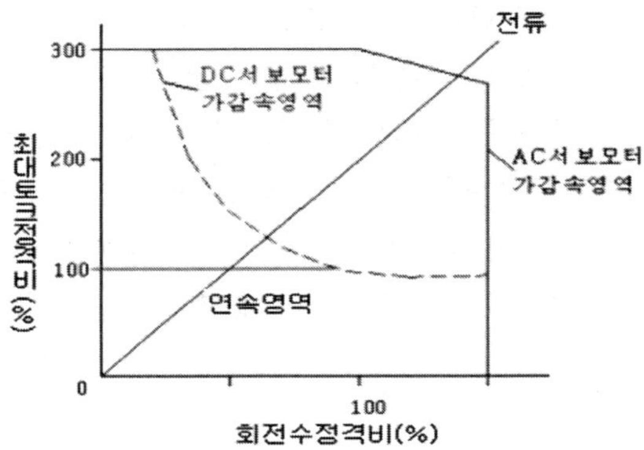

[그림 3.3.2] AC 서보모터의 동작 특성

[그림 3.3.2]는 서보모터의 동작 특성을 나타낸 것이다. 또 AC 서보모터에 있어서는 영구자석이 회전축 상에 설치되어 있기 때문에 회전 부분에서는 발열이 없고 모터의 발열은 고정자 측의 전기자에서만 발생한다.

3) AC 서보모터의 원리

AC모터는 일반적으로 주파수를 변화시켜 회전속도를 바꾸는데 이 주파수에는 자연히 한계가 있어 간단한 인버터를 사용하면 서보모터의 특징인 넓은 변속 범위를 얻을 수 없다.

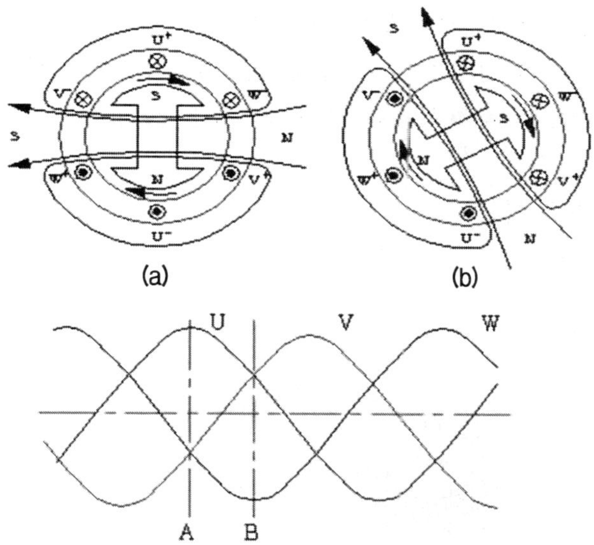

[그림 3.3.3] 회전자계의 원리

[그림 3.3.3]의 (a), (b)는 3상 브러시리스 모터의 횡단면도이고, U+, U−, V+, V−, W+, W−는 각 권선의 시작과 끝이다. (c)와 같은 3상 교류(정현파)가 통전되고 있을 때 A점에 있어서 모터의 상태를 보면, U상 만이 정(+)이고, V상과 W상 모두 부(−)이므로 각 권선의 전류 방향은 (a)와 같이 되고 전류에 의해 유기된 자속의 합성 벡터는 N에서 S로 향하는 방향으로 발생한다. 이때 자속과 직각으로 교차하는 위치에 회전자의 자계가 있다고 하면 자석끼리의 반발력과 흡인력에 의해 회전자를 시계 방향으로 돌리는 토크가 발생한다. 또한 B점에서는 권선에 의한 자속은 (b)와 같이 회전 방향에 60° 어긋난 위치에 발생한다. 이와 같이 고정자 권선에 3상 교류전류를 흘리면 연속적인 회전자계를 얻을 수 있다. 이 구동전류 위상을 회전자의 회전각에 대하여 항상 직교하는 형태로 맞출 수 있다면 매끄러운 토크를 내면서 효율이 좋은 모터를 브러시리스로 구성할 수 있다.

3.4 RC 서보모터

1) RC 서보모터의 개요

RC 서보모터(radio control servo motor)는 명령에 따라서 정확한 위치와 속도를 추종하는 모터로 서보신호에 의하여 특정한 각을 유지하며 서보신호는 PWM 신호로서 일정한 주기의 펄스폭으로 입력된다. 서보모터는 DC 또는 스테핑 모터와는 달리 회전각에 제한이 있으며 일반적으로 회전각을 갖는다. RC 서보 모터는 Open Loop제어를 하며 큰 기어비로 작은 크기 이면서 큰 힘을 낼 수 있고 서보의 동작범위는 −60°, +60°, −90°, +90°, 등이 있다.

2) RC 서보 모터의 내부구성

[그림 3.4.1]은 HS−311 RC 서보모터 외형이고 RC 서보모터는 제어회로와 모터, 기어세트, 케이스로 구성되어 있다.

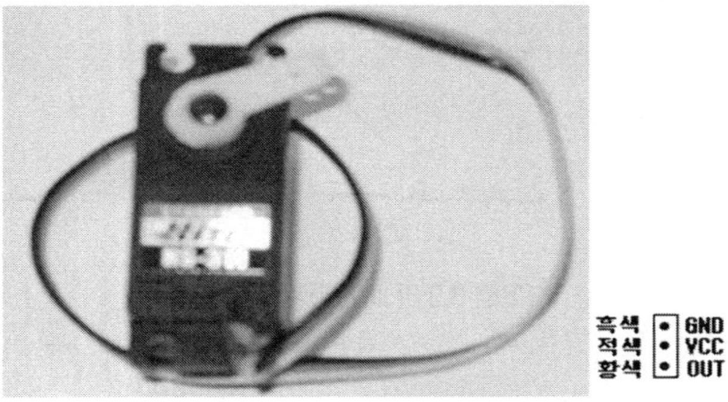

[그림 3.4.1] RC 서보 모터의 외형

(1) 제어회로 모터

포텐셜미터로 제어회로가 현재 각도를 분석하여 각도를 보정하기 위하여 DC 모터로 구동한다. 아날로그 RC 서보모터는 구동축이 포텐셜 미터가 부착되어 있고 비교기를 통해 저항 값과 제어신호 값을 비교하여 제어신호에 의하여 지정된 각도에 위치시킬 수 있으나 미세한 각도제어가 어렵다. 또한 디지털 서보모터는 ADC를 부착한 디지털 제어회로를 사용하므로 미세한 제어가 가능하다.

(2) 기어세트

서보는 크기가 작고 고 토크를 요구하므로 기어비를 대폭 늘린 감속 기어가 사용된다.

3) 제어의 원리

[그림 3.4.2]와 같이 일정한 폭을 갖는 펄스에 의해 제어할 수 있는데 0.54ms~0.7ms의 신호가 인가되면 왼쪽(0°)을 유지하고 1.32ms~1.5ms 중심(90°), 2.1ms~2.3ms 오른쪽(180°) 각을 유지한다. 따라서 서보 모터가 현재 각을 유지하기 위해 10ms~20ms의 주기로 서보 모터에 PWM 신호를 인가한다.

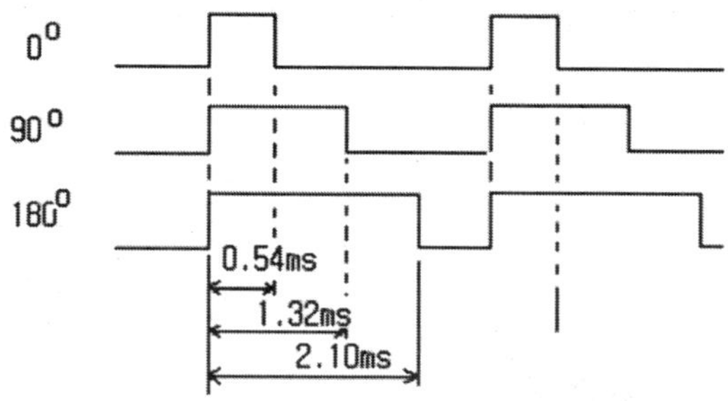

[그림 3.4.2] RC서보 모터 제어원리

프로그래밍

프로그램[Servo_3_1] 서보모터 각도 제어

이번 예제에서는 서보모터를 제어하는 방법으로 http://www.arduino.cc/en/Tutorial/Sweep 주소에서 제공하는 소스코드를 이용하면 쉽게 제어를 할 수 있다.

① 【그림 3_1_1】은 서보모터 제어회로이고, 【그림 3_1_2】는 배선도이다.

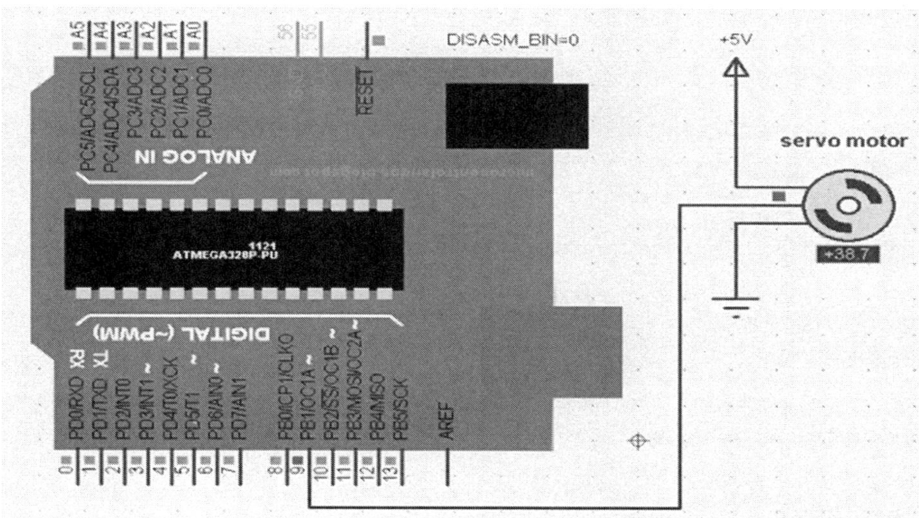

【그림 3_1_1】 서보모터 제어회로

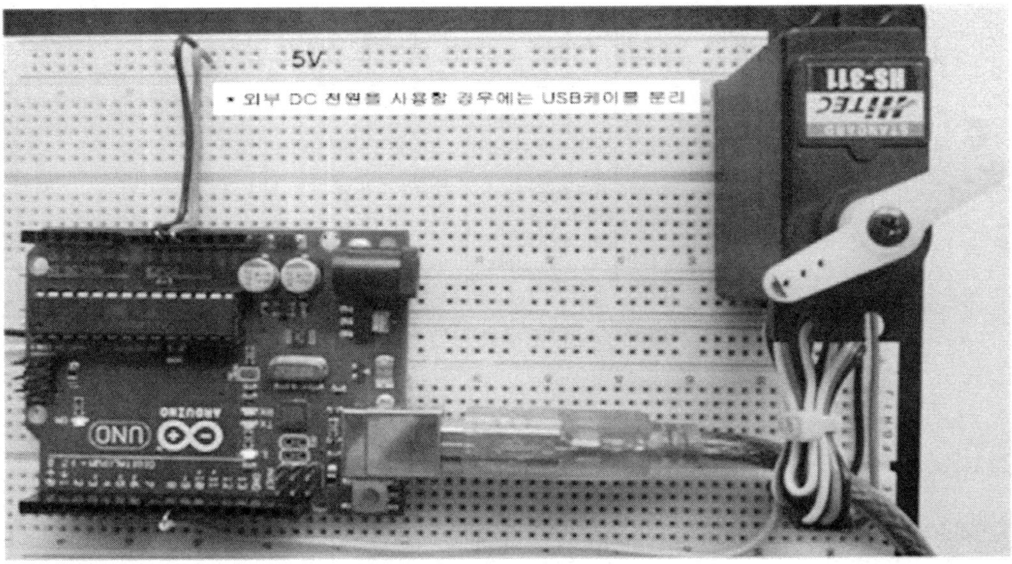

【그림 3_1_2】 서보모터 제어회로 배선도

② 소스코드를 입력한다.

```
#include <Servo.h>                                  //①
 Servo myservo;                                     //②
int pos = 0;
void setup()
{
  myservo.attach(9);                                //③
}
void loop()
{
  for(pos = 0; pos < 180; pos += 1)
  {
    myservo.write(pos);                             //④
    delay(15);                                      //⑤
  }
  for(pos = 180; pos>=1; pos-=1)
  {
    myservo.write(pos);
    delay(15);
  }
}
```

소스코드 분석

① 서보모터 관련 함수를 사용하기 위해서 헤더파일을 불러온다.

② 서보모터 객체를 생성 한다.

③ 아두이노 보드의 9번 핀과 서보모터의 신호선과 연결한다.

④ 서보모터의 회전 각도를 지정한다.

⑤ 15[ms]동안 시간지연 한다.

프로그램[Servo_3_2] 스위치 입력 값에 따른 서보모터 제어

【그림 3_2_1】은 스위치 입력 값에 따라서 각도가 제어되는 회로이고, 【그림 3_2_2】는 배선도이다.

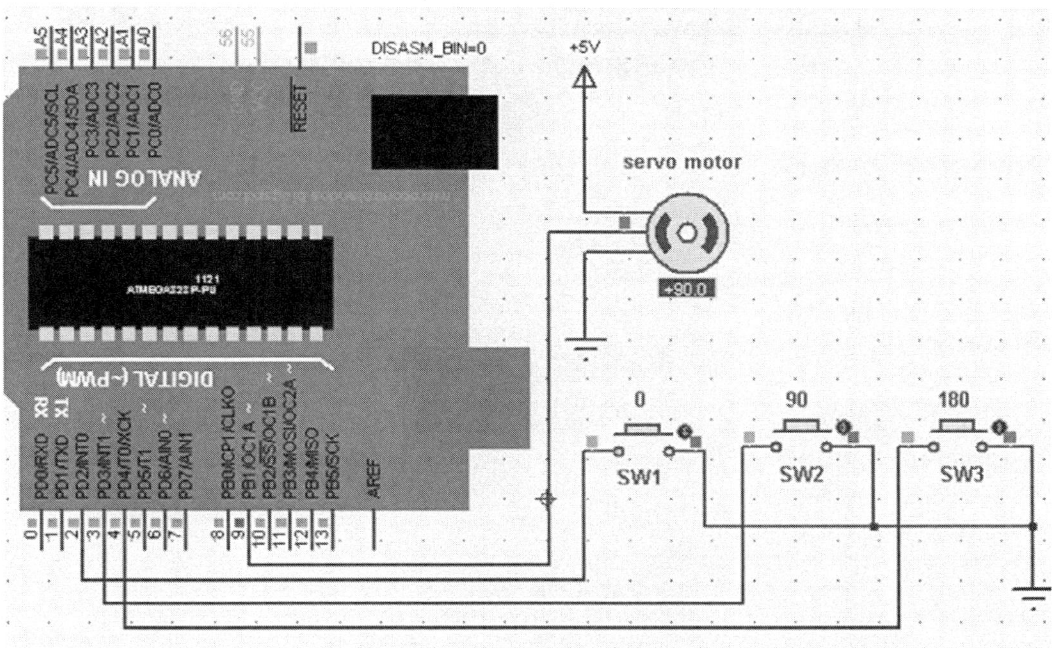

【그림 3_2_1】 스위치 입력 값에 따른 서보모터 제어회로

【그림 3_2_2】 스위치 입력 값에 따른 서보모터 제어회로 배선도

1 소스코드를 입력한다.

```
#include <Servo.h>
 Servo myservo;
int sw = 0;                                                    //①
void setup()
{
  myservo.attach(9);                                           //②
  pinMode(2,INPUT_PULLUP);
  pinMode(3,INPUT_PULLUP);
  pinMode(4,INPUT_PULLUP);
}
void loop()
{
  if(digitalRead(2)==LOW) sw = 0;
  if(digitalRead(3)==LOW) sw = 1;
  if(digitalRead(4)==LOW) sw = 2;
 switch(sw) {
  case 0 :myservo.write(0); break;                             //③
  case 1 :myservo.write(90); break;                            //④
```

```
    case 2 :myservo.write(180); break;                                          //⑤
  }
}
```

소스코드 분석

① 각 SW의 입력 값에 따라서 각도를 제어하기 위한 변수
② 아두이노 보드의 9번 핀과 서보모터의 신호선과 연결한다.
③ 서보모터가 회전하여 각도가 0도이면 정지한다.
④ 서보모터가 회전하여 각도가 90도이면 정지한다.
⑤ 서보모터가 회전하여 각도가 180도이면 정지한다.

프로그램[Servo_3_3] 아날로그 입력 값에 따른 서보모터 제어

아날로그 입력 값에 따라서 서보모터의 각도를 제어한다.

1 【그림 3_3_1】과 같이 아날로그 입력 값에 따른 제어회로와 배선도이다.

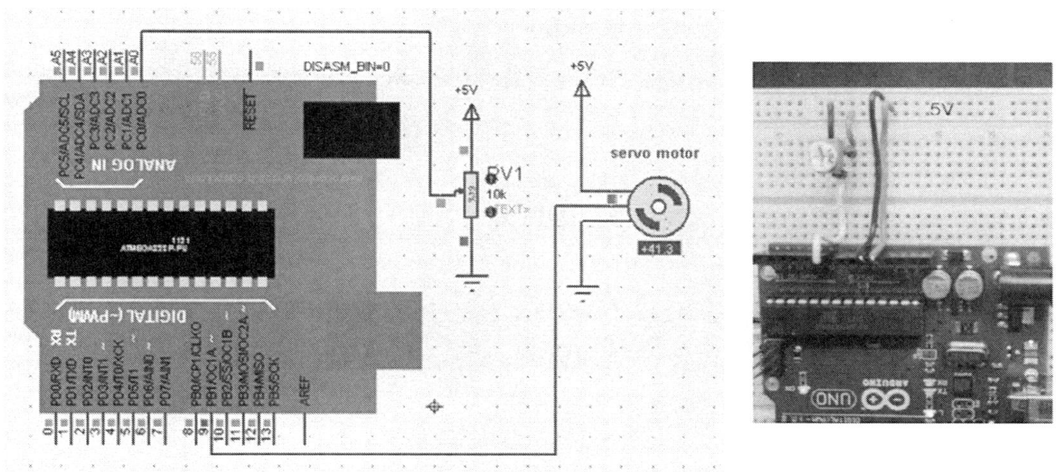

【그림 3_3_1】 아날로그 입력 값에 따른 제어회로와 배선도

2 소스코드를 입력한다.

```
#include <Servo.h>
 Servo myservo;
int pos ,val;                                        //①
void setup()
{
  myservo.attach(9);                                 //②
}
void loop()
{
 val = analogRead(A0);                               //③
 pos = map(val, 0,1023, 0, 179);                     //④
 myservo.write(pos);                                 //⑤
}
```

소스코드 분석

① 서보모터의 각도와 아날로그 값을 저장하기 위한 변수
② 아두이노 보드의 9번 핀과 서보모터의 신호선과 연결한다.
③ 아두이노 보드의 아날로그 핀(A0)로 입력되는 아날로그 값 저장(10비트 : 0~1023)
④ 아날로그 입력 값을 0에서 179로 변환한다.
⑤ 가변저항 값의 변화에 따라서 서보모터의 각도가 0도에서 179도로 이동한다.

프로그램[Servo_3_4] 세 개의 서보모터 제어

【그림 3_4_1】의 회로에서 SW1은 정지(0도), SW2는 서보모터 한 개가 동작하고, SW3은 서보모터 두 개가 동작하고, SW4는 서보모터 세 개가 동작을 하는 배선도이다.

【그림 3_4_1】 완성된 세 개의 서보모터 제어회로 배선도

① 【그림 3_4_2】와 같이 세 개의 서보모터 구동을 위한 회로이다. 내부 풀업을 이용하여 입력 신호를 받아 이 값에 대응하여 속도를 제어한다.

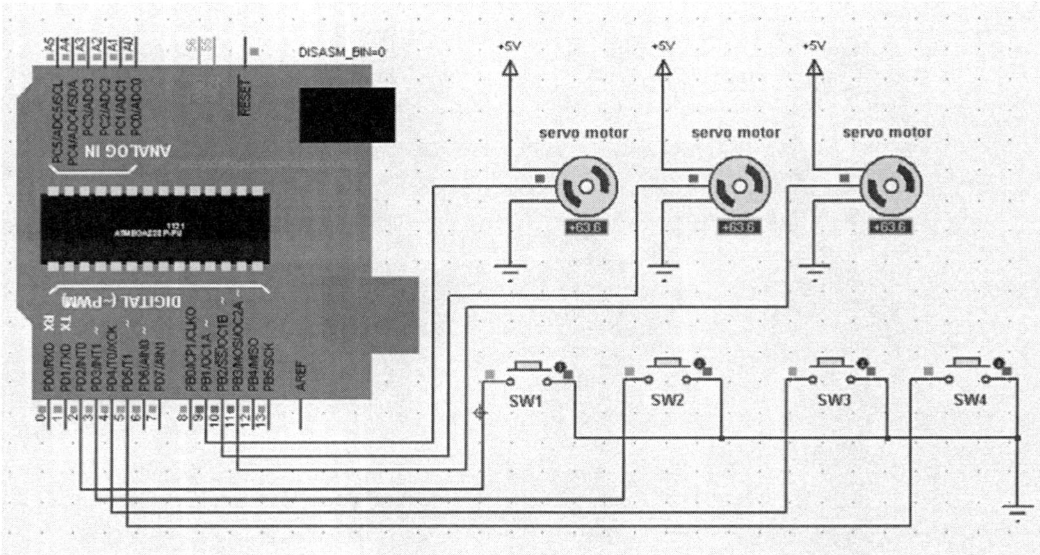

【그림 3_4_2】 세 개의 서보모터 제어회로

② 다음과 같이 소스코드를 입력한다.

```
#include <Servo.h>
 Servo myservo_1, myservo_2, myservo_3;
int sw = 0, pos = 0, dir = 0;                                    //①
void setup()
{
  myservo_1.attach(9);                                           //②
  myservo_2.attach(10);                                          //③
  myservo_3.attach(11);                                          //④
  pinMode(2,INPUT_PULLUP);
  pinMode(3,INPUT_PULLUP);
  pinMode(4,INPUT_PULLUP);
  pinMode(5,INPUT_PULLUP);
}
void loop()
{
  if(digitalRead(2)==LOW) sw = 0;
  if(digitalRead(3)==LOW) sw = 1;
  if(digitalRead(4)==LOW) sw = 2;
  if(digitalRead(5)==LOW) sw = 3;
```

```
  if(dir == 0){pos++; if(pos>179)dir = 1;}
  if(dir == 1){pos--; if(pos<0)dir = 0;}
  switch(sw) {
  case 0 :myservo_1.write(0); myservo_2.write(0);
          myservo_3.write(0); delay(15); break;                    //⑤
  case 1 :myservo_1.write(pos); delay(15); break;                  //⑥
  case 2 :myservo_1.write(pos); myservo_2.write(pos);
          delay(15); break;                                        //⑦
  case 3 :myservo_1.write(pos); myservo_2.write(pos);
          myservo_3.write(pos); delay(15); break;                  //⑧
 }
}
```

소스코드 분석

① 서보모터의 각도와 서보모터 선택을 위한 변수 선언

② 아두이노 보드의 9번 핀과 서보모터1의 신호선과 연결한다.

③ 아두이노 보드의 10번 핀과 서보모터2의 신호선과 연결한다.

④ 아두이노 보드의 11번 핀과 서보모터3의 신호선과 연결한다.

⑤ 서보모터1, 서보모터2, 서보모터3이 0도로 이동한다.

⑥ 서보모터1의 각도가 0도에서 179도로 이동한다.

⑦ 서보모터1, 서보모터2의 각도가 0도에서 179도로 이동한다.

⑧ 서보모터1, 서보모터2, 서보모터3의 각도가 0도에서 179도로 이동한다.

☞ 응용과제 스위치 입력 값에 따른 서보모터 각도제어

【그림 3_4_A】 회로에서 각 SW를 눌렀다가 뗄 때마다 회로도와 같이 동작하도록 프로그램하시오. SW1은 서보모터1, SW2는 서보모터2, SW3은 서보모터3을 각각 제어한다.

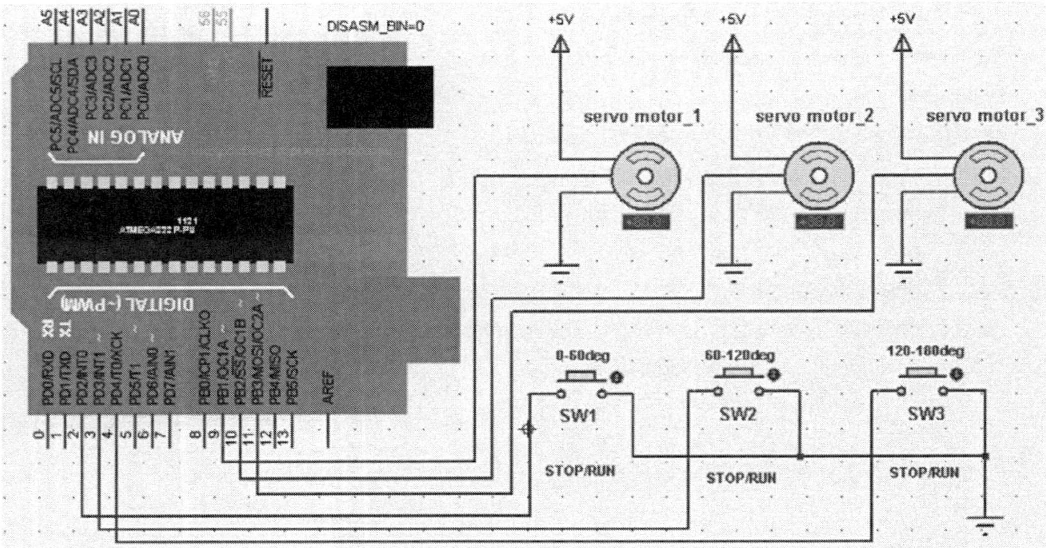

【그림 3_4_A】 세 개의 서보모터 제어회로

프로그램[Servo_3_5] 서보모터 쉴드를 이용한 제어1

【그림 3_5_1】과 같이 서보모터쉴드 제조사에서 제공을 해 주는 라이브러리 파일을 추가한다. 다음의 주소에서 다운로드 받는다.

https://learn.adafruit.com/adafruit-16-channel-pwm-slash-servo-shield/using-the-adafruit-library

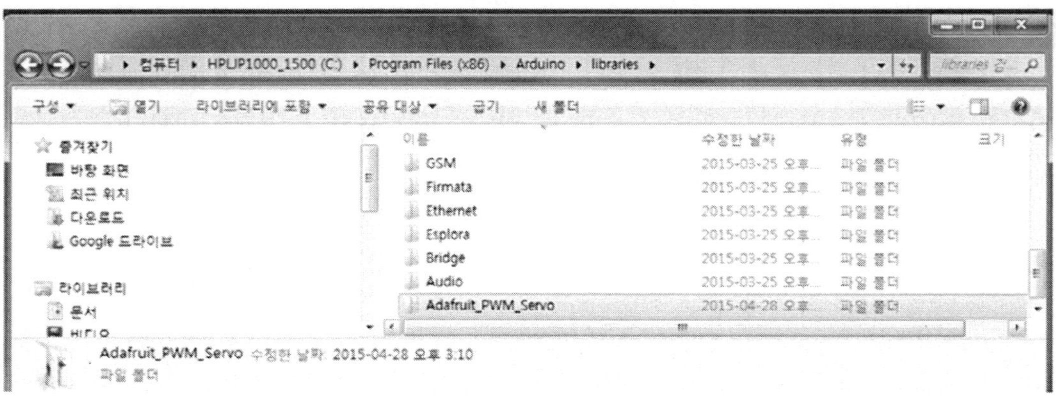

【그림 3_5_1】 Adafruit 서보모터 라이브러리 추가

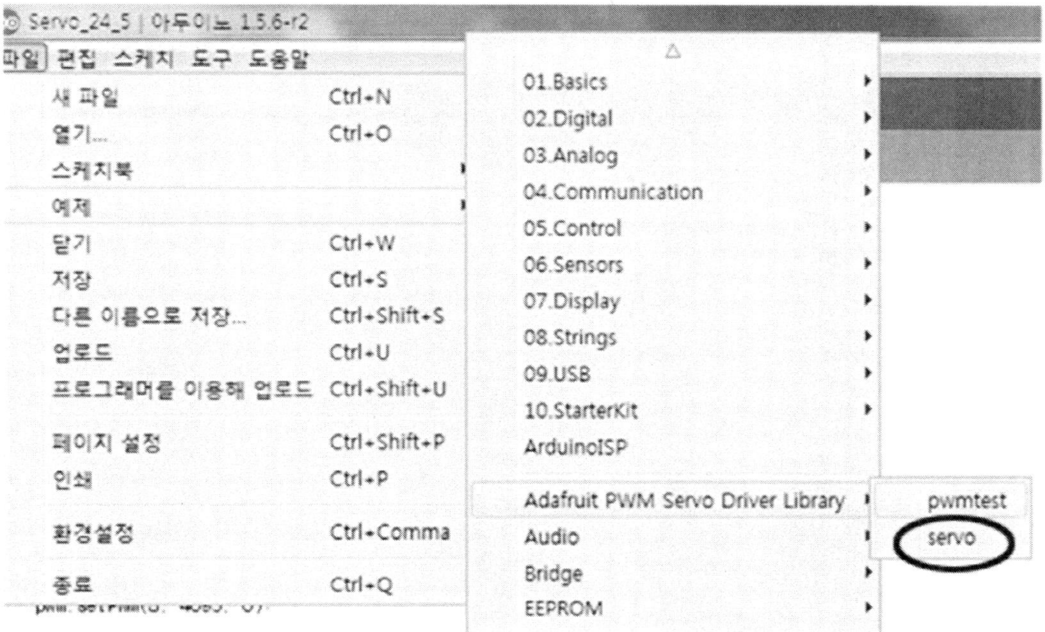

【그림 3_5_2】 Adafruit 서보모터 예제파일 선택하기

【그림 3_5_3】 Adafruit에서 제공하는 서보예제를 실행하면 16개의 서보모터를 한 개씩 차례대로 동작을 시키는 예제 이다.

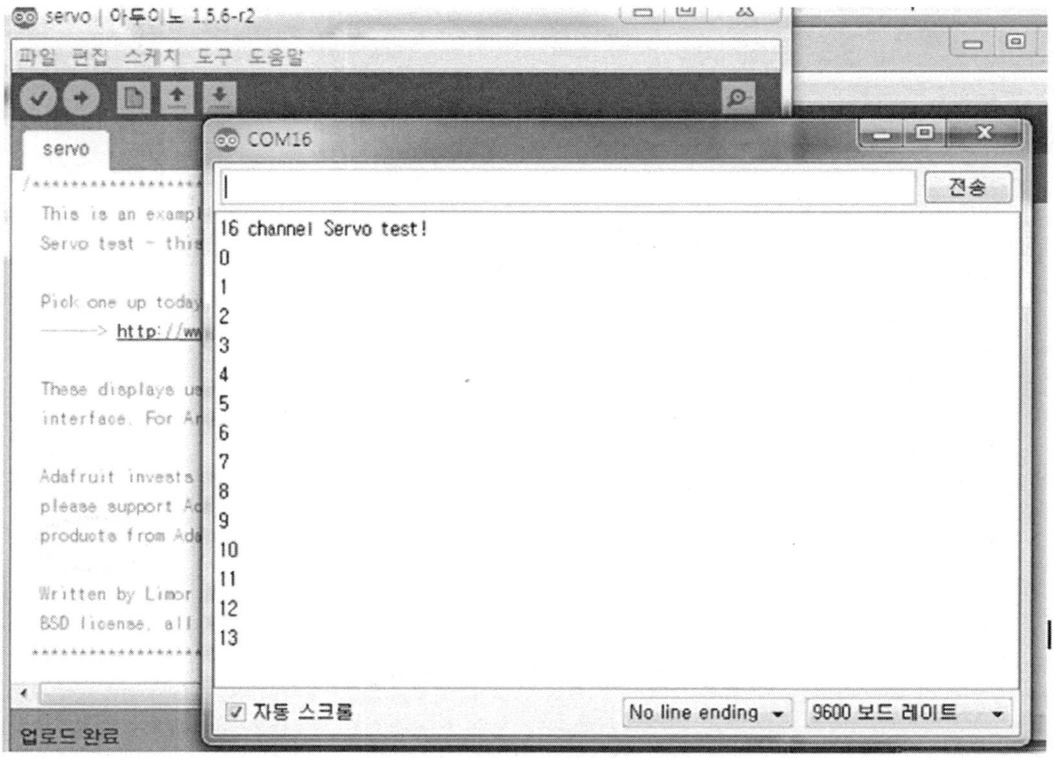

【그림 3_5_3】 Adafruit 서보모터 예제파일 실행하기

본 예제에서 사용한 모터 쉴드는 최대 16개의 서보모터를 구동할 수가 있는데 이 경우에 많은 전류가 필요 하므로 반드시 모터전원을 따로 공급을 해야 한다. 만일 USB 케이블의 5V 전원을 모터 쉴드에 공급을 하게 되면 PC의 고장의 원인이 된다. 또한 USB케이블을 분리를 하게 되면 아두이노 보드의 전원이 차단되어 동작을 하지 않으므로 이 경우에는 아두이노 보드에도 5V의 전원을 공급해 주어야하는데 【그림 3_5_4】를 참조하기 바란다.

① 서보모터 쉴드를 아두이노 보드에 장착을 한 후에 서보모터를 【그림 3_5_5】와 같이 연결한다.

【그림 3_5_4】 Adafruit 서보모터 쉴드

【그림 3_5_5】 USB케이블을 분리한 경우 전원공급

② 다음과 같이 소스코드를 입력한다.

```
#include <Wire.h>
#include <Adafruit_PWMServoDriver.h>
int I, j;
Adafruit_PWMServoDriver pwm = Adafruit_PWMServoDriver();
void setup() {
 pwm.begin();
 pwm.setPWMFreq(500);                                              //①
}
void loop() {
 for(i=0;i<300;i++)
 {
   for(j=0;j<16;j++)
   {
    pwm.setPWM(j,4095,0);                                          //②
   }
 }
 delay(500);
 for(i=0;i<300;i++)
 {
  for(j=0;j<16;j++)
  {
   pwm.setPWM(j,0,4095);
  }
 }
 delay(500);
}
```

소스코드 분석

① PWM(Pulse Width Modulation) 주파수를 설정한다.

- setPWMFreq(freq) → freq : 40...1000

② setPWM(channel, on, off)

- channel : 0...15(16개의 서보모터제어)
- on : 0...4095(12비트)
- off : 0...4095

프로그램[Servo_3_6] 서보모터 쉴드를 이용한 제어2

【그림 3_6_1】의 회로에서 SW1은 서보모터 16개가 정지를 하고 SW2는 16개의 서보모터가 동시에 동작을 하는 프로그램이다.

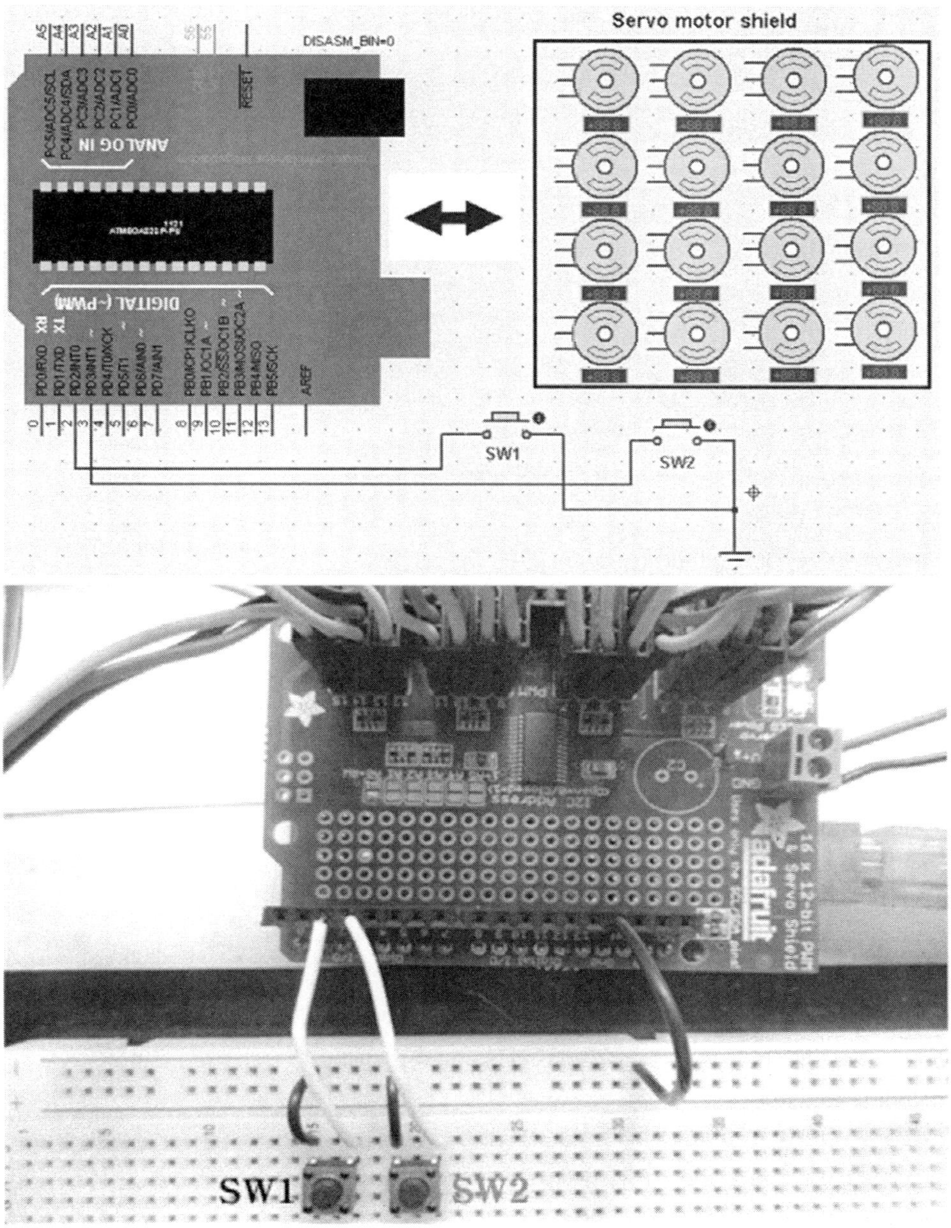

【그림 3_6_1】 서보모터 쉴드를 이용한 제어

② 다음과 같이 소스코드를 입력한다.

```
#include <Wire.h>
#include <Adafruit_PWMServoDriver.h>
Adafruit_PWMServoDriver pwm = Adafruit_PWMServoDriver();
#define SERVOMIN 50 // this is the 'minimum' pulse length count (out of 4096)
int SERVOMAX = 650; // this is the 'maximum' pulse length count (out of 4096)
volatile int state = 1;
void Servo_Stop()
{
  state = 0;
}
void Servo_Run()
{
  state = 1;
}
void Servo_deg(int SERVOMAX)
{
  for (unsigned short pulselen = SERVOMAX; pulselen > SERVOMIN; pulselen--) {
  if(state == 0)  break;
  for(unsigned char i = 0; i<16; i++){
  if(state == 0)  break; pwm.setPWM(i, 0, pulselen);}
  }
  delay(100);
  for (unsigned short pulselen = SERVOMIN; pulselen < SERVOMAX; pulselen++) {
  if(state == 0)  break;
  for(unsigned char i = 0; i<16; i++){
  if(state == 0)  break; pwm.setPWM(i, 0, pulselen);}
  }
  delay(100);
}
void setup() {
  pwm.begin();
  pwm.setPWMFreq(1);  // Analog servos run at ~1 Hz updates
  pinMode(2,INPUT_PULLUP);
  pinMode(3,INPUT_PULLUP);
  attachInterrupt(0,Servo_Stop, FALLING);                                   //①
  attachInterrupt(1,Servo_Run, FALLING);                                    //②
}
```

```
void loop() {
 if(state !=0) Servo_deg(SERVOMAX);                                        //③
}
```

소스코드 분석

① 외부 인터럽트 0(서보모터 정지)

② 외부 인터럽트 1(서보모터 동작)

③ 서보 모터의 회전각을 제어하는 사용자정의 함수

☞ 응용과제 서보모터쉴드를 사용한 각도제어

각각의 서보모터를 회전각도가 다르게 동작하도록 프로그램 하시오.

Chapter 4

BLDC모터 제어

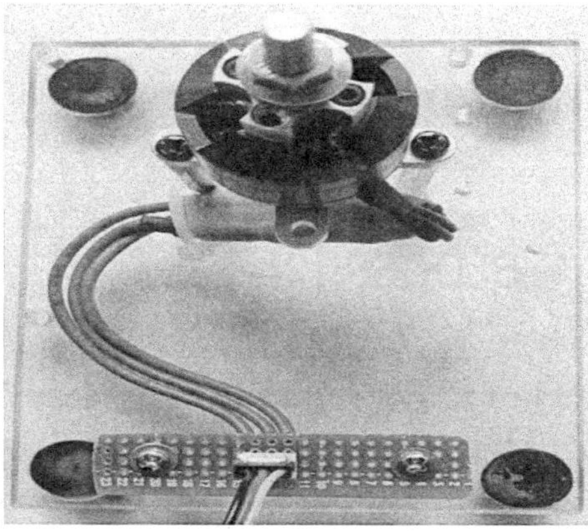

프로그래밍

제4장

BLDC모터 제어

4.1 BLDC모터의 구조

[그림 4.1.1]와 같이 BLDC(Brushless DC)모터는 DC모터에서 브러시 구조를 없애고 정류를 전자적으로 수행하는 모터로 영구자석의 위치를 홀센서 등의 전자적 센서로 검출하고, 검출된 신호로 전기 각을 판단하여 코일에 전류를 흘려서 토크를 발생시킨다.

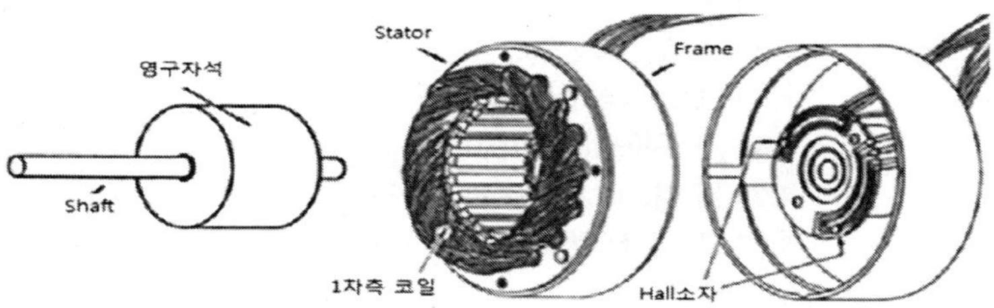

[그림 4.1.1] 브러시리스 DC 모터의 구조

BLDC Motor는 single phase, 2 phase, 3 phase 등이 있는데 그 수와 같은 권선을 갖는 구조로서 3 phase BLDC Motor가 가장 폭 넓게 사용된다.

4.2 BLDC모터의 원리

[그림 4.2.1]에서 회전자에 계자, 고정자에 전기자 권선을 설치하고 센서(홀센서, Photo Diode)를 이용하여 권선의 전류방향을 결정함으로써 브러시형과 같은 특성을 갖도록 한다. 전기자 권선에서 발생하는 자계의 자극이 회전자에 설치된 고정자극과 항상 90°가 되도록 전기자 전류를 흘린다. 일반적으로 전류의 방향전환은 3상 또는 4상 인버터(inverter)을 이용하고

센서의 신뢰도가 높아지면서 여러가지 형태인 슬림형 기기의 개발을 위한 디스크 형(Disk 또는 Flat 형)으로 개발되고 있다.

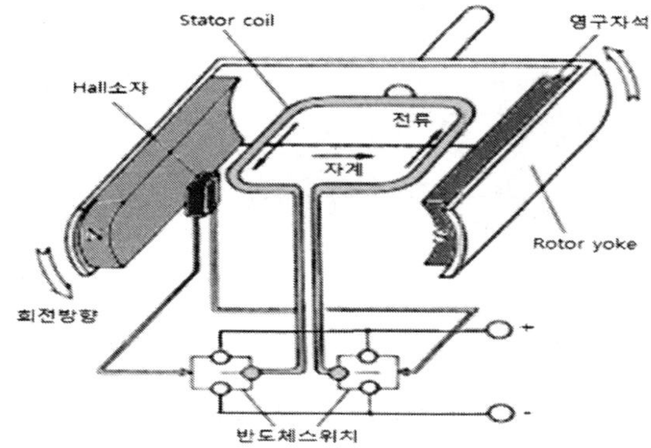

[그림 4.2.1] BLDC의 원리

4.3 BLDC모터의 장 · 단점

(1) 장점

① 브러시가 없으므로 전기적, 기계적 노이즈가 작고 고속화가 용이하다.

② 신뢰성이 높고, 유지보수가 필요 없으며 기기의 소형화가 가능하다.

③ 일정 속도제어, 가변속 제어가 가능하다.

④ 모터 자체신호를 이용하므로 저가로 위치제어, 속도제어가 가능하다.

(2) 단점

① 로터에 영구자석을 사용하므로 저 관성화에 제한이 있다.

② 일반적으로 페라이트 자석을 사용할 경우에는 체적 당 토크가 작아진다. 이러한 결점을 보완하기 위하여 희토류계 자석을 사용하면 비용이 높아진다.

③ 반도체 재료를 사용하므로 비용이 높아진다.

4.4 홀 소자(Hall Element)

[그림 4.4.1]과 같이 판상의 반도체 소자에 전류를 흐르게 하고 그것에 직각으로 자계를 인

가하며 전류가 흐르는 방향에 편향이 발생하고 수직방향에 기전력 V_H가 발생하는 현상을 홀 효과라 한다.

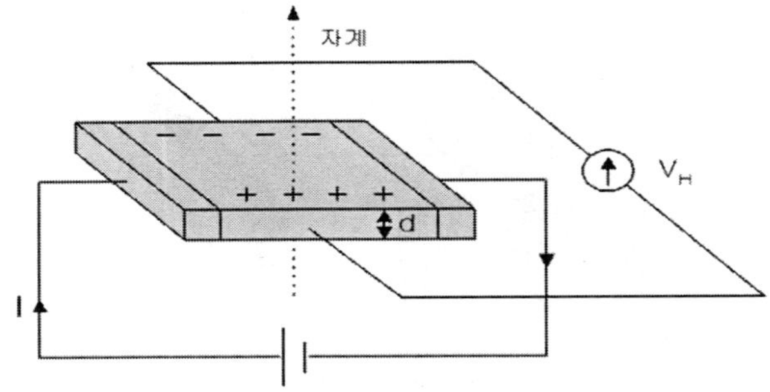

[그림 4.4.1] 홀 효과

$$V_H = \frac{R_H}{d} \cdot IH \cdot B\cos\theta + KeI_H$$

$\frac{R_H}{d}$: 홀소자 고유값으로 소재 및 구조에 따라 다르다.

Ke : 불평형계수

B : 자속밀도

I_H : 홀전류

1) 스위칭형 홀 IC

[그림 4.4.2]는 스위칭형 홀 IC로 자계의 크기를 검출하여 ON/OFF 동작을 하도록 슈미트 회로를 내장하여 히스테리시스 특성을 부가하였다. 일반적으로 디지털 회로, 마이컴 등에 이용된다.

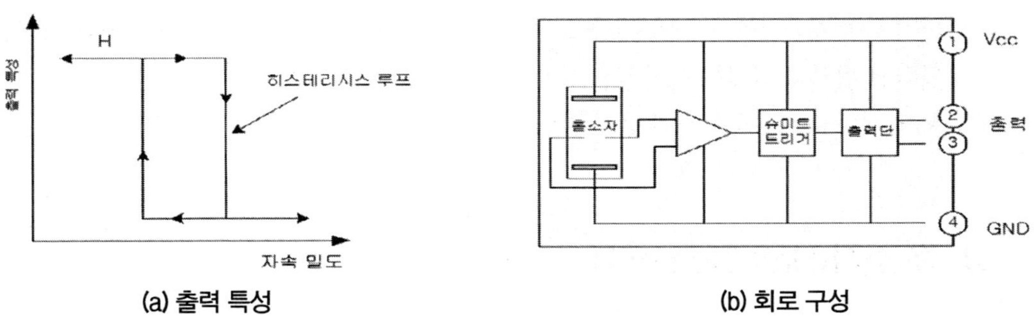

(a) 출력 특성 (b) 회로 구성

[그림 4.4.2] 스위칭형 홀IC

스위칭형 홀 IC의 구조는 [그림 4.4.3]과 같다.

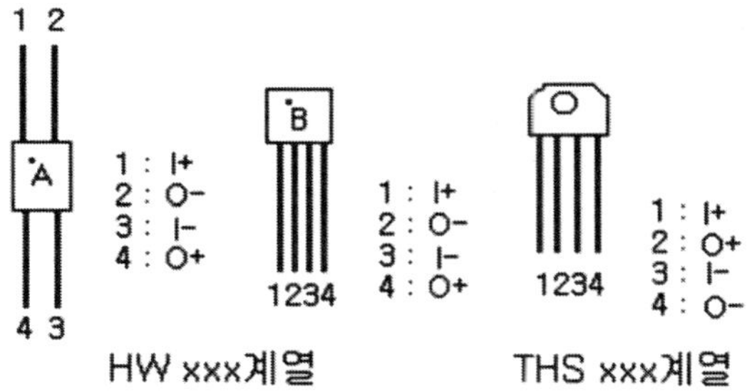

[그림 4.4.3] 스위칭형 홀 IC

2) 리니어형 홀 IC

[그림 4.4.4]는 리니어형 홀 IC로 출력이 자계 강도에 비례한다. OP 앰프와 차동 증폭기로 구성하여 출력 특성에서 평형점은 양쪽 출력이 교차하는 점은 N극과 S극이 된다. 일반적으로 아날로그 회로에 이용된다.

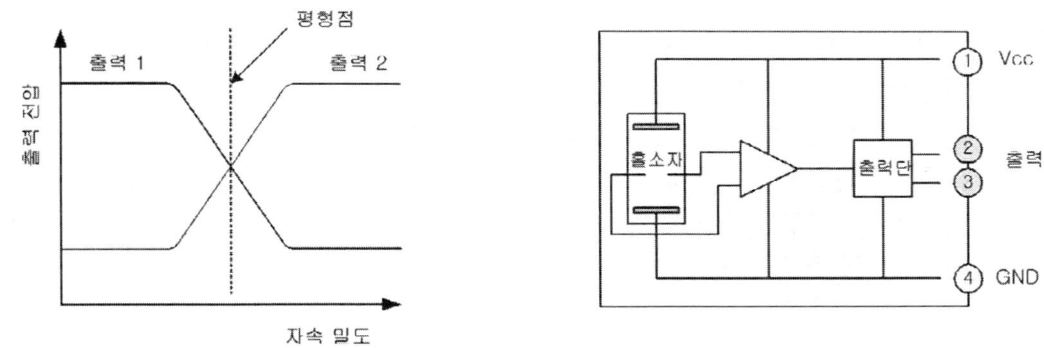

(a) 출력 특성 (b) 회로 구성

[그림 4.4.4] 리니어형 홀IC

리니어형 홀 IC의 구조는 [그림 4.4.5]와 같다.

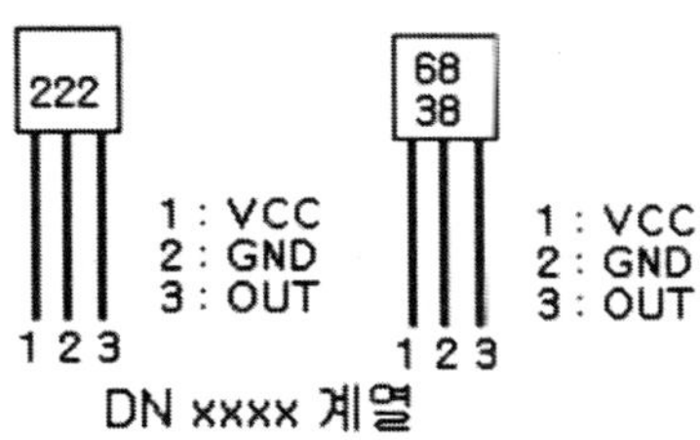

[그림 4.4.5] 리니어형 홀 IC

4.5 인코더

로타리 인코더는 회전체의 각 변위를 측정하는 센서로 아날로그 형태의 출력은 싱크로(synchro), 리졸버(resolve), 포텐쇼미터(potentiometer)가 있으며 디지털 형태의 출력은 인코더(encoder)가 있다.

1) 인코더의 분류

(1) 신호에 의한 분류

① 광학식 인코더 : 포토 셀은 광신호를 전기신호로 변환하는 광기전력 소자로서 회전 디스크를 통과한 광신호를 받아 전압신호로 출력한다.

② 브러시식 인코더 : 입력측에 직결한 회전 디스크와 디스크상을 슬라이드하는 브러시로 구성되어 고 분해능과 고 정밀도를 얻기가 어렵다.

③ 자기식 인코더 : 트로이달(toroidal)코어라 하는 링(해독헤드)이 배치되어 내환경성과 수명이 우수하다. 그러나 고 분해능을 갖는 디스크 제작이 어렵다.

(2) 출력형태의 분류

① 인크리멘탈(incremental) 인코더 : 입력축의 회전량을 펄스의 수로 변환하여 출력한다. 각 신호의 1사이클에 대하여 $\frac{T}{4}$의 위상차가 발생하여 회전방향의 판별이 가능하고 0점 신호에서는 입력측의 1회전에 대해 1개의 펄스가 출력되어 0위치가 검출된다.

② 앱솔루트(absolute) 인코더 : 입력축의 각 변위를 2진 또는 2진화 10진수 등의 디지털 신호로 변환하여 출력하고 절대위치 검출이 가능하다.

2) 자기식 인코더

[그림 4.5.1]과 같이 자기드럼의 회전축과 자기센서에 의하여 회전에 의한 펄스를 얻는다. 자극을 회로 드럼에 부착시켜 자화시킨 자기센서를 이용한 자속의 크기를 검출하는 자기드럼형과 회전드럼에 톱니바퀴를 설치하여 이에 대응하는 고정자축 자석의 자속의 변화를 검출하는 리액턴스형이 있다.

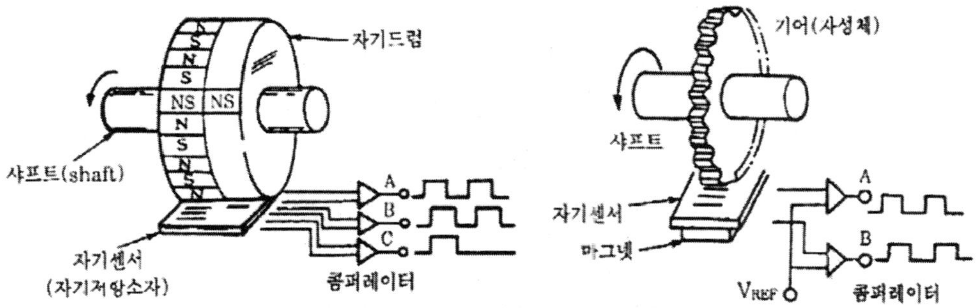

[그림 4.5.1] 자기식 인코더의 구조

3) 광학식 인코더

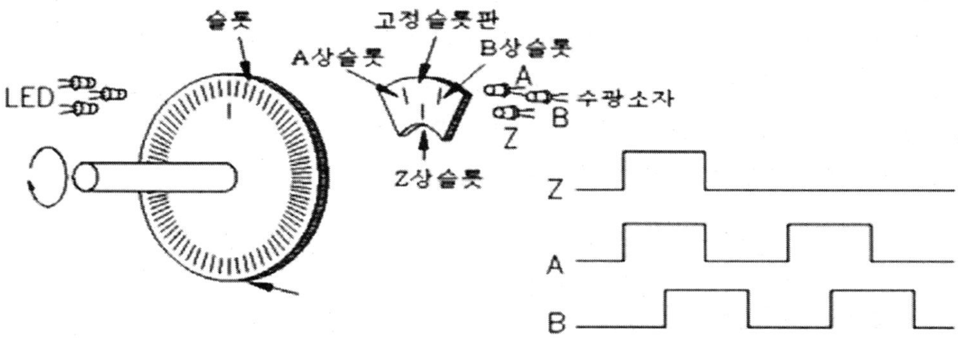

[그림 4.5.2] 광학식 인코더의 구조

① [그림 4.5.2]과 같이 광학식 인코더는 회전디스크의 회전신호를 검출하여 디지털 처리가 용이한 구형파 출력형이 많이 활용되며 분해능이 수만 [pulse/회전]의 것이 있다.
② 용도로는 AC/DC 모터의 속도검출, 산업기계의 회전속도, 위치검출등에 이용된다.

4.6 BLDC모터의 구동방법

1) 1상 BLDC 모터

BLDC 모터는 정류 전류를 만드는 스위치가 사용되어 모터를 연속적으로 회전시킨다. [그림 4.6.1]과 같이 1상 BLDC 모터를 위한 H-bridge구조로 높은쪽 스위치들은 펄스폭변조(PWM)를 사용하여 제어되는데 이 변조전압으로 DC전압으로 바꾸고 시동전류, 속도와 제어 토크를 효율적으로 제한할 수 있다.

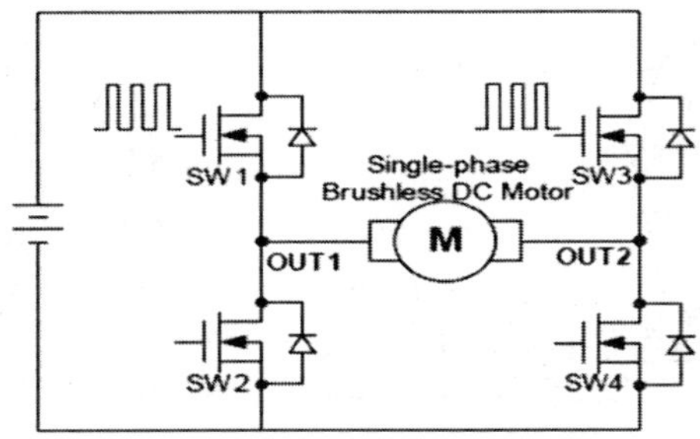

[그림 4.6.1] 1상 BLDC 모터 구동방법

위치검출을 위한 BLDC모터는 고정자 속에 삽입된 홀센서가 사용된다. [그림 4.6.2]에서 홀 위치센서 a는 바깥쪽 고정자에 있고 출력전압은 자기의 세기에 비례하여 유도된다. [그림 4.6.2] (a)와 (b)와 같이 SW1과 SW4는 바깥 홀센서가 N극(High)이 되어 전기자 전류는 OUT1에서 OUT2로 고정자 전자석 극에 의하여 교번적으로 유도되므로 회전자 신호가 180°에 도달한 후에 홀 출력전압은 S극(Low)에 근접하여 반전한다. [그림 2.6.2] (c)와 (d)와 같이 SW2과 SW3는 OUT1에서 OUT2로 전류가 반전됨과 함께 커진다. 따라서 고정자 자극이 동일한 방향으로 계속 회전하는 회전자를 유도한다.

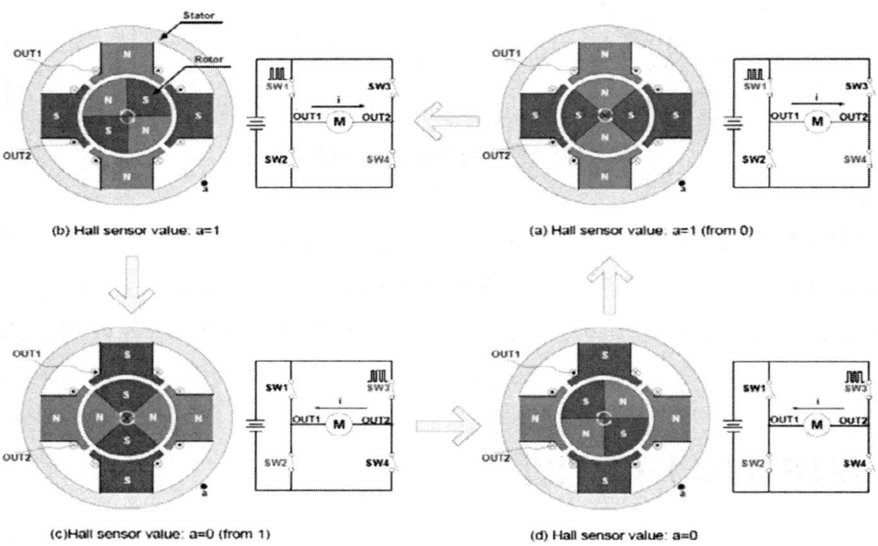

[그림 4.6.2] 1상 BLDC 모터 정류 순서

[그림 4.6.3]은 전기자 전류와 스위치 구동신호 및 홀센서신호 예이다. 전기자 전류는 PWM 제어에 톱니파형이 나온다. 인가전압, 스위칭 주파수, PWM duty cycle은 모터의 토크와 속도를 결정한다.

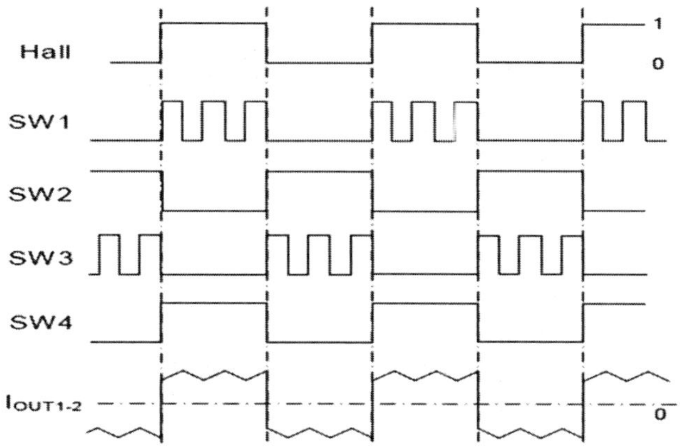

[그림 4.6.3] 1상 BLDC 모터 정류순서

2) 3상 BLDC 모터

[그림 4.6.4]는 3상 BLDC 모터를 위한 3상 브리지 구조이다.

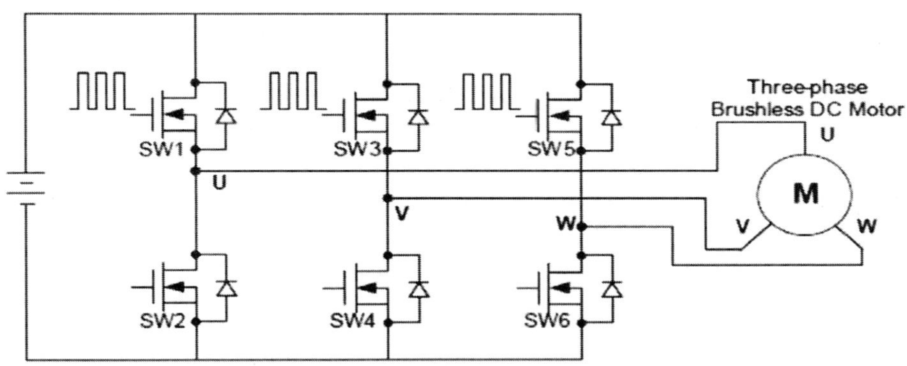

[그림 4.6.4] 1상 BLDC 모터 구동방법

3상 BLDC 모터는 회전자의 위치를 감지하는 2개의 홀센서가 필요하고 홀센서의 위치에 기초하여 60° 위상 축과 120° 위상 축 출력형이 있다. [그림 4.6.5]은 반시계 방향의 회전을 위한 3상 BLDC 모터장치 회로의 정류 순서로 3개의 홀센서 a, b 및 c는 3상 권선이 성층권 안에 있는 동안 120° 간격의 고정자에 실장한다. 매 60° 회전을 위해 홀센서 중 하나는 그 상태를 바꾸므로 각 단계에서 한 개의 높은 구동의 모터 단자와 낮은 구동의 모터 단자가 있으며 3개 중 한 개는 유동성을 갖는다.

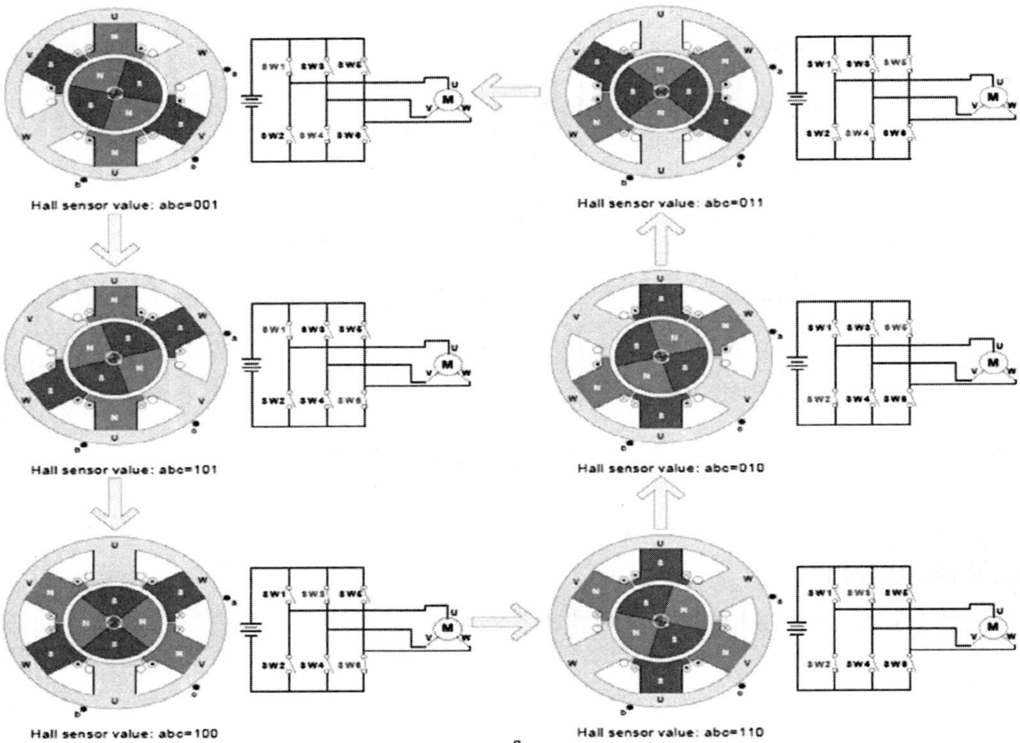

[그림 4.6.5] 3상 BLDC 모터 정류 순서

[그림 4.6.6]은 위상권선 U, V, W에 전압을 가하거나 홀센서 신호 a, b, c 기초한 파형으로 회전속도를 변화시키는 것은 모터의 회전주파수 보다는 매우 높은 주파수에서 스위치의 PWM신호를 사용한다.

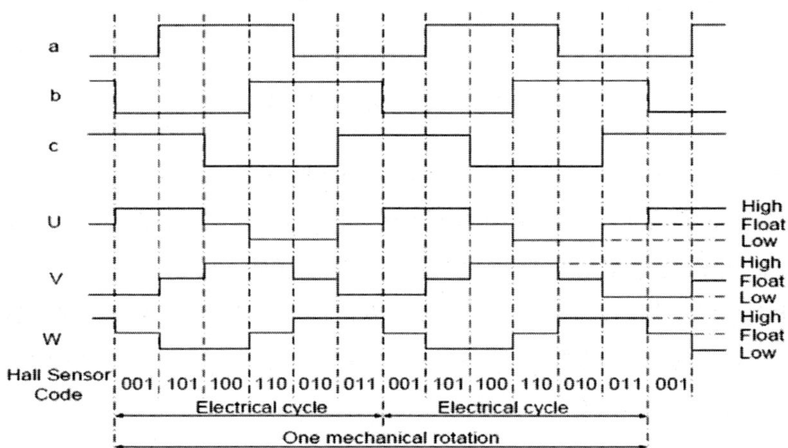

[그림 4.6.6] 3상 BLDC 모터의 구동방법

프로그래밍

프로그램[BLDC_4_1] BLDC모터 제어(BL2430-2456)

【그림 4_1_1】은 BLDC(BL2430) 모터의 사양 및 외관이고 모터 내부에 정역 제어를 할 수 있는 회로가 내장되어 있으며 【그림 4_1_2】는 결선도 이다.

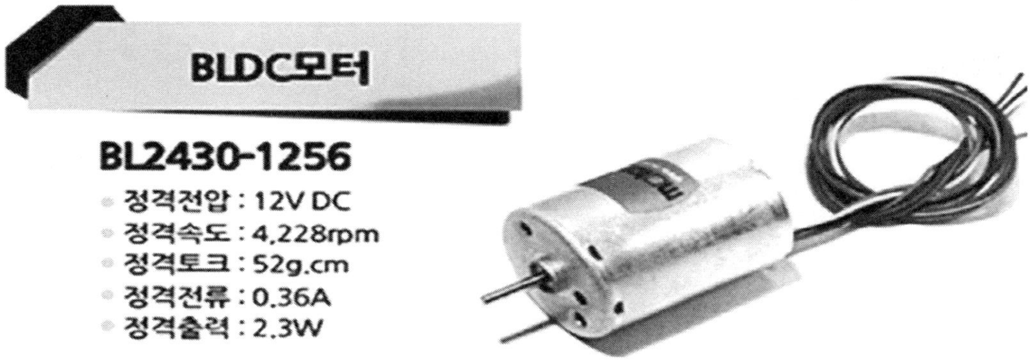

【그림 4_1_1】 BLDC(2430) 모터의 사양 및 외관

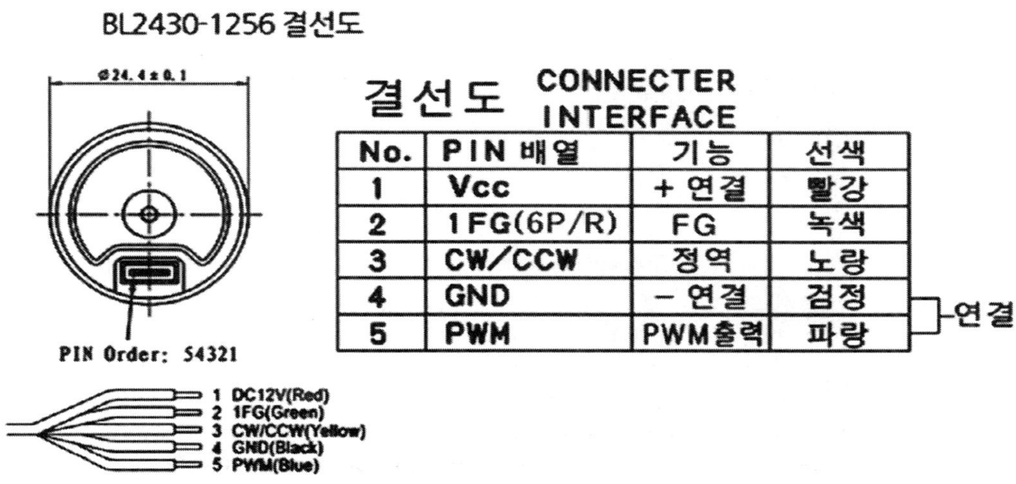

No.	PIN 배열	기능	선색
1	Vcc	+ 연결	빨강
2	1FG(6P/R)	FG	녹색
3	CW/CCW	정역	노랑
4	GND	- 연결	검정
5	PWM	PWM출력	파랑

【그림 4_1_2】 BLDC(2430) 모터의 결선도

① 【그림 4_1_3】은 BL2430 모터 제어회로이고, 【그림 4_1_4】는 배선도이다.

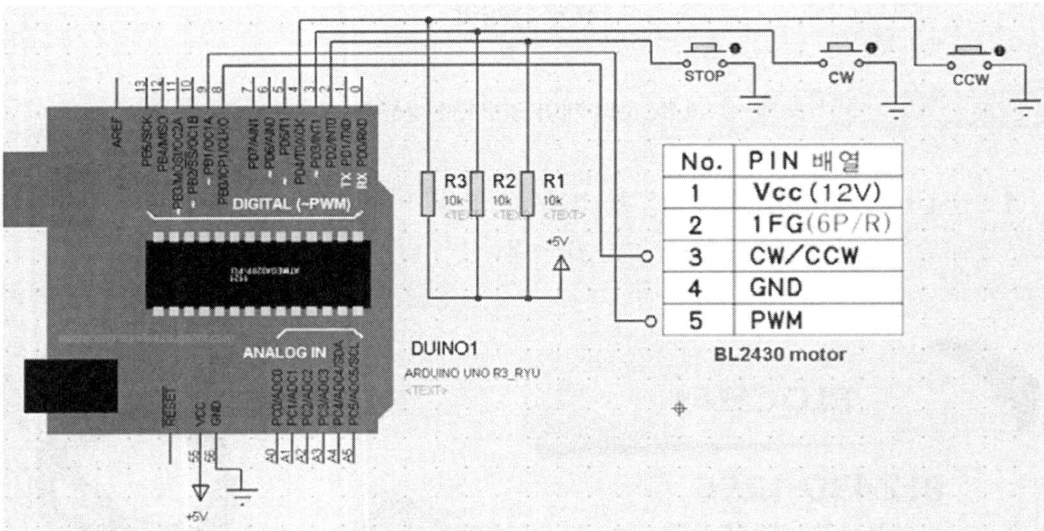

【그림 4_1_3】 BL2430 모터 제어회로

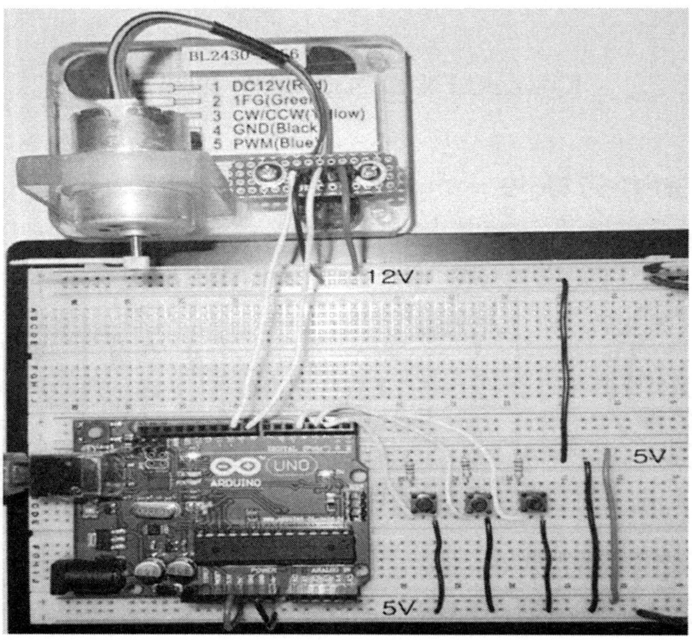

【그림 4_1_4】 BL2430 모터 제어회로 배선도

② 소스코드를 입력한다.

```
char motor_state = 0;
void setup() {
  pinMode(8, OUTPUT);                                              //①
  pinMode(4,INPUT);
  pinMode(3,INPUT);
  pinMode(2,INPUT);
}
void loop() {
 if(digitalRead(2) == LOW) motor_state = 0;
 if(digitalRead(3) == LOW) motor_state = 1;
 if(digitalRead(4) == LOW) motor_state = 2;
 switch(motor_state)
 {
    case 0 : analogWrite(9,255); break;                            //②
    case 1 : digitalWrite(8,LOW); analogWrite(9,0); break;         //③
    case 2 : digitalWrite(8,HIGH); analogWrite(9,235); break;      //④
 }
}
```

소스코드 분석

① 모터의 회전방향을 출력한다. LOW(CW), HIGH(CCW)

② 모터의 회전속도를 조절한다. 모터의 회전이 정지한다.

** 보통의 모터에서는 8비트레지스터에 저장되는 값이 255로 최대이면 회전속도도 최대이지만 이 모터의 경우에는 반대이다.*

③ 모터의 회전속도가 최대로 고속으로 회전한다.

④ 모터의 회전속도가 최소로 저속으로 회전한다.

☞ 응용과제 BLDC모터제어(BL2430-2456)

【그림4_1_A】 회로에서 SW1(STOP), SW2(CW/CCW), SW3(저속회전), SW4(고속회전)의 동작을 하도록 프로그램 하시오.

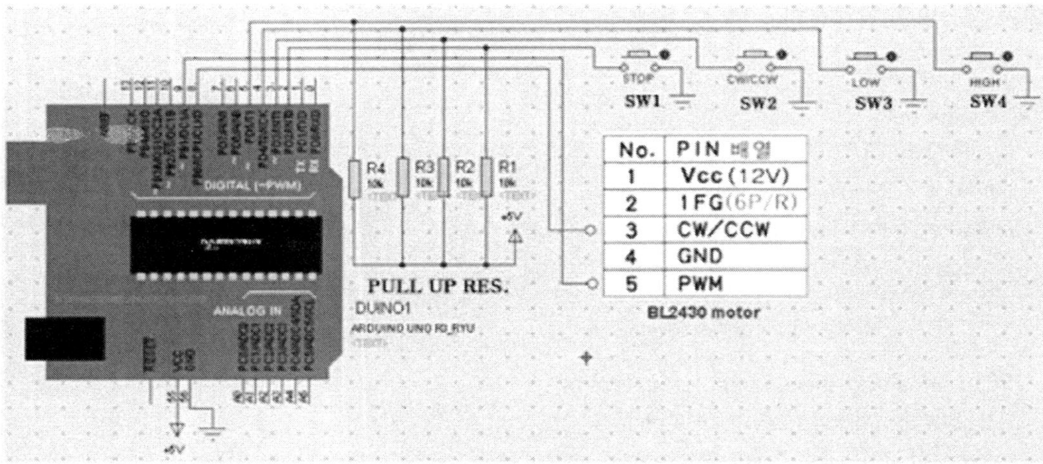

【그림 4_1_A】 BL2430 모터 제어회로

프로그램[BLDC_4_2] BLDC모터 제어(BL3640)

BGM32-BL3640 모터는 내부에 제어회로가 내장이되어 있어서 MCU와 연결하여 사용하기가 매우 편리하고 결선도는 【그림 4_2_1】과 같다.

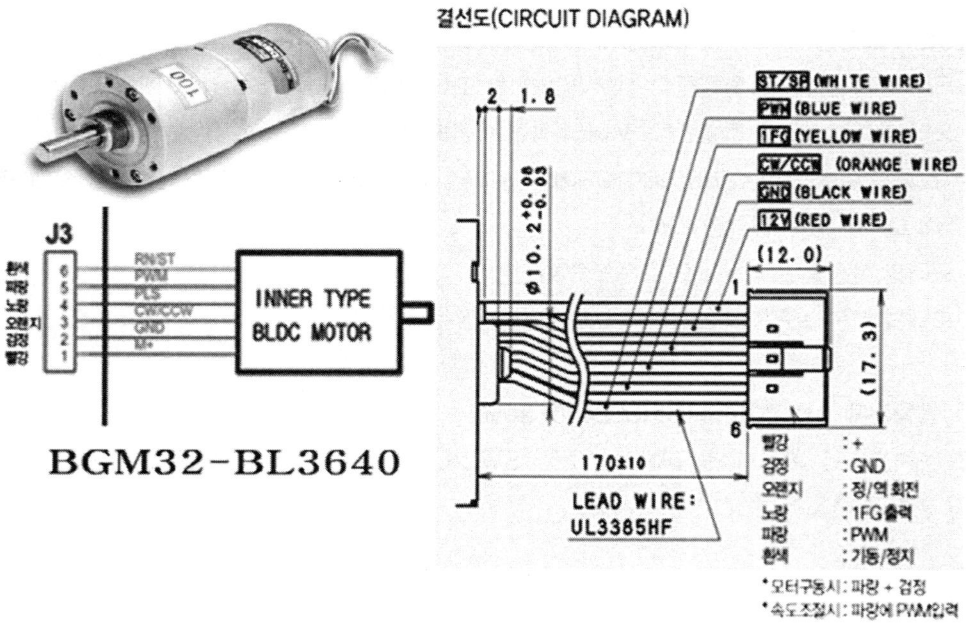

【그림 4_2_1】 BL3640 결선도

① 【그림 4_2_2】는 BL3640 모터 제어회로이고, 【그림 4_2_3】은 배선도이다.

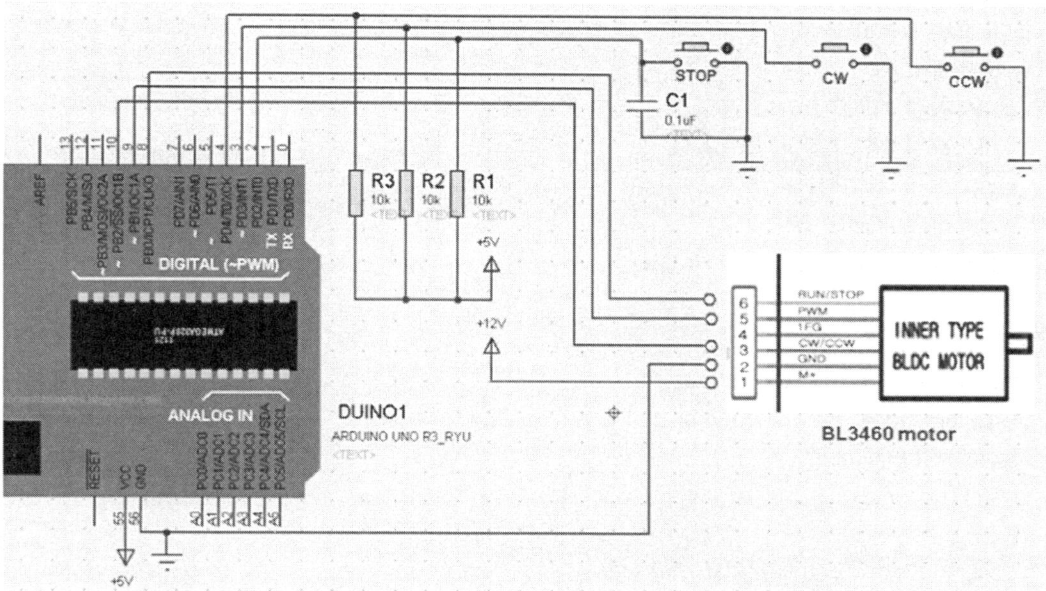

【그림 4_2_2】 BL3640 모터 제어회로

【그림 4_2_3】 BL3640 모터 제어회로 배선도

2 소스코드를 입력한다.

```
volatile int state = LOW;                                   //①
int motor_dir = 0;                                          //②
void setup() {
  pinMode(3,INPUT_PULLUP);                                  //③
  pinMode(4,INPUT_PULLUP);                                  //④
  pinMode(8,OUTPUT);                                        //⑤
  pinMode(10,OUTPUT);                                       //⑥
  attachInterrupt(0, Motor, FALLING);                       //⑦
}
void loop() {
 if(digitalRead(3) == LOW) motor_dir = 0;                   //⑧
 if(digitalRead(4) == LOW) motor_dir = 1;                   //⑨
 digitalWrite(8,state);                                     //⑩
 switch(motor_dir)
 {
    case 0 : digitalWrite(10,HIGH);break;                   //⑪
    case 1 : digitalWrite(10,LOW);break;                    //⑫
 }
}
void Motor()
{
  state = !state;                                           //⑬
}
```

소스코드 분석

① 모터의 정지/동작을 제어하기 위한 변수

② 모터의 회전방향(CW/CCW)을 제어하기 위한 변수

③ 모터가 시계방향으로 회전하도록 3번 핀을 입력으로 설정

④ 모터가 시계반대방향으로 회전하도록 4번 핀을 입력으로 설정

⑤ 모터가 정지/동작을 하도록 8번 핀을 출력으로 설정

⑥ 모터가 CW/CCW 동작을 하도록 10번 핀을 출력으로 설정

⑦ 모터의 정지/동작을 제어하기 위한 외부 인터럽트 함수

⑧ 모터가 시계방향으로 회전하도록 하는 입력 값을 감지

⑨ 모터가 시계반대방향으로 회전하도록 하는 입력 값을 감지

⑩ 8번 핀으로 출력이 HIGH 이면 모터는 동작하고 LOW 이면 정지한다.

⑪ 10번 핀으로 HIGH를 출력하여 모터가 시계방향(CW)으로 회전한다.

⑫ 11번 핀으로 LOW를 출력하여 모터가 시계반대방향(CCW)으로 회전한다.

⑬ 2번 핀에 연결된 외부인터럽트로 state변수 값이 스위치(STOP)를 누를 때마다 토글(toggle) 동작을 한다.(HIGH/LOW)

☞ 응용과제 BLDC모터제어(BL3640)

【그림4_2_A】회로에서 SW1(정지), SW2(고속회전), SW3(저속회전)의 동작을 하도록 프로그램 하시오.

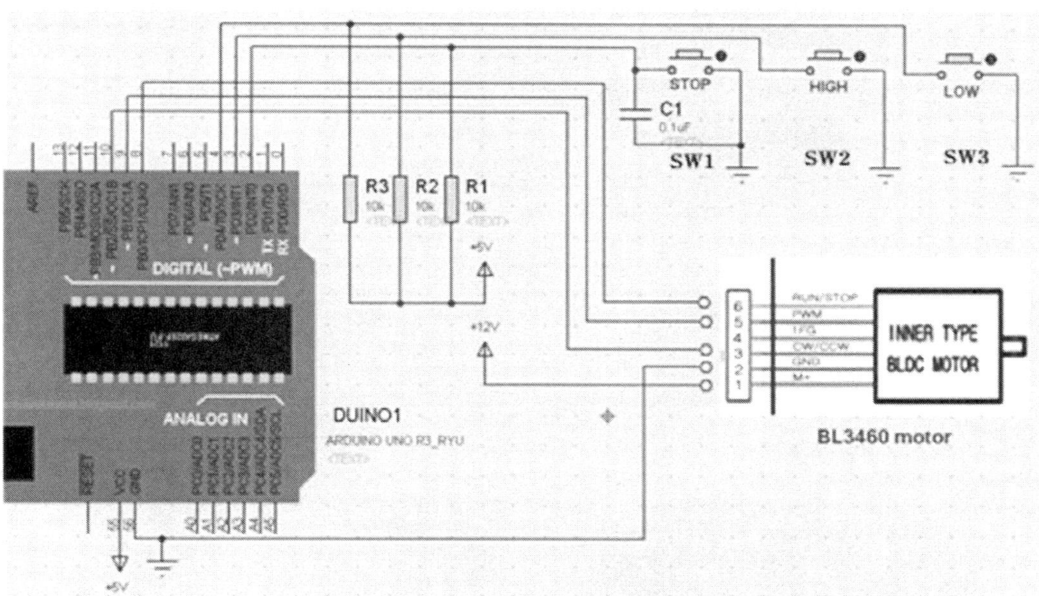

【그림 4_2_A】 BL3640 모터 제어회로

프로그램[BLDC_4_3] BLDC모터 제어(TE-22BH-24-6)

이번 예제부터는 모터와 제어회로가 따로 분리가 된 일본의 싱크엔지니어링회사에서 제조한 TE-22BH-24모터와 BLDC 모터 제어 IC인 LB11920를 사용한 전용제어보드의 사용법에 대하여 알아보기로 한다.

<표 4_3_1>는 TE-22BH-24 모터 결선도이고, 【그림 4_3_1】는 TE-22BH-24 모터 제어회로 PCB 이다.

<표 4_3_1> TE-22BH-24 모터 결선도

	No.	선색상	명칭	기능
CN1	1	하얀색	펄스출력	모터회전에 동기 한 펄스를 출력
	2	초록색	브레이크	OP(개발)에서 구동 / G(GND)에서 정지
	3	보라색	PWM 신호입력	속도 조절을 위한 PWM 신호입력
	4	검정색	GND	2, 3, 5, 6번 접점에 신호를 주기위한 Ground
	5	노란색	회전방향전환	OP(개방)시, CW / G(GND)시 CCW
	6	주황색	시작	OP(개방)시, 정지 / G(GND)시, 구동
	7	파란색	전원입력	DC15V ~ 30V
	8	빨간색		

	No.	선색상	명칭	기능
CN2	1	밤 색	GND	GND
	2	빨간색	입력	센서입력 C
	3	주황색		센서입력 B
	4	노란색		센서입력 A
	5	초록색	Vcc	센서용 전원
	6	파란색	출력	모터코일 C 상
	7	보라색		모터코일 B 상
	8	회 색		모터코일 A 상

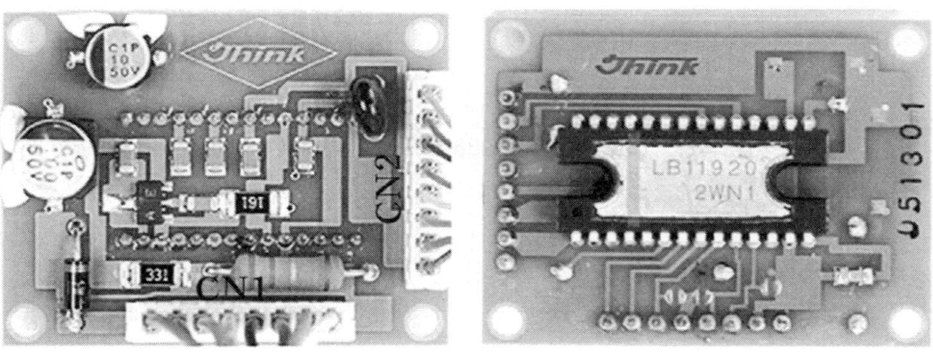

【그림 4_3_1】 TE-22BH-24 모터 제어회로 PCB

또한 【그림 4_3_2】와 【그림 4_3_3】은 BLDC 모터 제어회로에 사용되는 IC의 내부 구조이다.

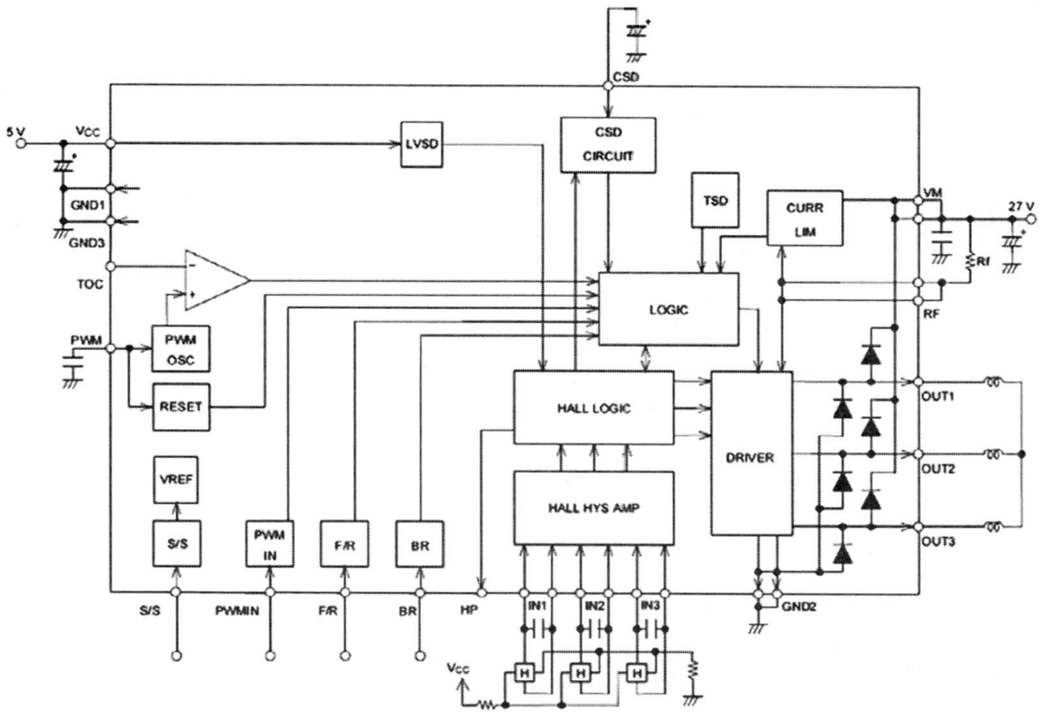

【그림 4_3_2】 BLDC 모터 제어 IC(LB11920)의 내부 구조

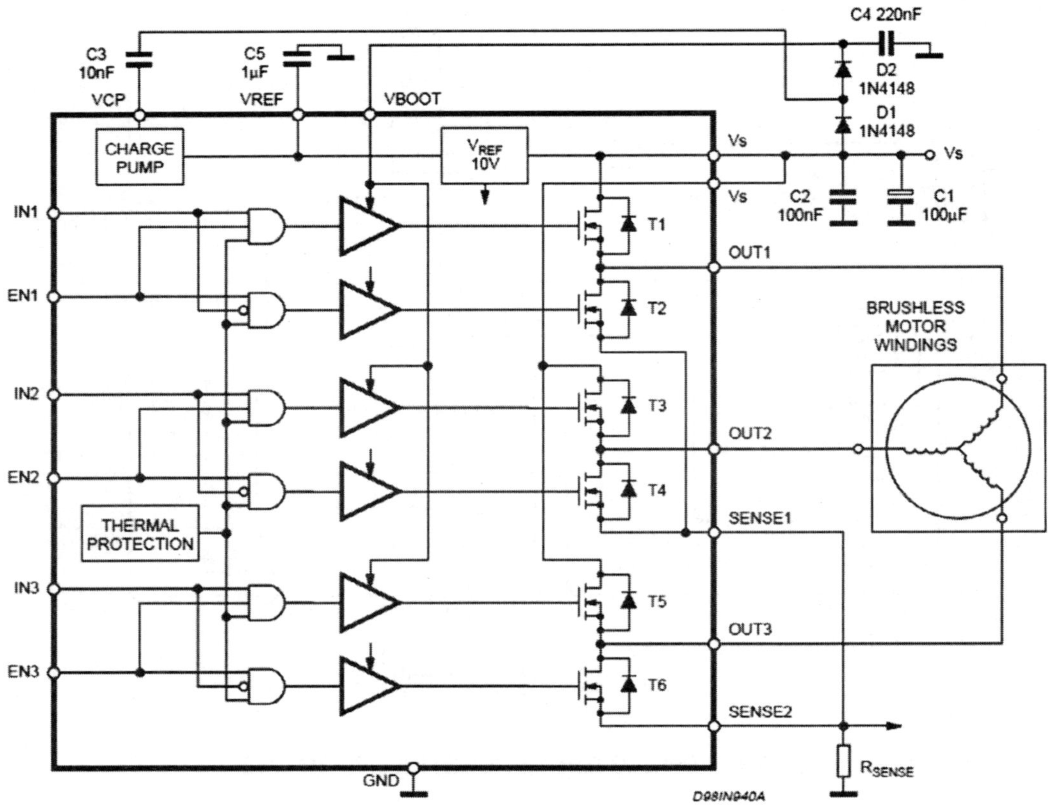

【그림 4_3_3】 BLDC 모터 제어 IC(L6264)의 내부 구조

【그림 4_3_4】의 회로에서 SW1은 눌렀다가 뗄 때마다 정지/회전, SW2는 CW/CCW의 동작을 하고 가변저항은 모터의 속도를 조절하는 프로그램이다.

① 【그림 4_3_4】는 TE-22BH-24-6 모터 제어회로이고, 【그림 4_3_5】는 배선도이다.

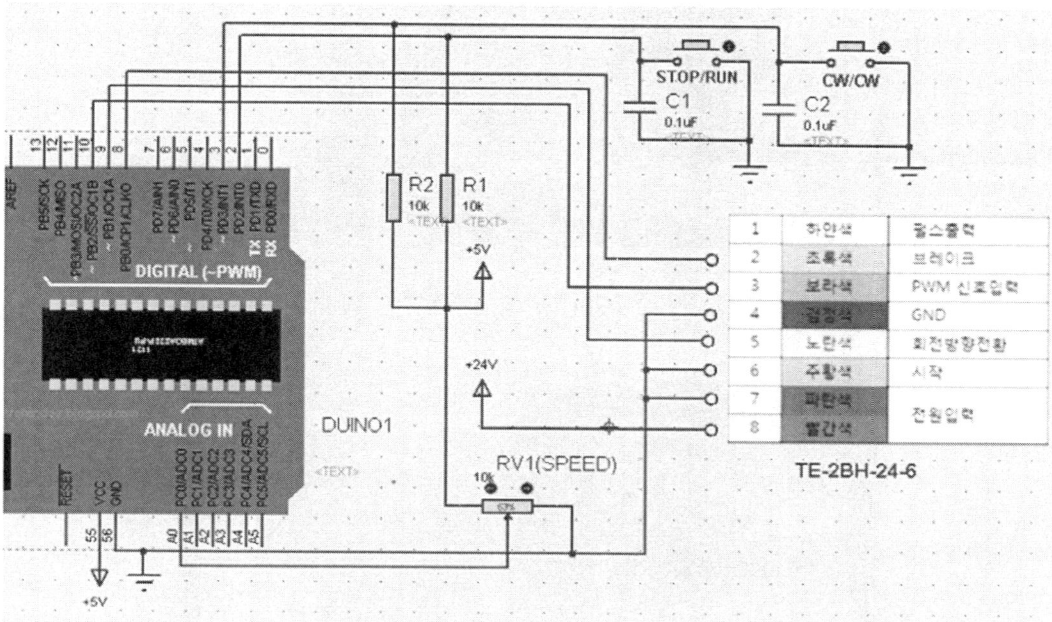

【그림 4_3_4】 TE-22BH-24-6 모터 제어회로

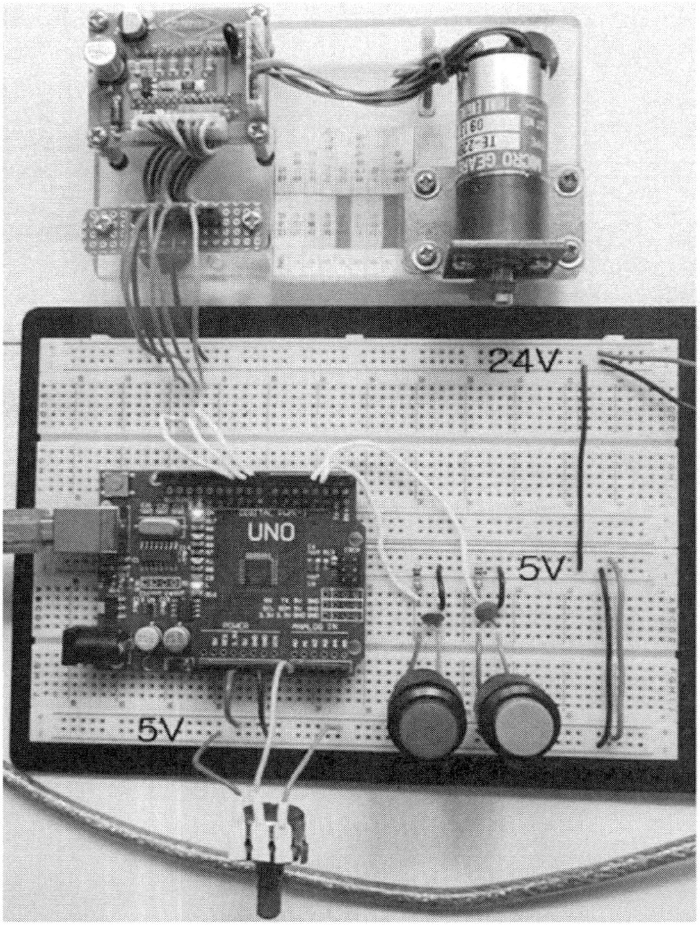

【그림 4_3_5】 TE-22BH-24-6 모터 제어회로 배선도

2 소스코드를 입력한다.

```
volatile int state = LOW, dir = LOW;                                //①
int val;                                                            //②
void setup() {
  pinMode(8,OUTPUT);//RUN/STOP
  pinMode(9,OUTPUT);//CW/CCW
  attachInterrupt(0, Motor, FALLING);                               //③
  attachInterrupt(1, CW_CCW, FALLING);//CW/CCW
}
void loop() {
 digitalWrite(8,state);//START/STOP
 digitalWrite(9,dir);//CW/CCW
 val = analogRead(A0);                                              //④
 analogWrite(10, val / 4);                                          //⑤
}
void Motor()
{
  state = !state;                                                   //⑥
}
void CW_CCW()
{
  dir = !dir;                                                       //⑦
}
```

소스코드 분석

① 모터의 동작과 회전방향을 제어하기 위한 변수

② 아날로그 값을 저장하기 위한 변수

③ 모터의 정지/동작을 하기 위한 외부인터럽트 함수

④ 아날로그 값을 읽어서 val변수에 저장한다.

⑤ 10비트의 아날로그(0~1023)값을 읽어서 8비트의 아날로그(0~255)값으로 변환

⑥ 스위치를 누를 때마다 state의 변수 값은 HIGH/LOW(정지/동작)

⑦ 스위치를 누를 때마다 dir의 변수 값은 HIGH/LOW(CW/CCW)

☞ 응용과제 BLDC모터제어(TE-22BH-24-6)

【그림 4_3_A】의 회로에서 각각의 스위치를 눌렀다가 뗄 때마다 SW1(STOP/RUN), SW2(CW/CCW), SW3(저속회전), SW4(고속회전)으로 제어하는 프로그램을 하시오.

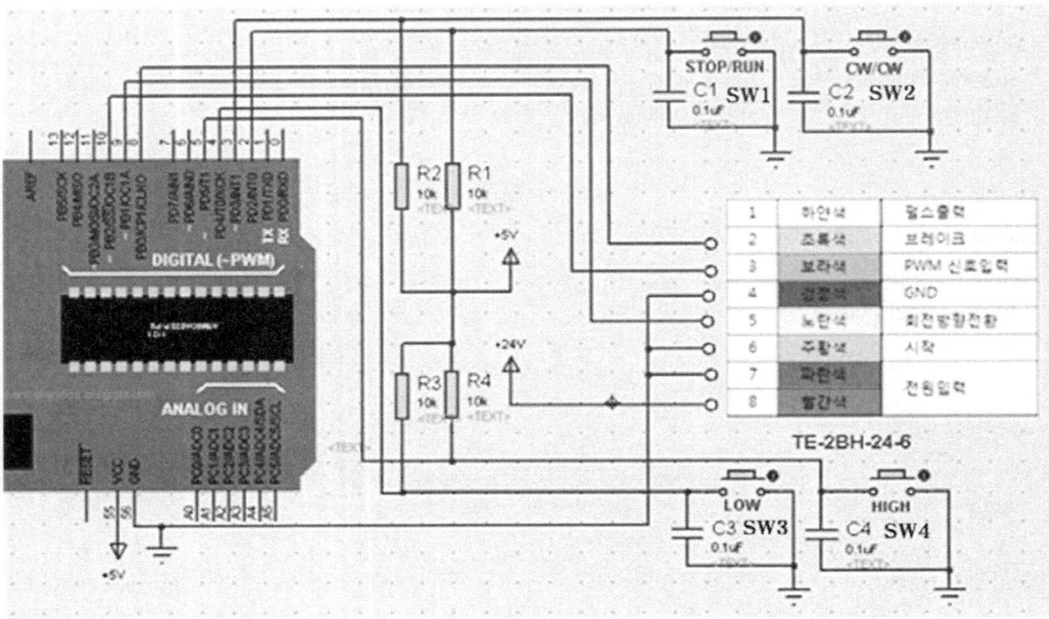

【그림 4_3_A】 TE-22BH-24-6 모터 제어회로

💻 프로그램[BLDC_4_4] BLDC모터 정 · 역 제어(OZBM60-060D2-D)

이번 예제는 속도 제어형 BLDC 60W 모터 OZBM60-060D2-D와 전용 제어회로인 OZBV-05A-D2MN의 사용법에 대하여 알아본다. 모터의 특징은 저속 및 고속에서 균일한 토크와 낮은 진동으로 동작하고, 회전수와 토크는 각각 3000RPM Torque:1.91kgf.cm, 전압은 DC 24V, 전류는 4.2A 전력은 60W이며【그림 4_4_1】는 BLDC 모터 및 제어회로 보드이다.【그림 4_4_2】의 회로에서 모터의 동작은 각각의 스위치를 눌렀다가 뗄 때마다 SW1(정지), SW2(CW), SW3(CCW)기능을 하는 프로그램이다.

【그림 4_4_1】 BLDC 모터 및 제어회로

① 【그림 4_4_2】 OZBM60-060D2-D 모터 제어회로이고, 【그림 4_4_3】은 배선도이다.

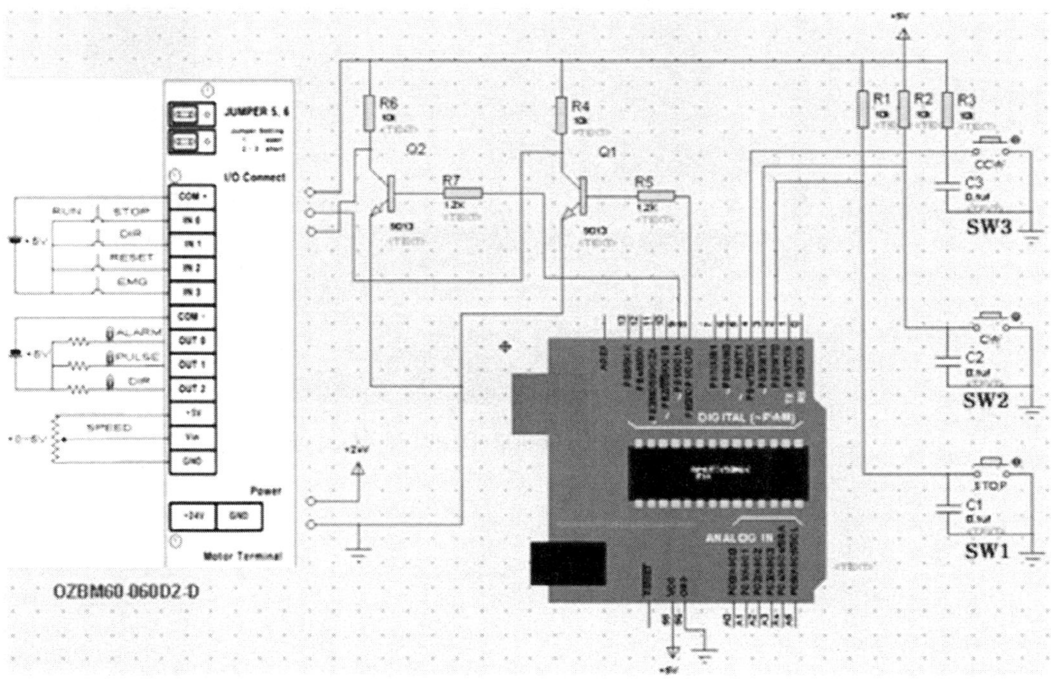

【그림 4_4_2】 OZBM60-060D2-D 모터 제어회로

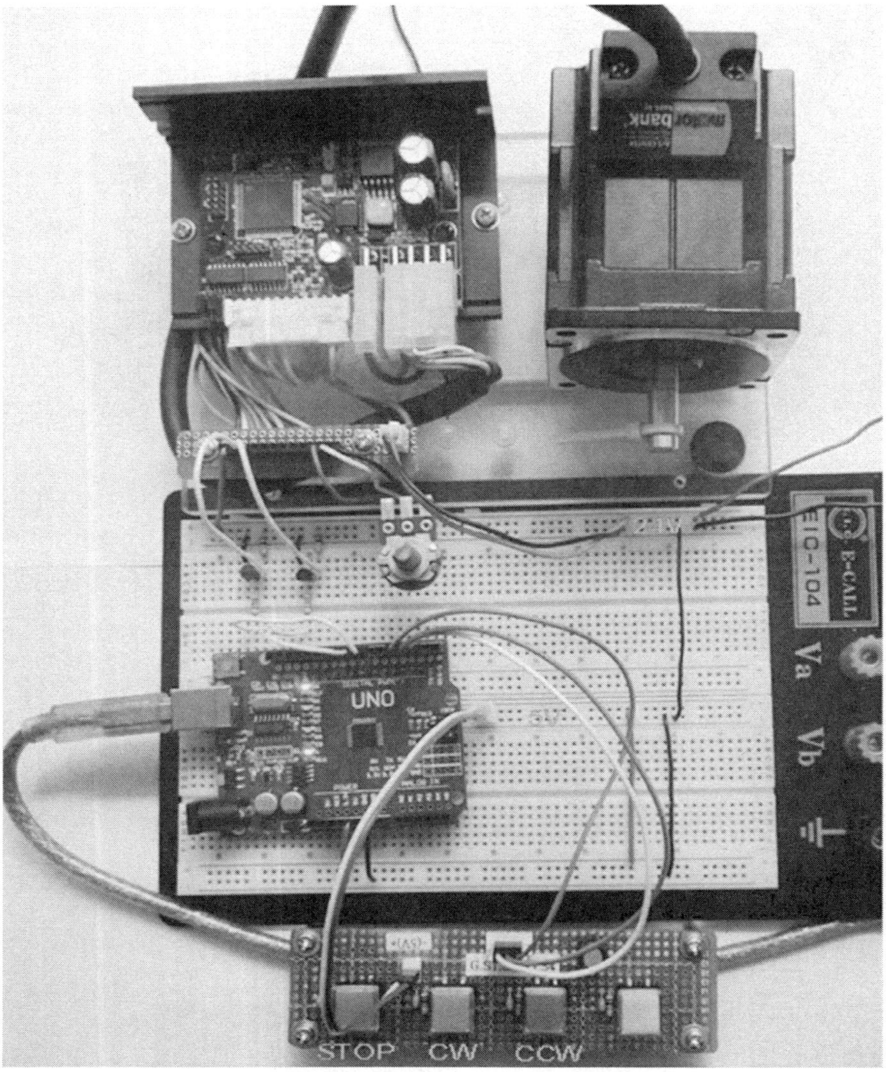

【그림 4_4_3】 OZBM60-060D2-D 모터 제어회로 배선도

2 소스코드를 입력한다.

```
int state = 0;                                                    //①
void setup() {                                                    //②
  pinMode(8,OUTPUT);
  pinMode(9,OUTPUT);
  pinMode(2,INPUT);
  pinMode(3,INPUT);
  pinMode(4,INPUT);
}
void loop() {                                                     //③
  if(digitalRead(2) == LOW) state = 0;
  if(digitalRead(3) == LOW) state = 1;
  if(digitalRead(4) == LOW) state = 2;
  switch(state)
  {
    case 0 : digitalWrite(8,LOW); break;//STOP
    case 1 : digitalWrite(8,HIGH); digitalWrite(9,LOW); break;//CW
    case 2 : digitalWrite(8,HIGH); digitalWrite(9,HIGH); break;//CCW
  }
}
```

소스코드 분석

① 모터의 동작 상태를 저장하기 위한 변수
② 디지털 2번,3번,4번 핀은 입력으로 설정하고 8번,9번 핀은 출력으로 설정
③ 2번,3번,4번 핀의 입력 값에 따라서 8번,9번 핀으로 모터제어 신호를 출력

프로그램[BLDC_4_5] BLDC모터 속도제어(OZBM60-060D2-D)

BLDC모터의 업다운 스위치 입력에 따른 속도제어 하는 프로그램으로 회로도는 【그림 4_5_1】과 같다.

1 【그림 4_5_1】은 OZBM60-060D2-D 모터 속도제어회로이고, 【그림 4_5_2】는 배선도이다.

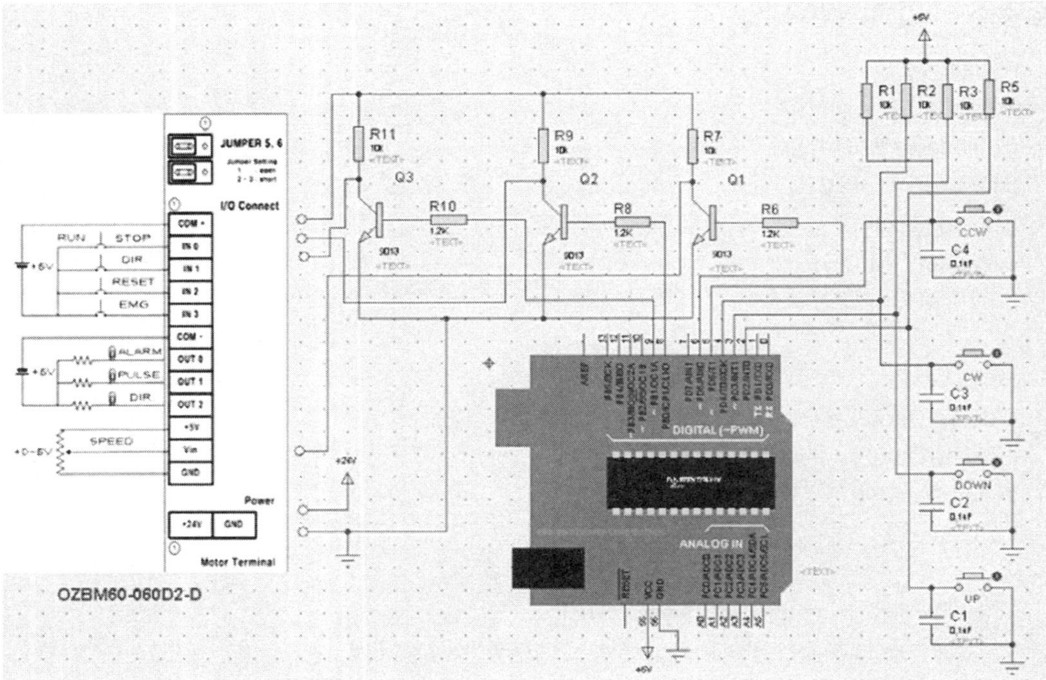

【그림 4_5_1】 OZBM60-060D2-D 모터 속도제어회로

【그림 4_5_2】 OZBM60-060D2-D 모터 속도제어회로 배선도

2 소스코드를 입력한다.

```
int state = 0, val = 50;                                               //①
void setup() {
  pinMode(8,OUTPUT);//RUN/STOP
  pinMode(9,OUTPUT);//CW/CCW
  pinMode(2,INPUT);
  pinMode(3,INPUT);
  pinMode(4,INPUT);
  pinMode(5,INPUT);
  attachInterrupt(0, SPEED_UP, FALLING);                               //②
  attachInterrupt(1, SPEED_DOWN, FALLING);                             //③
  digitalWrite(8,LOW);//init motor stop
}
void loop() {
  analogWrite(6,val);                                                  //④
  if(digitalRead(4) == LOW) state = 1;//CW
  if(digitalRead(5) == LOW) state = 2;//CCW
  switch(state)
  {
   case 1 : digitalWrite(8,HIGH); digitalWrite(9,LOW); break;//CW
   case 2 : digitalWrite(8,HIGH); digitalWrite(9,HIGH); break;//CCW
  }
}

void SPEED_UP()                                                        //⑤
{
  val = val - 5;
  if(val <= 0) val = 0;
}

void SPEED_DOWN()                                                      //⑥
{
  val = val + 5;
  if(val >= 255) val = 255;
}
```

소스코드 분석

① 모터의 동작과 아날로그 값을 저장하기 위한 변수
② 모터의 속도를 증가시키기 위한 외부 인터럽트 함수
③ 모터의 속도를 감소시키기 위한 외부 인터럽트 함수
④ 모터의 속도를 제어하기 위한 PWM 파형을 출력한다.
⑤ 속도를 증가시키기 위한 함수
⑥ 속도를 감소시키기 위한 함수

프로그램[BLDC_4_6] BLDC모터 제어(TDF5140AP)

BLDC 모터 구동 IC인 TDF5140A를 사용하여 간단하게 플로피 디스크 드라이브 및 CD ROM 드라이브에 사용되는 모터를 제어하는 프로그램이다.

모터의 중간에 탭 단자가 있는 모터와 탭 단자가 없는 모터를 구동하는 방법에 대해서도 알아본다. 회로도는 【그림 4_6_1】과 같고 TDF5140AP IC의 2번 테스트 핀을 사용하여 모터가 회전하고 정지하는 간단한 프로그램을 작성할 수 있다. <표 4_6_1>은 TDF5140A IC의 핀 기능을 나타내고, 【그림 4_6_2】는 플로피 디스크 및 CD ROM 디스크 드라이브 모터 배선도이다.

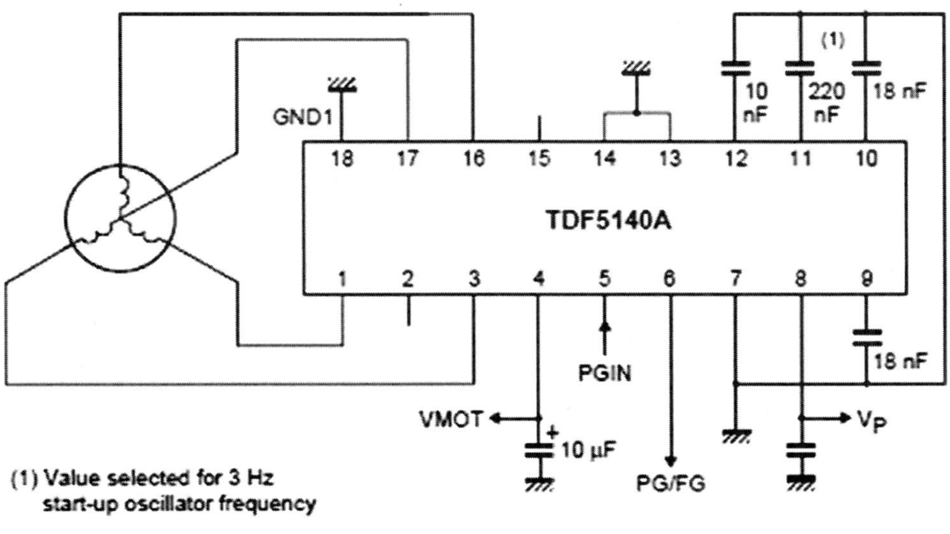

【그림 4_6_1】 TDF5140AP 모터 제어회로

<표 4_6_1> TDF5140A IC의 핀 기능

SYMBOL	PIN DIL18	DESCRIPTION
MOT1	1	driver output 1
TEST	2	test input/output
MOT2	3	driver output 2
VMOT	4	input voltage for the output driver stages
PG IN	5	position generator: input from the position detector sensor to the position detector stage (optional); only if an external position coil is used
PG/FG	6	position generator/frequency generator: output of the rotation speed and position detector stages (open collector digital output, negative-going edge is valid)
GND2	7	ground supply return for control circuits
V_P	8	positive supply voltage
CAP-CD	9	external capacitor connection for adaptive communication delay timing
CAP-DC	10	external capacitor connection for adaptive communication delay timing copy
CAP-ST	11	external capacitor connection for start-up oscillator
CAP-TI	12	external capacitor connection for timing
+AMP IN	13	non-inverting input of the transconductance amplifier
−AMP IN	14	inverting input of the transconductance amplifier
AMP OUT	15	transconductance amplifier output (open collector)
MOT3	16	driver output 3
MOT0	17	input from the star point of the motor coils
GND1	18	ground (0 V) motor supply return for output stages

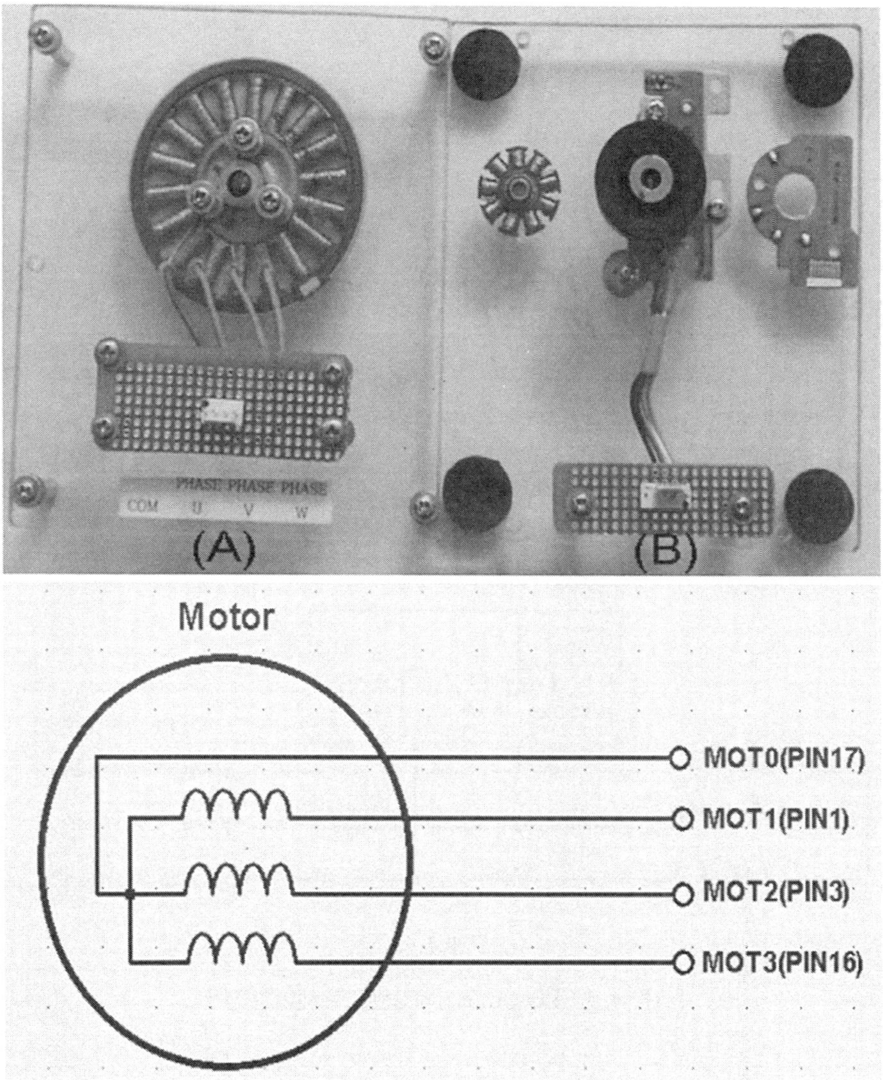

【그림 4_6_2】 플로피 디스크 및 CD ROM 디스크 드라이브 모터 배선도

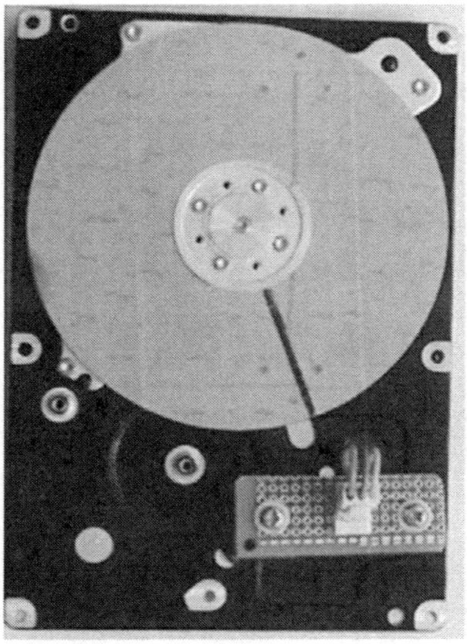

(A)

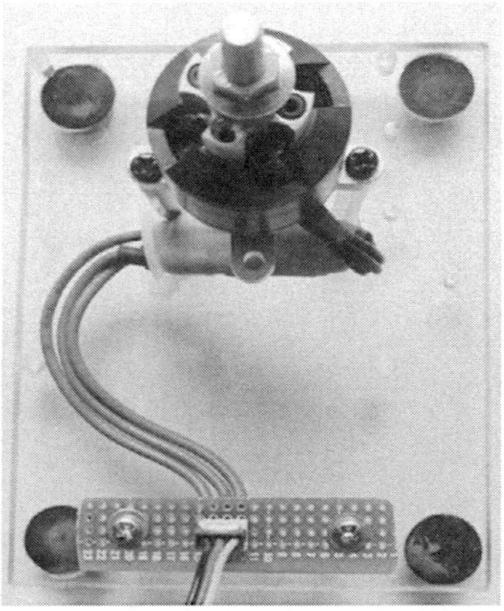

(B)

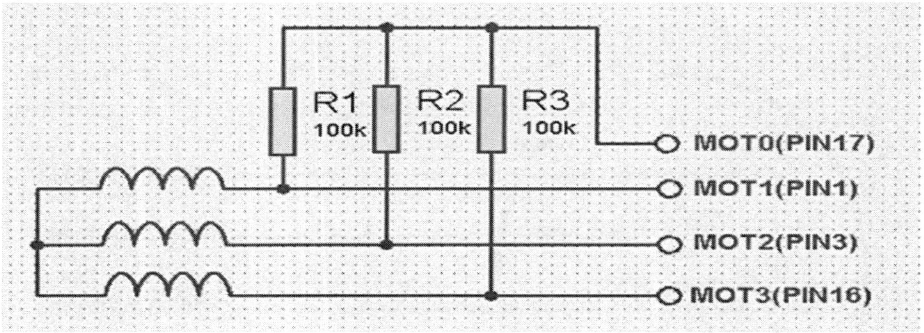

(C)

【그림 4_6_3】 BLDC 모터의 3선으로 제어할 경우

【그림 4_6_3】에서 (A)는 하드 디스크의 네 개의 선중에서 공통 선을 제외하고 세 개의 선만을 사용하여 제어를 할 경우이고 (B)는 3선의 BLDC 모터이고 (C)는 TDF5140A IC 사용하여 제어를 할 경우의 회로이며 【그림 4_6_4】는 TDF5140A IC의 내부 블록도이다.

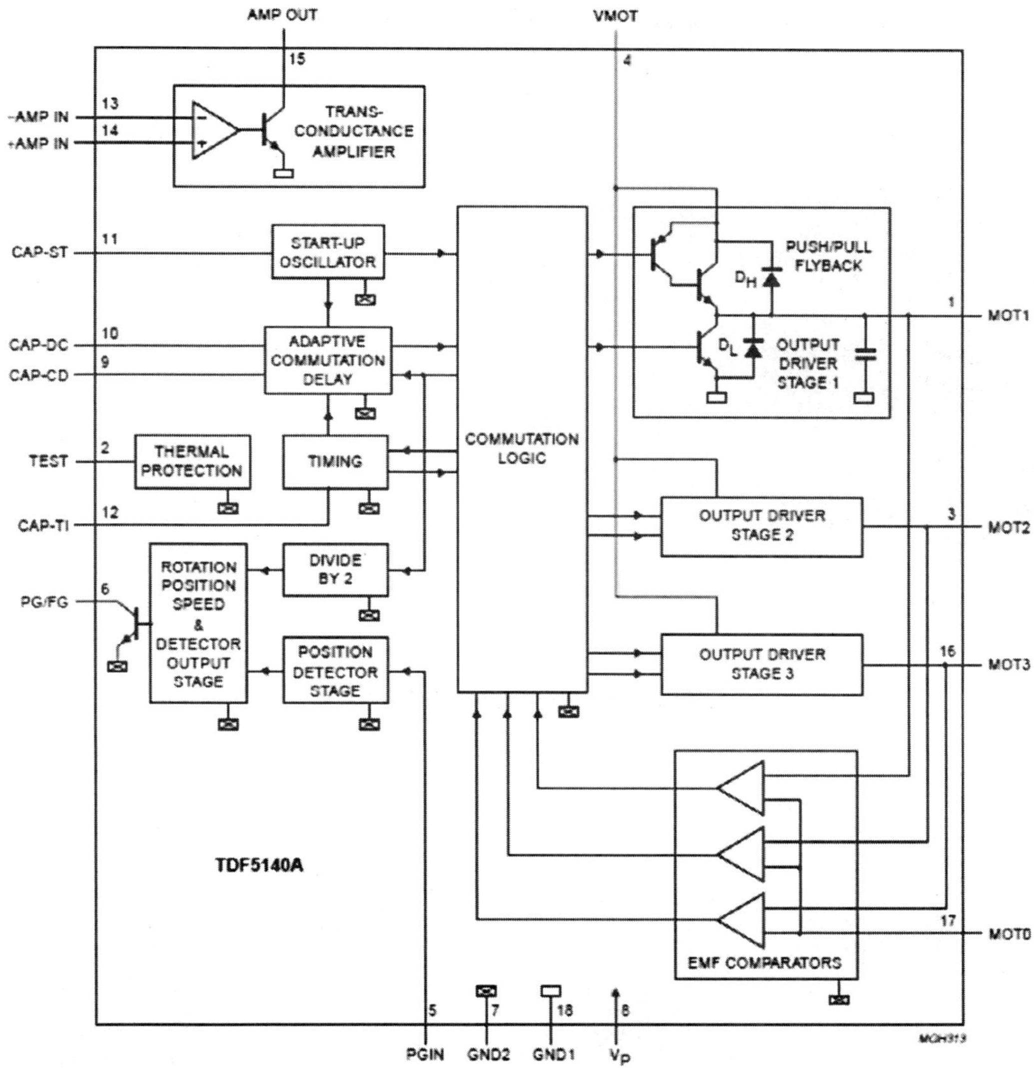

【그림 4_6_4】 TDF5140A IC의 내부 블록도

① 【그림 4_6_5】는 TDF5140AP 모터 제어회로이고, 【그림 4_6_6】은 배선도이다.

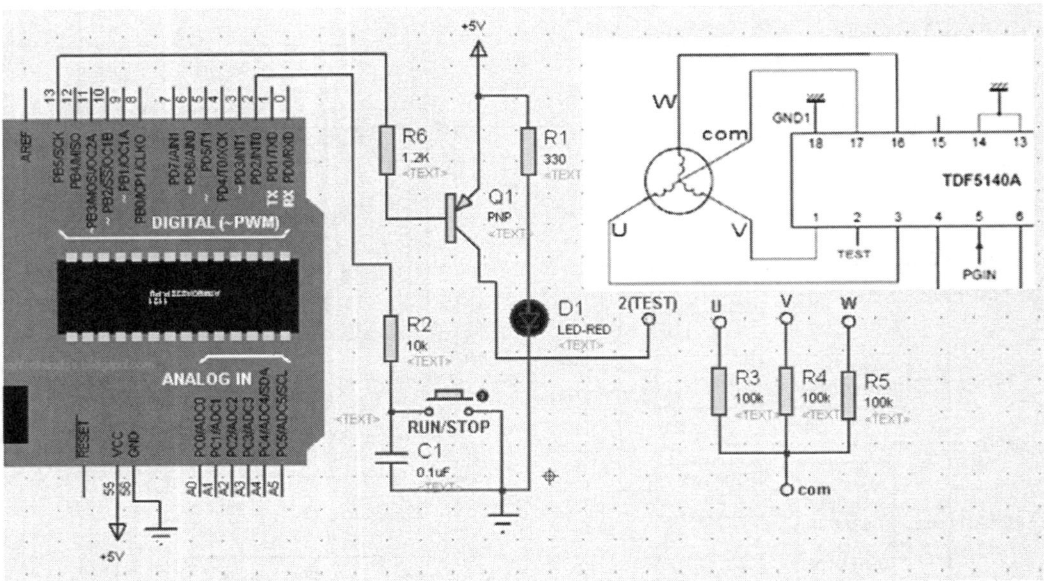

【그림 4_6_5】 TDF5140AP 모터 제어회로

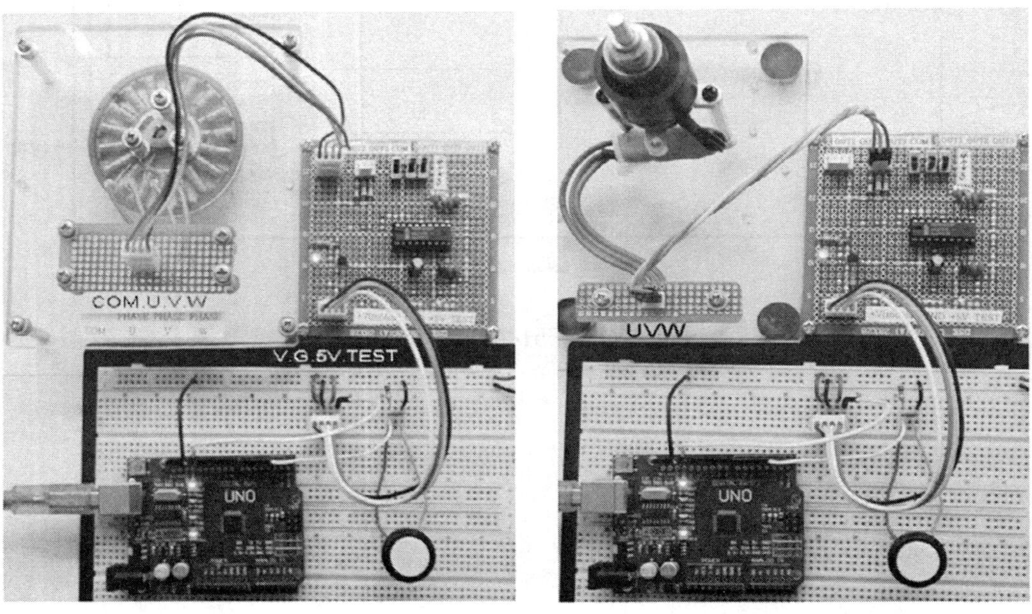

(A) 네 개의 선으로 제어 (B) 세 개의 선으로 제어

【그림 4_6_6】 TDF5140AP 모터 제어회로 배선도

② 소스코드를 입력한다.

```
volatile int state = LOW;                                   //①
void setup() {
  pinMode(13,OUTPUT);//TEST
  pinMode(2,INPUT);//RUN/STOP
  digitalWrite(13,state);
  attachInterrupt(0, RUN_STOP, FALLING);                    //②
}
void loop() {
  digitalWrite(13,state);                                   //③
}
void RUN_STOP()
{
   state = !state;                                          //④
}
```

소스코드 분석

① 모터의 동작 상태를 저장하기 위한 변수
② 외부 인터럽트 함수(2번 핀 입력)
③ 디지털 13번 핀으로 HIGH와 LOW를 출력한다.
④ 스위치를 누를 때 마다 토글(toggle) 동작을 한다.(HIGH/LOW)

프로그램[BLDC_4_7] BLDC모터 제어1(ESC 22A)

이번 예제에서는 간단하게 ESC(Electronic Speed Controller)모듈을 이용하여 하드디스크, CD ROM 드라이브, 드론 등에 사용되는 BLDC 모터를 제어한다. ESC에 인가하는 전압 Vin은 제조회사 마다 다르므로 제조사의 홈페이지에서 ESC 사양서를 참고하기 바란다. <표 4_7_1>은 ESC의 사양과 【그림 4_7_1】은 ESC와 BLDC 모터의 보여주는 그림이다.

<표 4_7_1> ESC 사양

ESC	Specifications
iPeaka SK 10	Input Voltage : 6–12.6 VDC, 2–3 Li–Po cells Input rate range : 50–400Hz Output Current : 10 Amps Continous, 12 Amps Burst(10 Sec.) BEC Output : 5.0 Volts at 2 Amps Dimensions : 35 x 24 x 8 mm Weight : 12 g
iPeaka SK 22	Input Voltage : 6–18.8 VDC, 2–4 Li–Po cells Input rate range : 50–400Hz Output Current : 22 Amps Continous, 26 Amps Burst(10 Sec.) BEC Output : 5.0 Volts at 2 Amps Dimensions : 35 x 24 x 8 mm Weight : 25g

(a) iPeaka SK 10

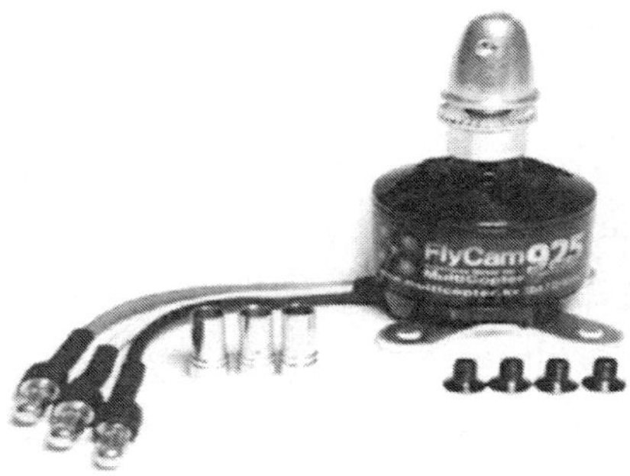

(b) FlyCam925

(C) iPeaka SK 22

(D) FlyCam1000

【그림 4_7_1】 ESC와 BLDC 모터

① 【그림 4_7_2】는 ESC에 의한 모터제어회로이고, 【그림 4_7_3】은 배선도이다. 【그림 4_7_4】는 CD ROM 및 하드디스크 모터 제어회로 배선도이다. 모터의 속도제어는 아두이노 보드에서 PWM파형을 출력하면 되는데 간단하게 서보 라이브러리를 이용하여 제어를 하는 프로그램이다.

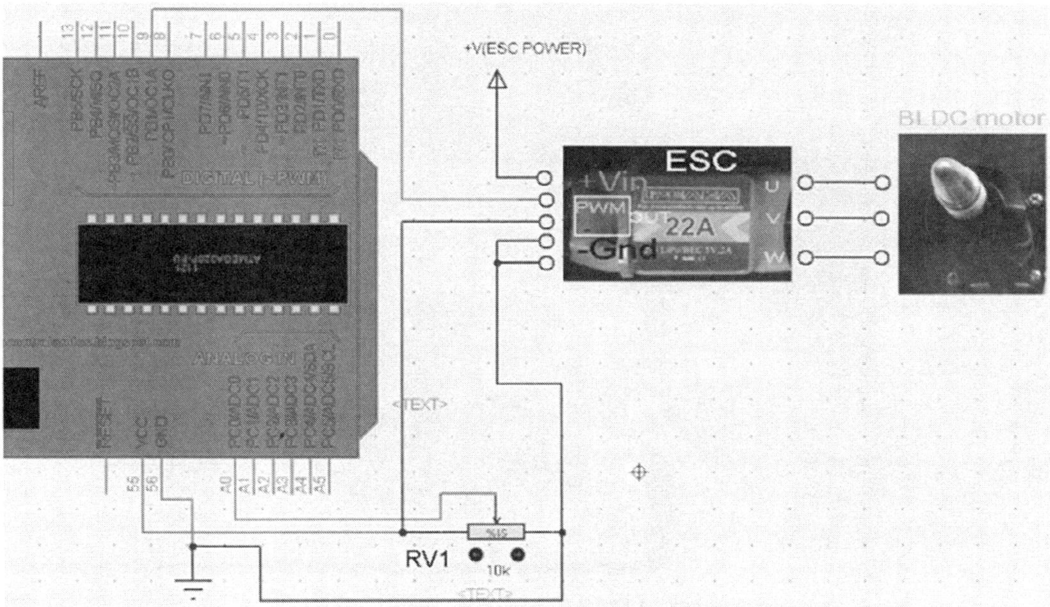

【그림 4_7_2】 ESC에 의한 모터 제어회로

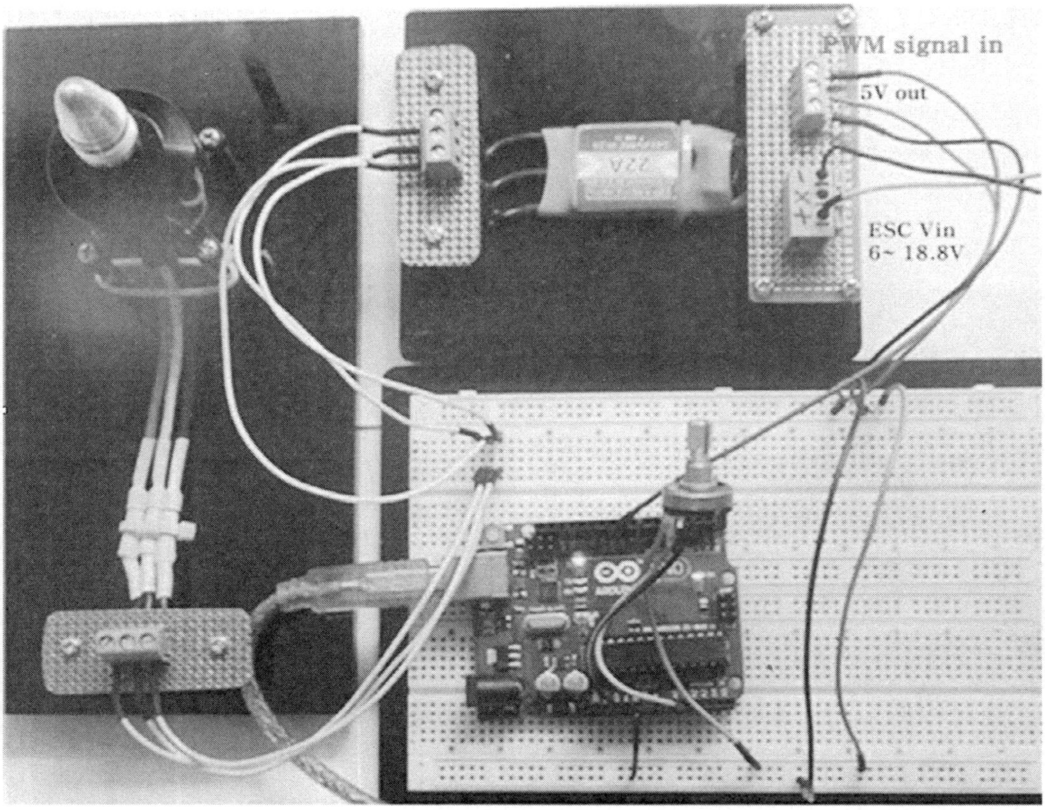

【그림 4_7_3】 ESC에 의한 모터 제어회로 배선도

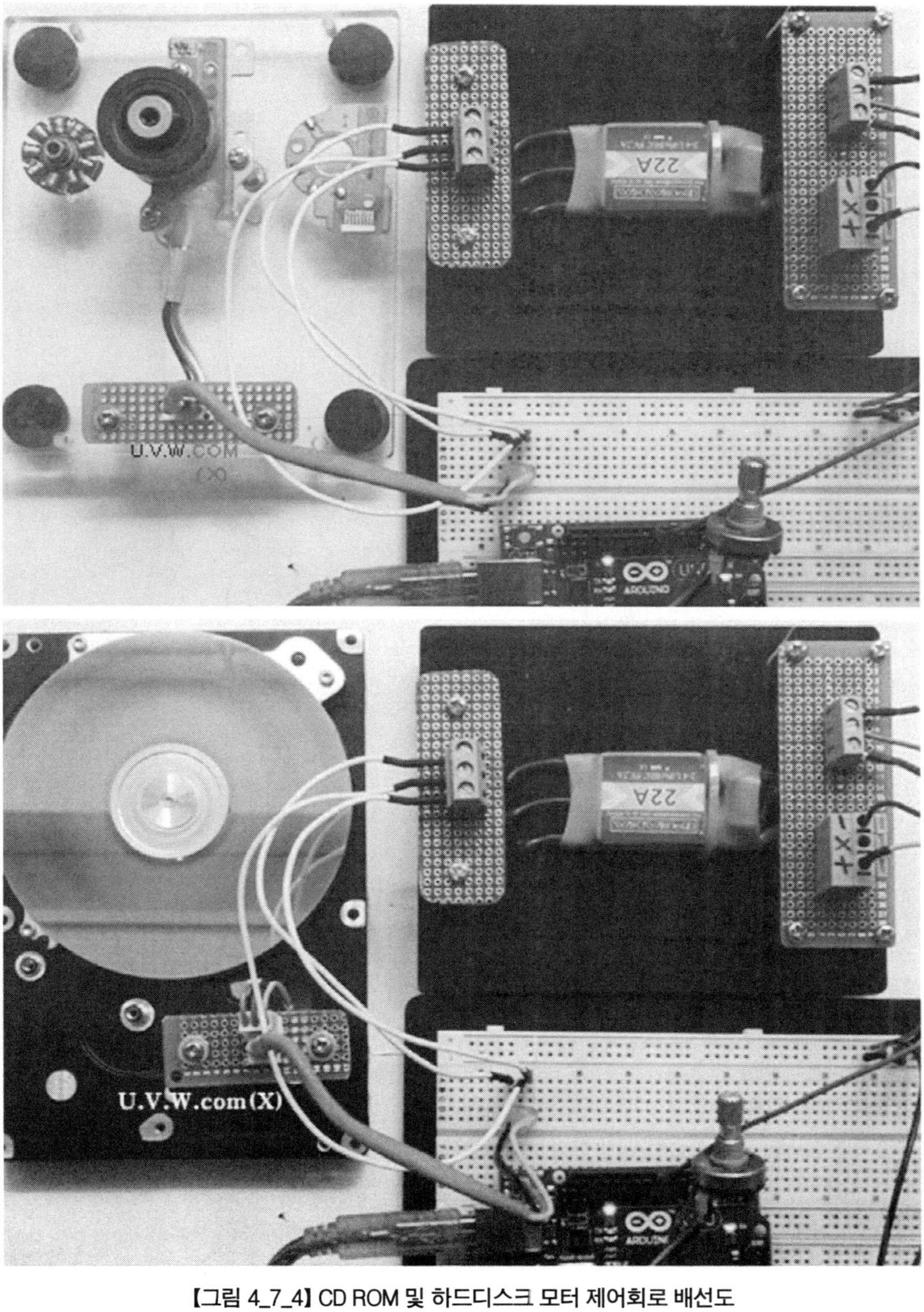

【그림 4_7_4】 CD ROM 및 하드디스크 모터 제어회로 배선도

2 소스코드를 입력한다.

```
#include <Servo.h>
Servo myservo;                                          //①
int val;                                                //②
void setup()
{
  myservo.attach(9);                                    //③
  myservo.writeMicroseconds(1000);                      //④
  delayMicroseconds(2000);                              //⑤
  myservo.writeMicroseconds(2000);                      //⑥
  delayMicroseconds(2000);
  myservo.writeMicroseconds(1000);                      //⑦
  delayMicroseconds(2000);
}
void loop()
{
  val = analogRead(A0);                                 //⑧
  val = map(val, 0, 1023, 0, 179);                      //⑨
  myservo.write(val);                                   //⑩
}
```

소스코드 분석

① 모터의 객체 생성

② 아날로그 핀으로 입력되는 10비트의 값을 저장하는 변수

③ 아두이노의 9번 핀과 ESC모듈의 PWM 신호선과 연결한다.

④ low 1ms pulse

⑤ ESC 인식신호 2ms 지연

⑥ high 2ms pulse

⑦ ESC 셋팅 완료

⑧ 0~1023의 아날로그 값을 저장한다.

⑨ 0~1023의 값을 0~179의 값으로 변환한다.

⑩ val의 값의 각도로 서보모터가 동작한다.

☞ 응용과제 BLDC모터제어(TE-22BH-24-6)

【그림 4_7_2】회로에서 아두이노의 2번 핀에 SW를 연결하고 버튼을 누를 때마다 모터가 ON/OFF 동작이 되도록 【BLDC_4_7】의 프로그램을 수정하시오.

프로그램[BLDC_4_8] BLDC모터 제어 2(ESC 22A)

1 프로그램[BLDC_4_7]에서 가변저항 대신에 자동으로 속도가 증가하고 감소하는 동작을 무한반복 하는 프로그램이다.

2 소스코드를 입력한다.

```
#include <Servo.h>
Servo myservo;
int pos = 0;                                                        //①
void setup()
{
  myservo.attach(9);
}
void loop()
{
 int maxspeed=100;
 int minspeed=0;
 int delaytime=5;
 int count;
 for(count=0; count <1; count+=1) {
  for(pos = minspeed; pos < maxspeed; pos += 1)                     //②
  {
   myservo.write(pos);
   delay(delaytime);
  }
  for(pos = maxspeed; pos>=minspeed; pos-=1)                        //③
  {
   myservo.write(pos);
   delay(delaytime);
  }
  if(count>1){
```

```
   break;
  }
 }
 myservo.write(92);
 delay(100000);
 myservo.write(90);
 delay(10000000);
}
}
```

소스코드 분석

① 모터의 속도조절을 하기위한 변수

② 모터의 속도가 0도에서부터 1씩 증가하며 180까지 증가한다.

③ 모터의 속도가 180에서부터 1씩 감소하며 0도까지 감소한다.

* PWM 파형으로 서보모터를 제어하는 경우에는 각도를 조절 할 수가 있지만 BLDC모터를 제어하는 경우에는 속도를 조절한다.

프로그램[BLDC_4_9] BLDC모터 제어3(ESC 10A X 4)

4개의 드론에 사용되는 BLDC Fly Cam 925 모터를 1번부터 차례대로 약 5초 동안씩 동작시키는 무한반복 프로그램이다.

1 【그림 4_9_1】은 네 개의 ESC를 사용한 모터 제어회로이고, 【그림 4_9_2】는 배선도이다.

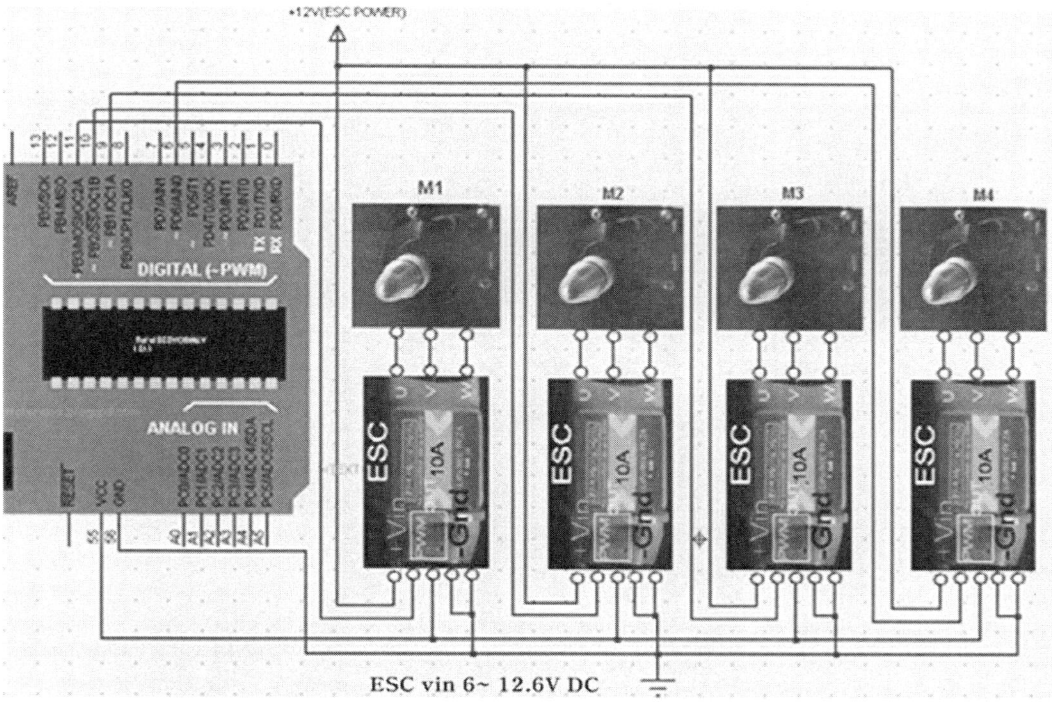

【그림 4_9_1】 네 개의 ESC를 사용한 모터 제어회로

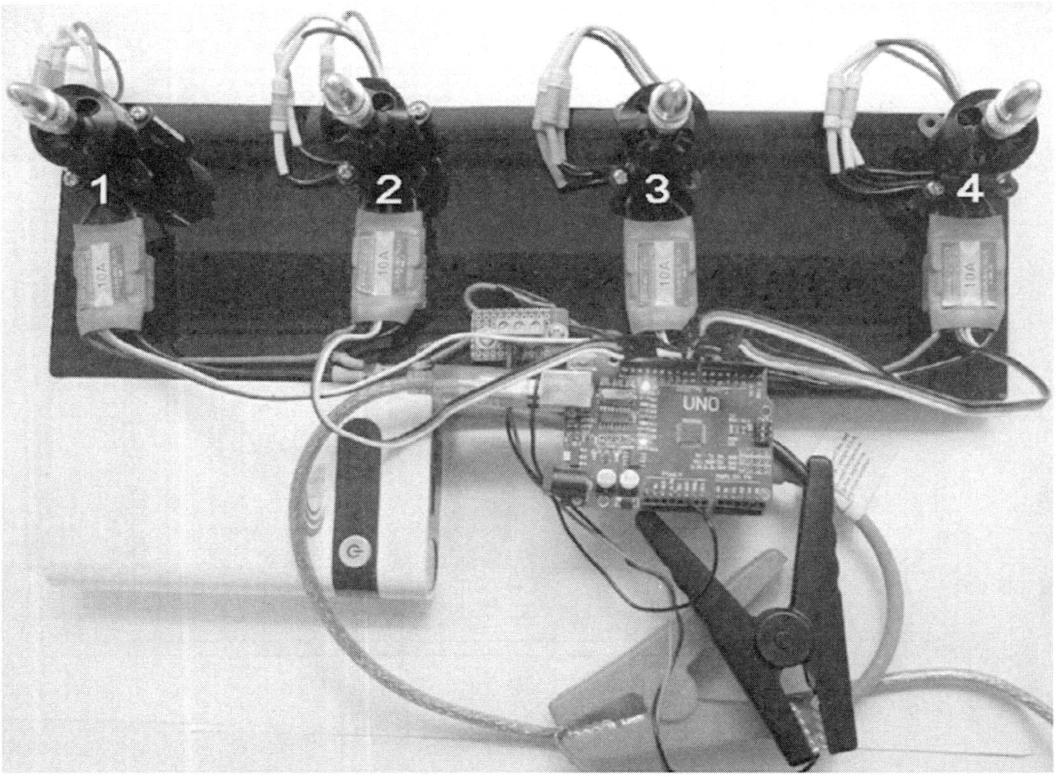

【그림 4_9_2】 네 개의 ESC와 모터제어회로 배선도

② 소스코드를 입력한다.

```
#include <Servo.h>
Servo esc1, esc2, esc3, esc4;                                   //①
void setup()
{
  esc1.attach(11);
  esc1.write(0);
  esc2.attach(10);
  esc2.write(0);
  esc3.attach(9);
  esc3.write(0);
  esc4.attach(6);
  esc4.write(0);
  delay(2000);                                                  //②
}
```

```
void loop()
{
 esc1.write(179);delay(5000);                                    //③
 esc1.write(0);delay(1000);                                      //④
 esc2.write(179);delay(5000);
 esc2.write(0);delay(1000);
 esc3.write(179);delay(5000);
 esc3.write(0);delay(1000);
 esc4.write(179);delay(5000);
 esc4.write(0);delay(1000);
}
```

소스코드 분석

① 4개의 BLDC 모터 객체를 생성한다.
② ESC모듈에 전원을 인가한 후 약 2초 기다린다.
③ 아두이노의 11번 핀과 ESC1모듈에 연결된 BLDC 모터 1이 약 5초 동안 동작
④ 아두이노의 11번 핀과 ESC1모듈에 연결된 BLDC 모터 1이 약 1초 동안 정지
* BLDC 모터 2,3,4도 같은 동작을 한다.

프로그램[BLDC_4_10] BLDC모터 제어4(ESC 10A X 4)

【그림 4_9_1】의 회로에 10K의 가변저항을 A0에 연결하여 그 값에 따라서 네 개의 모터가 동시에 속도를 제어할 수 있는 프로그램이다.

1 소스코드를 입력한다.

```
#include <Servo.h>
Servo esc1, esc2, esc3, esc4;
int throttle ;                                                   //①
void setup()
{                                                                //②
  esc1.attach(11);
  esc1.write(0);
  esc2.attach(10);
```

```
  esc2.write(0);
  esc3.attach(9);
  esc3.write(0);
  esc4.attach(6);
  esc4.write(0);
  delay(2000);
}
void loop()
{
 throttle = analogRead(A0);                                   //③
 throttle = map(throttle, 0, 1023, 0, 179);                   //④
 esc1.write(throttle);                                        //⑤
 esc2.write(throttle);
 esc3.write(throttle);
 esc4.write(throttle);
}
```

소스코드 분석

① 서보 모터의 속도조절을 하기위한 변수

② 아두이노의 디지털 핀 11,10,9,6과 ESC1,2,3,4와 연결하고 모터의 초기속도 값은 0으로 정지 상태이다.

③ 아날로그 핀(A0)으로 입력되는 값(0~1023)을 저장한다.

④ A0로 입력되는 아날로그 값을 0에서 179의 값으로 변환한다.

⑤ 0에서 179의 값을 PWM파형으로 출력한다.

프로그램[BLDC_4_11] BLDC모터 제어5(ESC 10A X 4)

시리얼 모니터의 데이터 값을 받아서 그 값에 따라서 네 개의 모터가 0의 값을 받으면 정지, 1의 값을 받으면 1번의 모터가 동작을 하고, 2의 값을 받으면 2번의 모터, 3의 값을 받으면 3번의 모터, 4의 값을 받으면 4번의 모터가 동작을 하는 프로그램이다. 회로는 【그림 4_9_1】과 같고 【그림 4_11_1】은 시리얼모니터에서 전송되는 데이터 값에 따라서 동작되는 것을 보여준다.

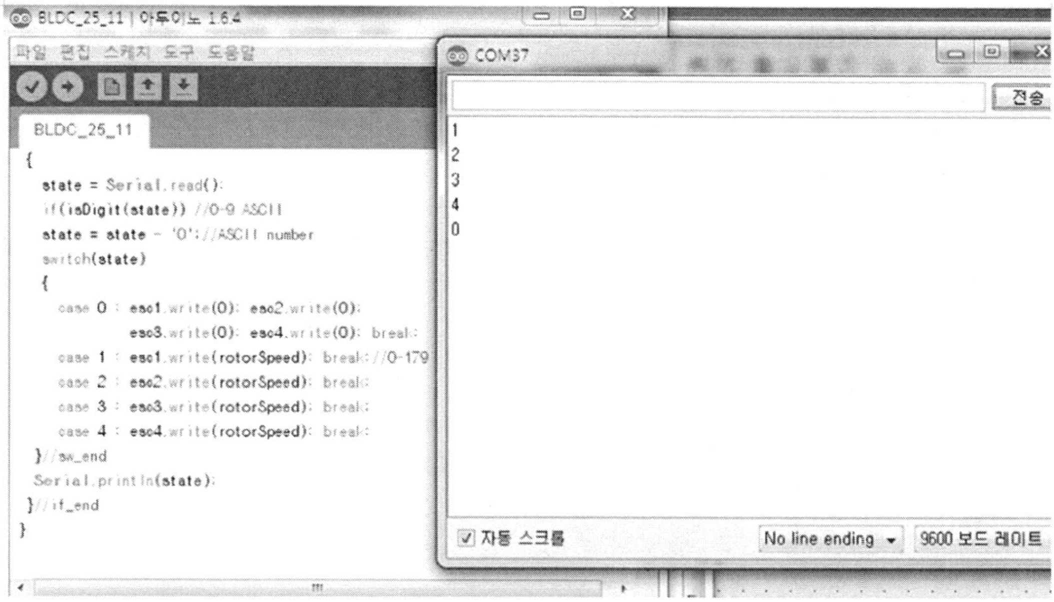

【그림 4_11_1】 시리얼모니터에서 전송되는 데이터 값에 따른 동작

1 소스코드를 입력한다.

```
#include <Servo.h>
Servo esc1, esc2, esc3, esc4;
int state = 0, rotorSpeed = 150;                    //①
void setup()
{
  Serial.begin(9600);                               //②
  esc1.attach(11);
  esc1.write(0);
  esc2.attach(10);
  esc2.write(0);
  esc3.attach(9);
  esc3.write(0);
  esc4.attach(6);
  esc4.write(0);
  delay(2000);
}
void loop()
{
```

```
if(Serial.available())
{
  state = Serial.read();
  if(isDigit(state))                                   //③
  state = state - '0';                                 //④
  switch(state)
  {
    case 0 : esc1.write(0); esc2.write(0);
             esc3.write(0); esc4.write(0); break;      //⑤
    case 1 : esc1.write(rotorSpeed); break;            //⑥
    case 2 : esc2.write(rotorSpeed); break;
    case 3 : esc3.write(rotorSpeed); break;
    case 4 : esc4.write(rotorSpeed); break;
  }//sw_end
  Serial.println(state);                               //⑦
}//if_end
}
```

소스코드 분석

① 모터의 동작 및 속도조절을 하기위한 변수

② 직력 통신 속도를 설정한다.

③ 0-9의 ASCII 값

④ ASCII number → 49(1) - 48(0) = 1(state)

⑤ 4개의 BLDC 모터가 정지한다.

⑥ ESC1과 연결된 BLDC1모터가 동작을 한다.

⑦ 시리얼 모니터로 state 변수 값을 출력한다.

응용과제

시리얼 모니터의 데이터 값을 받아서 그 값에 따라서 네 개의 모터가 0의 값을 받으면 네 개의 모터가 정지, 1의 값을 받으면 1개의 모터가 동작을 하고, 2의 값을 받으면 두개의 모터, 3의 값을 받으면 세 개의 모터, 4의 값을 받으면 네 개의 모터가 동시에 동작을 하는 프로그램을 하시오. 회로는 【그림 4_9_1】과 같다.

Chapter 5

AC모터 제어

프로그래밍

제5장

AC모터 제어

5.1 AC모터의 개요

AC(Alternating Current)전원으로 운전되는 AC(교류)전동기는 기본적으로 외부 고정자와 내부 회전자로 구성되어 교류전류가 고정자 권선에 공급되면 전자기 유도에 의해 자기장이 변화한다. 이때 회전자에서 회전하는 자기장에 의해 유도전류가 생기고 토크에 의해 회전자에 있는 축에서 회전력이 생긴다. 따라서 모터는 전기적 에너지를 기계적 에너지로 변환하는 장치이다.

AC모터의 전원에 의한 분류는 [그림 5.1.1]과 같다.

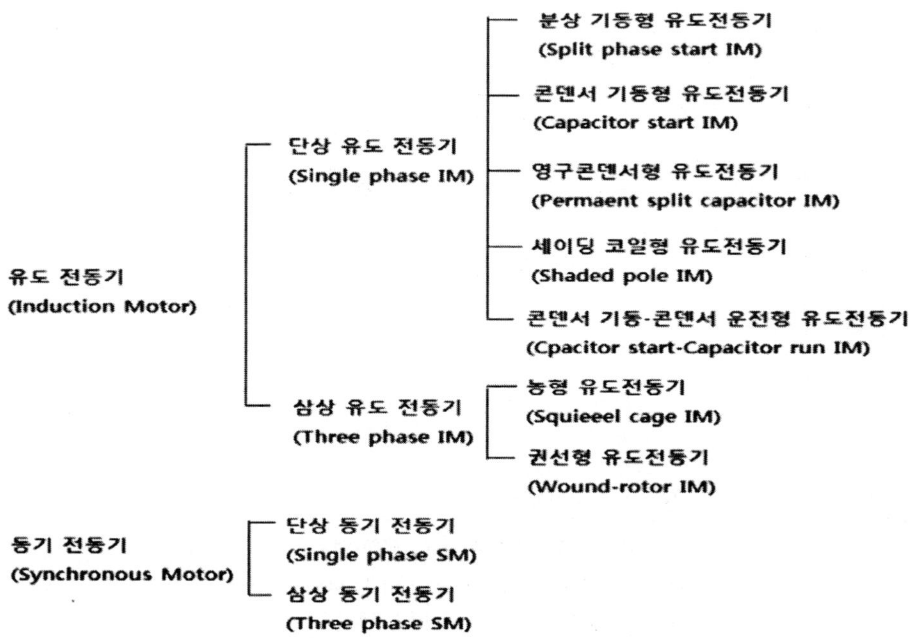

[그림 5.1.1] AC모터의 전원에 의한 분류

1) 단상 유도 전동기

(1) 구조

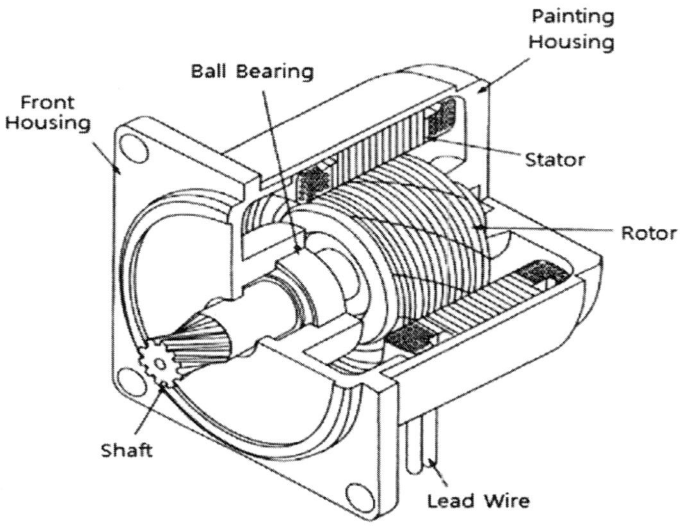

[그림 5.1.2] 단상 유도전동기

[그림 5.1.2]과 같이 3상 유도 전동기에 비하여 특성이 떨어지므로 1마력 이하의 전동기로 제한되며, 단상 전원에 접속하여 사용하므로 가정이나 사무실과 같은 소 용량 전동력이 요구되는 곳에서 사용된다. 단상 유도 전동기의 회전자 구조는 3상 농형 유도 전동기의 회전자와 같이 농형이고, 고정자 권선은 단상 권선으로 되어 있다.

(2) 원리

단상 유도 전동기의 고정자 권선에 단상 교류를 공급하면 권선의 축 방향으로 자속의 크기와 N, S 극성만 바뀌지는 교변 자기장(alternation field)이 발생한다. 교번 자기장에서는 토크가 발생되지 않아 회전자를 기동시킬 수 없다. 따라서 자기 기동(self starting)만 되면 그 방향으로 토크가 생겨 회전을 계속하게 된다. 그러므로 기동시키는 방법에 따라 단상 유도 전동기를 분류한다.

① 콘덴서 기동형 유도 전동기

- 기동 토크의 증대 목적으로 콘덴서를 기동권선과 직렬로 연결한다.
- 산업용으로 전해콘덴서형은 75~100[μF]이고, 오일콘덴서형은 2~60[μF]정도로 사용된다.

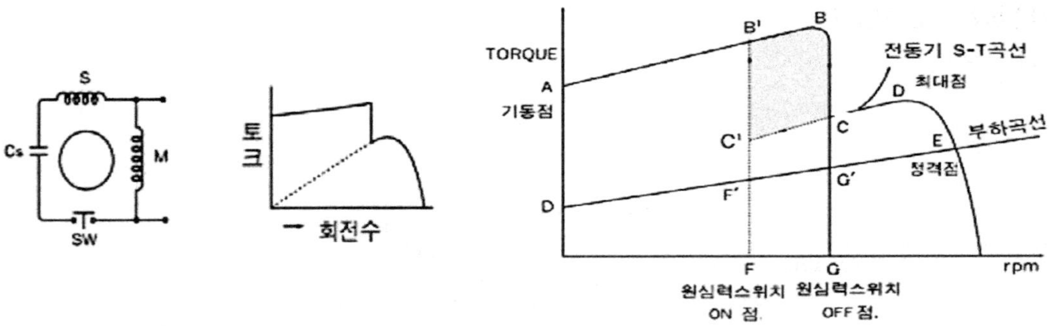

[그림 5.1.3] 콘덴서 기동형 유도 전동기 회로 구성

- 회로와 가속특성은 [그림 5.1.3]과 같이 운전조건으로 초기 운전시 A-> B′ -> B-> D-> E-> 지속, 과부하가 걸릴 때 정상상태에서 E-> D-> C-> C′ -> B′ -> B-> C-> D-> E, 구속부하가 걸릴 때 정상상태에서 E-> D->C-> C′ -> B′ -> A로 동작하며 A, C점이 부하 아래에 존재할 때 기동하지 않는다.
- 출력은 100~2200W로 기동토크가 큰 펌프, 공기압축기, 건조기, 공작기계 등에 이용된다.

② 분상 기동형 유도 전동기

- 고정자(stator), 회전자(rotor), 브래킷(bracket), 원심력 스위치(centrifugal switch)로 구성되어 있다.
- 회전자는 농형권선이고 고정자는 주 권선인 운전권선과 보조권선인 기동권선이 병렬로 감겨져 있어 이 병렬회로에 단상 교류전압을 가하면 운전권선과 기동권선 사이의 리액턴스 차이로 두 회로에 흐르는 위상차로 회전 자장이 발생하여 토크가 발생한다.
- 원심력 스위치는 기동권선과 직렬로 연결되어 기동 초기에 스위치가 ON 상태로 있다가 회전자의 속도가 정격속도의 75%에 이르면 스위치가 OFF 되어 기동권선 회로가 개방되고 운전권선에 의하여 계속 회전한다.
- 회로와 가속특성은 [그림 5.1.4]과 같다.

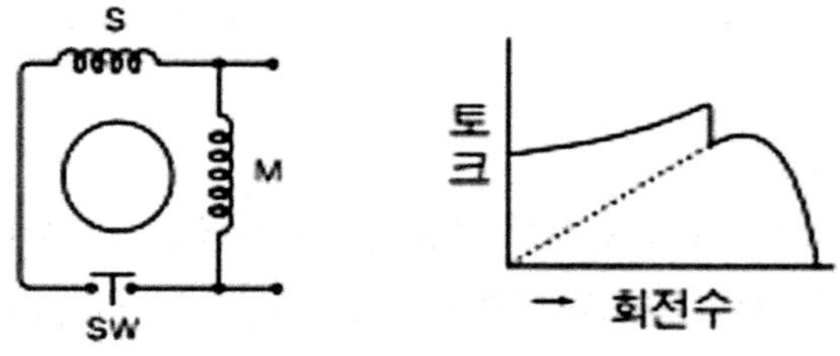

[그림 5.1.4] 분상 기동형 유도 전동기

- 출력은 100~200W로 기동 토크가 작아도 되는 공작기계, 연마기, 송풍기, 믹서, 건조기 등에 이용된다.

③ 콘덴서 기동–운전형 유도 전동기
- 원심력스위치와 기동 및 운전용 콘덴서가 있는 구조이다.
- 회로와 가속특성은 [그림 5.1.5]과 같다.

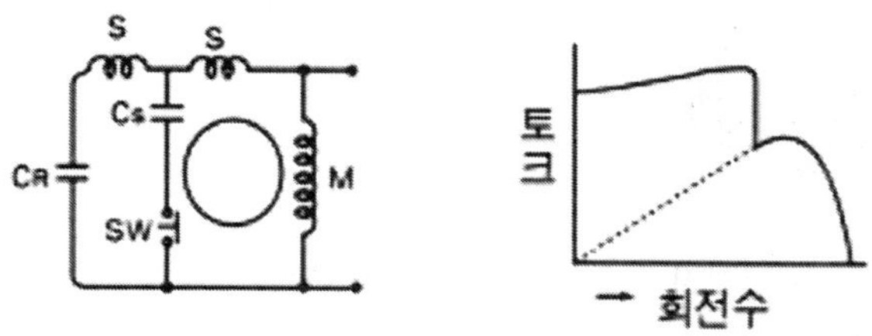

[그림 5.1.5] 콘덴서 기동–운전형 유도 전동기

- 출력은 400~2200W로 기동 토크가 크고 고 역률을 요하는 동력용으로 이용된다.

④ 영구 콘덴서형 유도 전동기
- 원심력스위치를 제거한 것으로 콘덴서를 기동과 운전 시 계속 사용한다.
- 회로와 가속특성은 [그림 5.1.6]과 같다.

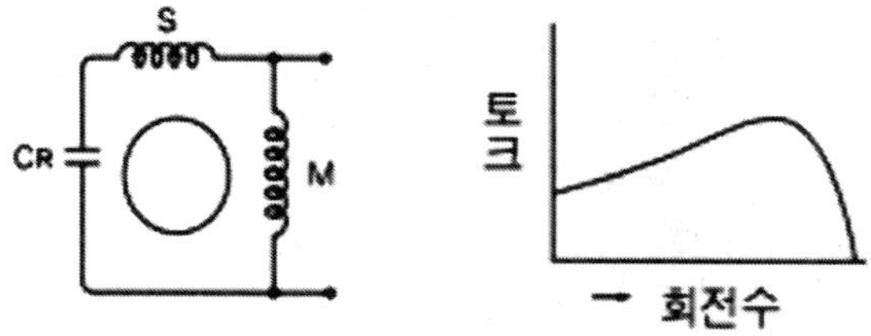

[그림 5.1.6] 영구 콘덴서형 유도 전동기

- 출력은 100~750W로 기동토크가 낮고 정 · 역회전 및 소 출력의 동력으로 선풍기, 소형 펌프, 팬, 복사기 등에 이용된다.

(3) 형태

각종 단상 유도 전동기의 모양은 [그림 5.1.7]과 같다.

(a) 분상 기동형

(b) 콘덴서 기동형

(c) 영구 콘덴서형

(d) 세이딩형전형

(e) 콘덴서 기동-운전형

[그림 5.1.7] 단상 유도 전동기의 모양

2) 3상 유도 전동기

(1) 구조

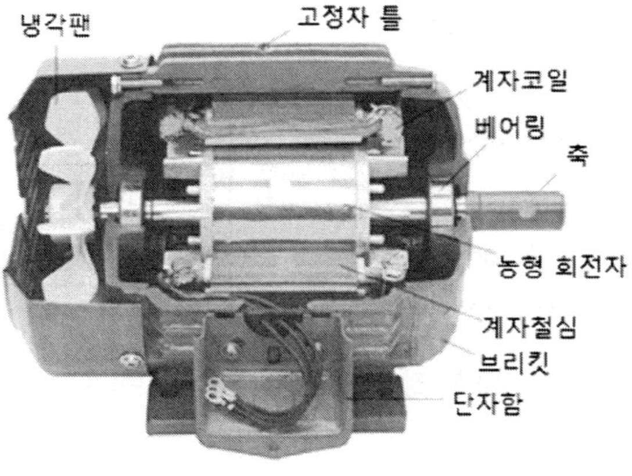

[그림 5.1.8] 3상 유도 전동기의 구조

3상 유도 전동기는 앞에서 설명한 바와 같이 3상 전원에 의해 쉽게 회전 자기장을 얻을 수 있으므로 비교적 구조가 간단하다. [그림 5.1.8]은 3상 유도 전동기의 구조이다.

고정자는 고정자 틀, 고정자 철심, 고정자 권선, 회전자는 원형의 규소 강판 둘레에 도체가 들어갈 수 있는 홈을 파고, 중심에는 축이 들어갈 수 있는 큰 구멍을 내어 이들을 성층하여 만드는데 도체의 구조에 따라 농형 회전자와 권선형 회전자로 분류하며 베어링은 베어링을 축에서 제거할 때는 베어링 풀러(bearing puller)를 사용한다.

① 농형 3상 유도 전동기

- 3상 교류로 회전자계를 생성하여, 도체의 양단을 모두 단락시킨 농형 구조로 농형 회전자를 이용한 전동기다.
- 3상 전원에서 양극을 바꾸면 정회전과 역회전으로 바꿀 수 있다.
- 3상 교류만으로 회전자계를 발생시킬 수 있다.
- 용도로는 크레인, 압축기, 송풍기, 펌프 등 산업기계에 사용된다.

② 권선형 3상 유도 전동기

- 농형 유도 전동기의 회전자 대신 회전자 철심에 3상 권선을 감아 2차 권선으로 하고 슬립링을 각 상 권선의 선단에 마련하여 브러시를 중개하여 1차 전류를 외부에 인도할 수 있게 한 전동기이다.
- 장점으로 2차 저항기를 사용하므로 2차 저항으로 임의의 최대, 최소 토크를 선택 가능하다.
- 단점으로 운전 시 손실이 크고 효율이 나쁘며 브러시의 고장이 잦다.
- 용도로는 크레인, 압축기, 송풍기, 펌프 등 산업기계에 사용된다.

(2) 원리

유도 전동기의 기동 전류는 정격 전류의 5~10배가 되는 큰 전류가 흐르므로 용량이 큰 전동기의 경우에는 적절한 기동 장치를 사용하여 기동 전류를 제한할 필요가 있어 3상 농형 유도 전동기의 기동법에는 직접 기동법(정전압 기동법), 1차 저항 기동법, 리액터 기동법, Y−△ 기동법, 기동 보상기법 등이 있고 3상 권선형 유도 전동기는 2차 저항 기동법이 있다.

규소 강판을 성층하여 만든 고정자에 [그림 5.1.9]처럼 A, B, C상이 120° 되도록 배치하고, 한 쪽 끝은 Y 결선한 후 3상 전류를 흐르게 한다.

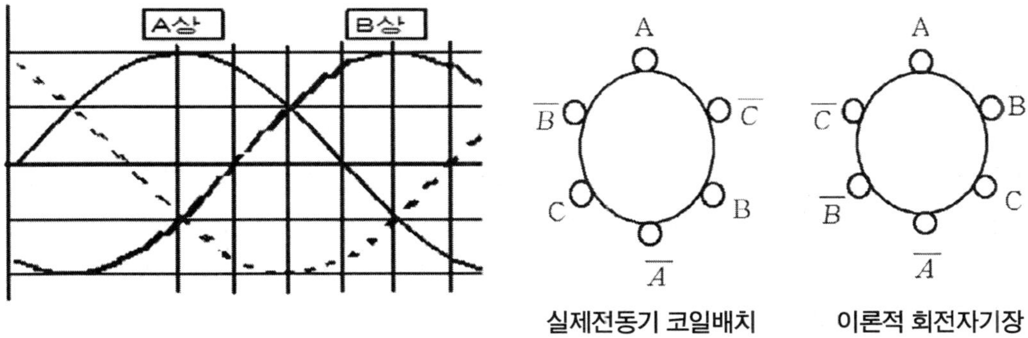

[그림 5.1.9] 3상 전류

<표 5.1.1>에서 시간에 따른 전류의 음(−) · 양(+)이 아래 표와 같고, 120°로 배치된 코일이 만드는 합성 자속의 방향이 회전하도록 한다.

<표 5.1.1> 3상 극성표시

시간 위치	1	2	3	4	5	6	7	8	9
A상	+	+	+	0	−	−	−	−	−
B상	−	0	+	+	+	+	+	0	−
C상	−	−	−	−	−	0	+	+	+

회전 자기장의 속도는 회전자기장의 1회전 걸리는 시간으로 A상의 +peak에서 다음 +peak 걸리는 시간 T라면 초당 회전수 n_s는 초당 주파수와 같다.

$$n_s = \frac{1}{T}\, f\,[rps] \quad (\text{초당 회전수})$$

이를 분당 회전수로 고치면

$$n = f \times 60\ [rpm]$$

이 되므로 분당 회전수는 다음과 같다.

$$n_s = \frac{\text{주파수}}{\frac{\text{극수}}{2}} \times 60 = \frac{f}{\frac{p}{2}} \times 60 = \frac{120f}{p}\,[rpm]$$

f : 공급전압의 주파수, p : 자극

(3) 속도 제어

유도 전동기의 속도는 극(pole) 수, 입력 주파수, 슬립에 의해 영향을 받는다. 따라서 슬립은 전동기에 연결된 부하에 따라 달라진다. 속도를 제어하는 방법에는 극 수 변환법, 슬립을 변화시키는 1차 전압 제어, 비례 추이법 그리고 주파수를 변화시키는 주파수 제어법 등이 있다.

최근에는 고성능 스위치 소자(IGBT)와 마이크로프로세서의 진보에 따라 인버터에 의한 속도 제어 방법이 많이 사용되고 있다. 인버터에 의한 속도 제어는 제어성과 효율이 뛰어나 직류 전동기를 유도 전동기로 대체하게 하는데 크게 기여하고 있다.

(4) 형태

3상 유도 전동기의 모양은 [그림 5.1.10]와 같다.

(a) 농형

(b) 권선형

[그림 5.1.10] 3상 유도 전동기의 모양

3) 동기 전동기

동기 전동기는 유도 전동기와 같은 슬립이 없이 회전속도가 전기자 전원에 의한 회전자계의 동기속도에 비례하는 전동기로 수만KW의 대용량에서부터 1W 이하의 소형전동기에 이르기까지 광범위하게 사용되고 있다.

(1) 원리

유도 전동기의 고정자에 해당하는 전기자에는 분포권선이 배치되어 있어 교류전원이 인가되면 회전자계가 만들어지고 이 회전자계에 계자의 자극이 이끌리어 회전자계와 동일한 속도로 회전하게 된다. 회전자의 자극은 유도 전동기와 같이 고정자의 회전자계에 의해 자극이 유기되는 것이 아니라 직접 직류여자를 가하여 만들어 진다. 중대 용량의 동기 전동기는 회전 계자에 직류여자를 인가하기 위해 슬립링과 브러시가 갖추어져 있으나 소 용량의 동기 전동기는 계자 극에 영구자석을 사용하거나 특수한 용도로 변형시킨 것을 사용하여 전기자에 인가하는 교류전원 외에 별도의 직류전원을 필요로 하지 않는다.

(2) 종류와 특징

① 릴럭턴스 전동기(reluctance motor)

릴럭턴스 전동기는 리액션(reaction)전동기라고도 하며 유도형 동기 전동기이다. 이 전동기의 외관과 구조는 일반 유도 전동기와 유사하지만 회전자의 표면에 고정자의 극수와 같은 돌출극이 있어 전기자 반작용에 의하여 회전자극이 만들어진다. 고정자권선에 3상 교류를 인가하면 유도 전동기로 기동, 가속되어 동기속도에 이르면 동기 인입되어 동기 전동기로 운전을 계속하게 된다. 릴럭턴스 전동기는 유도 전동기와 같이 3상 및 단상 전동기가 있다. [그림 5.1.11]은 릴럭턴스 전동기의 회전자 코어의 단면이다.

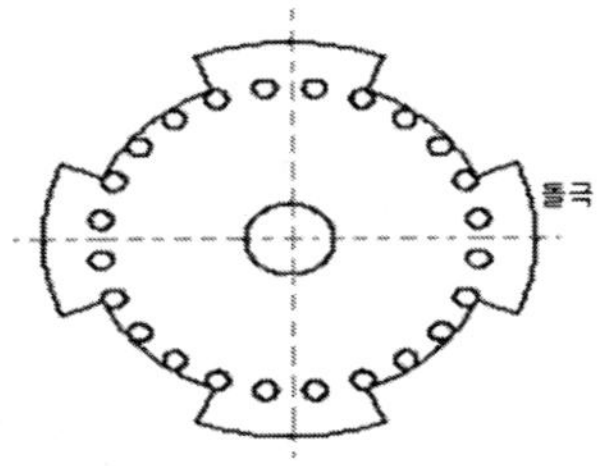

[그림 5.1.11] 릴럭턴스 회전자 단면

릴럭턴스 전동기의 특징은 다음과 같다.

- 릴럭턴스 전동기는 동기속도로 운전하므로 속도의 변동없이 정속도 특성을 유지할 수 있다.
- 동기 인입 시까지의 특성이 유도 전동기와 유사하므로 주파수제어를 할 수 있다.
- 유도 전동기와 같이 단순한 구조로 견고하며 유지, 보수가 용이하다.
- 회전자의 돌출극 구조로 인하여 토크의 코깅현상이 있어 회전자 코어의 적층 시 비대칭을 주어 기동전류가 정격전류의 700~800%로 매우 크고 효율 및 역률이 감소한다.

② 히스테리시스 전동기(hysteresis motor)

히스테리시스 전동기는 농형 유도 전동기의 고정자는 그대로 두고 회전자를 [그림 5.1.12]과 같이 히스테리시스-링으로 구성되는 회전자로 바꾸어 놓은 구조의 전동기다. 히스테리시스-링은 자성체의 히스테리시스 곡선(자기이력곡선)상의 잔류자기가 큰 영구자석 재료로 만들어진다.

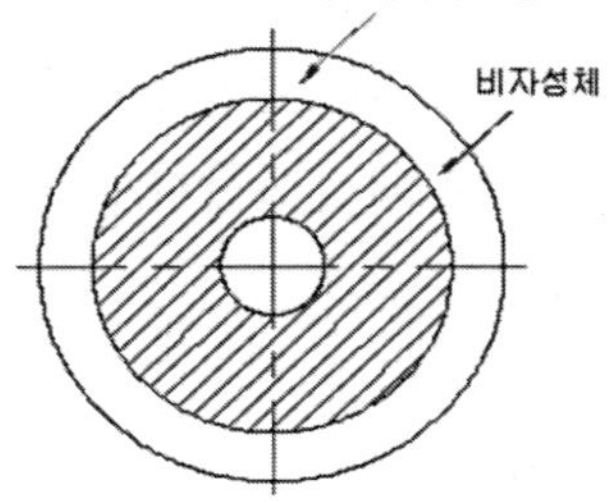

[그림 5.1.12] 히스테리시스 회전자

히스테리시스 전동기의 기동은 고정자의 회전자계에 의해 자화되어 토크를 발생하게 되어 유도 전동기의 원리로 기동하고 속도가 동기속도에 가까워지면 자화된 히스테리시스-링에 의해 동기속도로 회전하면서는 동기 전동기로 운전하게 된다. 릴럭턴스 전동기와 원리는 비슷하지만 회전자에 돌출극이 있는 대신 히스테리시스-링이 있는 전동기이다. 히스테리시스-링은 크롬강, 코발트강, 및 알니코계열이나 MK강 등의 박판을 적층하여 만들고 용량이 작은 전동기에는 단일 괴상의 링으로 만든다. 회전자가 자화되었을 때 히스테리시스-링을 지나는 자속은 히스테리시스 현상에 의해 고정자의 자속보다 위상이 늦게 되고 이 위상차에 의해서 토크가 발생하게 된다. 위상차를 동기속도라 하여 [그림 5.1.13]과 같다.

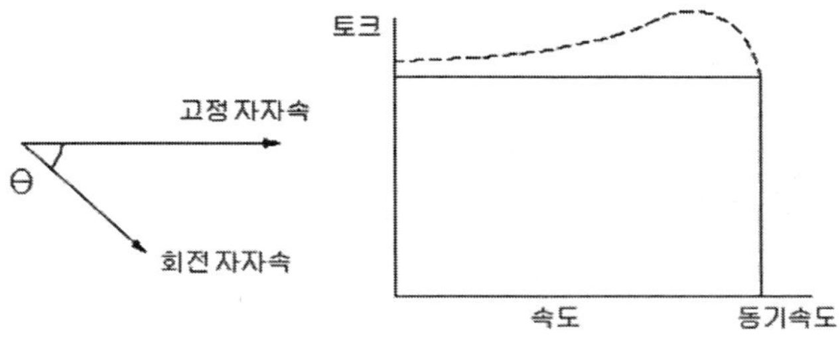

[그림 5.1.13] 히스테리시스 자속과 특성곡선

- 토크는 회전수에 무관하여 이론상으로는 [그림 5.1.13]과 같은 직선이 되지만 실제로는 히스테리시스-링 내부에 와전류가 발생하여 유도 전동기의 토크와 같은 종류의 토크가 생겨 점선으로 표시된 것과 같은 토크 특성이 된다.

③ 세이딩코일형 히스테리시스 전동기

히스테리시스 전동기에는 [그림 5.1.14]과 같이 세이딩코일형 히스테리시스 전동기와 워렌 전동기가 일반적으로 사용되고 있다.

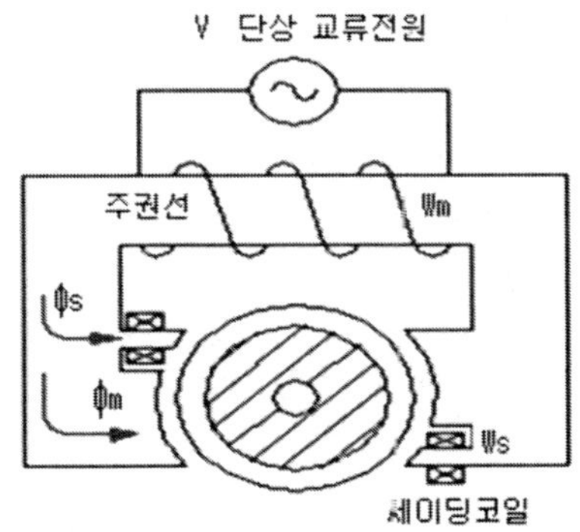

[그림 5.1.14] 세이딩코일형 히스테리시스 전동기

- 워렌 전동기

워렌 전동기는 [그림 5.1.15]과 같이 2극의 세이딩코일형 히스테리시스전동기와 감속기어를 조립한 전동기이다. 회전자는 탄소강이나 텅스텐강의 박판을 적층하여 만들고 구조가 간단하여 대량으로 생산하기에 적합하다. 주로 타이머 등 1~2W급의 동력용으로 사용한다.

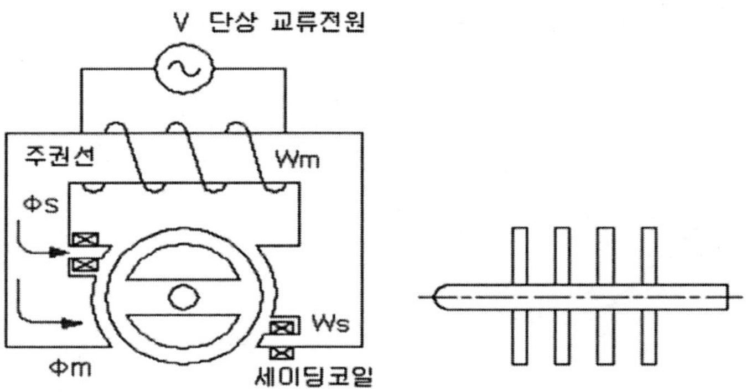

[그림 5.1.15] 워렌전동기

④ 인덕터 전동기(inductor motor)

인덕터 전동기는 회전자에 기어모양의 영구자석 인덕터가 있어 고정자권선의 자속회전을 따라 회전하는 극수가 많은 저속의 동기 전동기이다. [그림 5.1.16]와 같이 회전자 중 사선으로 표시된 부분은 영구자석이며 그 외주에 기어모양의 돌출극을 붙여 자극을 분할하고 있다. 고정자를 보면 고정자의 돌출극 수는 회전자의 기어 수와 다르게 되어 있고 각각의 돌출극에 감겨진 권선은 우회전의 회전자계를 발생하도록 2상의 권선으로 되어 있어 주로 콘덴서에 의해서 2상의 전압을 인가된다.

[그림 5.1.16] 인덕터 전동기

8개의 고정자 돌출극과 10개의 회전자기어 수를 가지고 있다. 지금 고정자권선 1이 N, 3이 S와 같이 여자되었을 때 2상 여자이므로 2, 4는 무 여자이다. 그러면 1은 A에 흡인되고 3은 C, D와 반발하게 된다. 다음 상이 여자되면 2는 B에 흡인, 4는 D와 반발하기 시작한다. 다시 2, 4

만 여자되고 1, 3은 무 여자일 때에는 B는 2와 일치하는 위치까지 회전하게 된다. 이러한 순서로 회전자는 고정자전원이 1사이클 변하는 동안 회전자 기어의 1피치만큼 회전하게 된다. 따라서 회전속도는 전원주파수를 f, 회전자의 기어수를 P라 하면 다음과 같이 된다.

$$회전속도 = \frac{120f}{P}\ [rpm]$$

특징은 다음과 같다.

- 저속도, 고 토크로 회전하는 동기 전동기이다.
- 기동 및 정지가 순간적으로 이루어지기 때문에 주로 수 W급의 시한장치로 계측기류에 사용된다.
- 단상 교류전원으로 콘덴서를 사용하여 2상 전원을 인자하여 사용한다.
- 토크의 코깅현상이 크다.

(3) 형태

동기 전동기의 모양은 [그림 5.1.17]와 같다.

(a) 단상 동기형 (b) 3상 동기형 (c) 소형 기어형

[그림 5.1.17] 동기 전동기

5.2 AC모터의 특성

1) 전동기의 회전속도-토크 특성

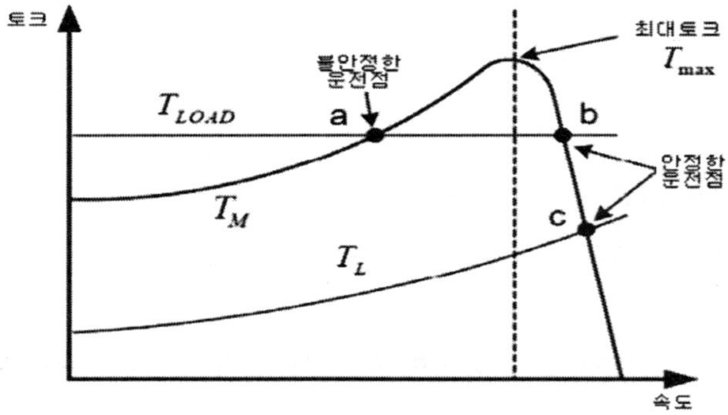

[그림 5.2.1] 전동기 회전속도-토크 특성곡선

전동기의 회전속도-토크 특성은 [그림 5.2.1]과 같이 전동기 토크, 부하 토크에서 이면 속도가 증가하나 이면 속도가 감소하며 이면 평형상태로 운전한다. a점은 약간의 외란에도 운전점을 유지하지 못하므로 불안정 운점점이고 외란에 의한 속도가 감소하여 결국 정지한다. 따라서 b점과 c점이 안정된 운점점이 된다.

2) 회전자 저항에 따른 토크 특성

[그림 5.2.2]에서 회전자는 저항 값이 달라지므로 최대 토크가 발생하여 슬립이 달라진다. 회전자 저항 값이 크면 기동 토크가 커지게 되어 기동전류가 작아 역률이 개선된다. 하지만 동기속도 근처의 정상 운전영역에서는 회전자 저항 값이 작은 것이 좋으나 동선이 줄어들고 고효율 운전이 가능하다.

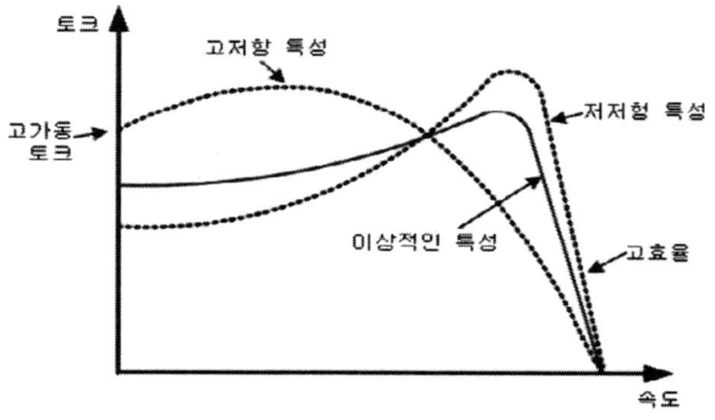

[그림 5.2.2] 회전자 저항에 따른 속도-토크 특성

3) 전동기의 토크-전류 특성

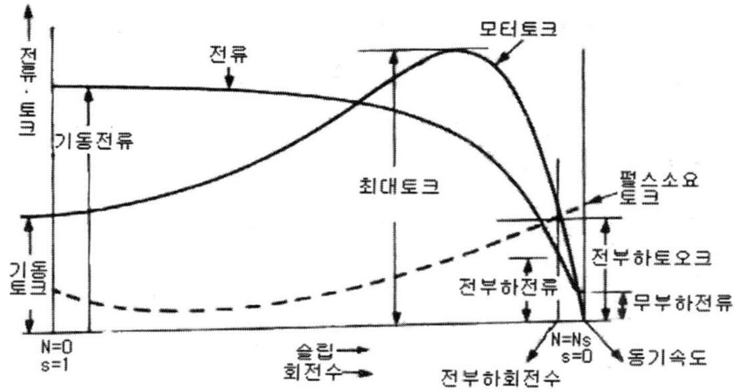

[그림 5.2.3] 전동기의 토크-전류 특성

[그림 5.2.3]은 s=1인 정지 상태에서 운전을 하려면 높은 기동전류가 필요하나 부하에 의하여 회전속도가 증가하면 전류가 감소한다.

4) 전동기의 속도제어 특성곡선

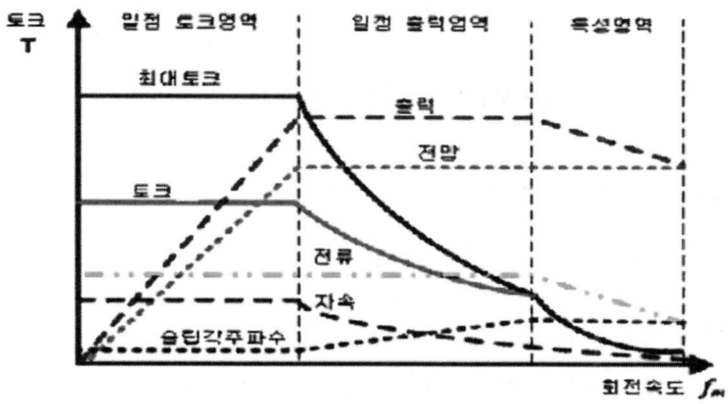

[그림 5.2.4] 전동기의 속도제어 특성

[그림 5.2.4]은 다음 특성을 갖는다.

① 일정 토크 영역

자속을 일정하게 유지하고 속도를 증가시키기 위해 운전 주파수와 전압을 동시에 증가시키면 어떤 속도에서도 정격 토크를 얻을 수 있지만 최대 토크는 전류에 의하여 제한된다.

② 일정 출력영역

정격속도 이상에서도 인버터에 의해 전압이 제한되어 일정 전압으로 운전된다. 속도증가를 위해 운전 주파수가 증가함에 따라 자속은 감소되고 최대 토크는 속도의 제곱에 반비례로 저하된다. 이 영역에서는 슬립각 주파수는 증가하여 전류를 일정하게 할 수 있다.

③ 특성영역

일정 출력영역에서 운전 주파수가 점차 증가하여 슬립 주파수가 최대로 되어 증가시킬 수 없으므로 전류는 감소하고 출력 토크는 속도에 반비례하여 감소한다. 이 경우 전류의 감소로 출력은 일정하게 유지시킬 수 없다.

5) 동기 전동기 특성

(1) 동기이탈-탈출 토크

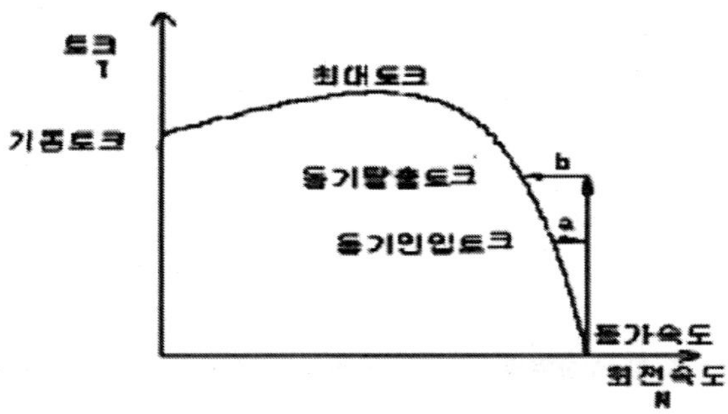

[그림 5.2.5] 동기전동기의 속도-토크 특성곡선

[그림 5.2.5]는 동기 전동기의 속도-토크 특성곡선에서 전동기의 회전속도가 a점에 도달하면 동기 인입되어 토크가 a~b 인 동안은 동기속도로 운전된다. 토크가 증가하여 b점에 도달하면 전동기는 동기속도에서 이탈되어 원래 유도 전동기의 속도-토크 점에서 운전하게 되나 이때의 부하전류는 매우 크므로 계속 운전할 수는 없다. 동기인입 토크는 부하의 관성모멘트에 따라 달라지므로 부하의 관성모멘트에 주의할 필요가 있으며 일반적으로 전동기 회전자 관성모멘트의 5~6배로 제한된다.

(2) V 곡선

[그림 5.2.6]과 같이 동기 전동기를 일정한 전압에서 일정한 출력으로 운전하면서 계자전류를 줄여나가면 필요한 자속을 더 발생시키기기 위하여 전기자 전류 중 지상분의 여자전류가 더 흘러들어가고 반대로 계자전류를 차츰 증가시키면 일정한 자속을 유지하기 위하여 전기자

권선에 유입되는 전류 중 여자전류는 점차 감소되고 계자전류만으로 자속이 유지되는 점에 도달하면 전기자의 여자전류는 0이 되어 역률은 100%가 된다. 이점을 지나 다시 계자전류를 증가시키면 전기자 권선에는 반대로 진상의 전류가 흘러 들어가게 된다.

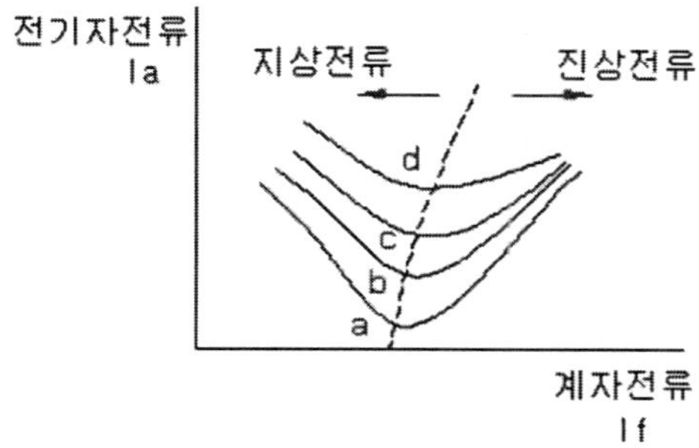

[그림 5.2.6] V 곡선

동기 전동기가 일정한 출력으로 운전하고 있는 상태에서 계자의 직류여자를 증감함에 따라 전기자전류의 지상분과 진상분을 취할 수 있게 되는데 이것은 역률을 조정할 수 있다는 것이 되고 동기전동기의 정속도 특성과 더불어 중요한 특성 중의 하나이다.

6) 교류전동기의 회전수

$$N = \frac{120f}{P} \times (1 - \frac{S}{100})\ [rpm]$$

f: 사용 주파수, S : SLIP 량(2~5), P : 극수

예를 들면 극수 4P, 주파수 60Hz인 경우 슬립을 무시하면 회전수는 1800[rpm]이다.

프로그래밍

프로그램[AC_5_1] AC모터 제어(선풍기)

이번 예제에서는 간단하게 릴레이를 사용하여 AC모터의 속도를 제어하는 프로그램으로 SW1을 눌렀다가 떼면 모터가 정지하고, SW2는 저속회전, SW3은 중간속도로 회전, SW4는 고속으로 회전한다.

① 【그림 5_1_1】은 선풍기 모터제어회로이고, 【그림 5_1_2】는 배선도이다.

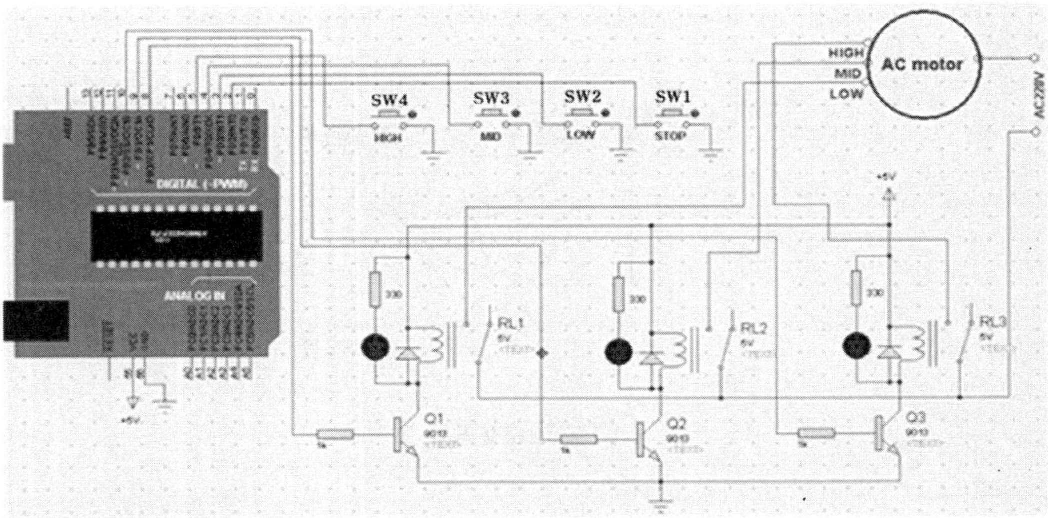

【그림 5_1_1】 선풍기 모터제어회로

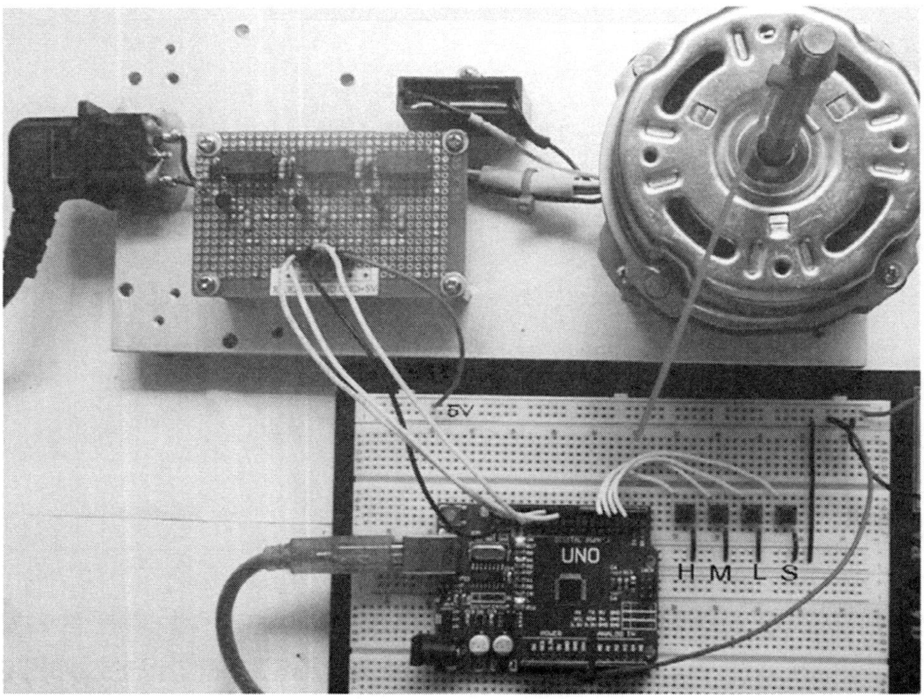

【그림 5_1_2】 선풍기 모터 제어회로 배선도

2 소스코드를 입력한다.

```
char motor_state = 0;                                          //①
void setup() {                                                 //②
  pinMode(10, OUTPUT);
  pinMode(9, OUTPUT);
  pinMode(8, OUTPUT);
  pinMode(5,INPUT_PULLUP);
  pinMode(4,INPUT_PULLUP);
  pinMode(3,INPUT_PULLUP);
  pinMode(2,INPUT_PULLUP);
}
void loop() {
 if(digitalRead(2) == LOW) motor_state = 0;                    //③
 if(digitalRead(3) == LOW) motor_state = 1;
 if(digitalRead(4) == LOW) motor_state = 2;
 if(digitalRead(5) == LOW) motor_state = 3;
 switch(motor_state)
 {
   case 0 : digitalWrite(8,LOW); digitalWrite(9,LOW);
          digitalWrite(10,LOW);break;                          //④
   case 1 : digitalWrite(8,HIGH); digitalWrite(9,LOW);
          digitalWrite(10,LOW);break;//LOW                     //⑤
   case 2 : digitalWrite(8,LOW); digitalWrite(9,HIGH);
          digitalWrite(10,LOW);break;//MID                     //⑥
   case 3 : digitalWrite(8,LOW); digitalWrite(9,LOW);
          digitalWrite(10,HIGH);break;//HIGH                   //⑦
 }
}
```

소스코드 분석

① 모터의 동작 상태를 저장하기 위한 변수

② 디지털 2,3,4,5번 핀은 내부풀업으로 입력으로 설정하고 8,9,10번 핀은 출력설정

③ 디지털 2번 핀으로 입력되는 값(HIGH/LOW)을 감지한다.

④ 디지털 8,9,10번 핀으로 LOW, LOW, LOW를 출력하여 모터가 정지한다.

⑤ 디지털 8,9,10번 핀으로 HIGH(저속), LOW, LOW를 출력한다.

⑥ 디지털 8,9,10번 핀으로 LOW, HIGH(중간속도), LOW를 출력한다.

⑦ 디지털 8,9,10번 핀으로 LOW, LOW, HIGH(고속)를 출력한다.

프로그램[AC_5_2] AC모터 제어(MR50)

AC모터를 제어하기 위해서 릴레이 대신에 TLP560(photo triac)으로 제어하는 방법에 대하여 알아보기로 한다. 【그림 5_2_1】은 포토 트라이액의 내부 블록도 및 MR50모터의 결선도를 보여주는 그림이다.

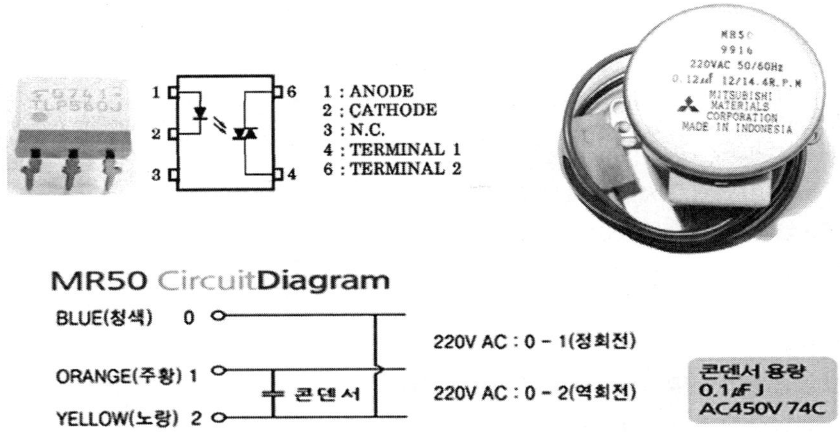

【그림 5_2_1】 포토 트라이액 및 MR50모터

1 【그림 5_2_2】는 MR50 AC모터 제어회로에서 STOP, CW, CCW 되도록 하고, 【그림 5_2_3】은 배선도이다.

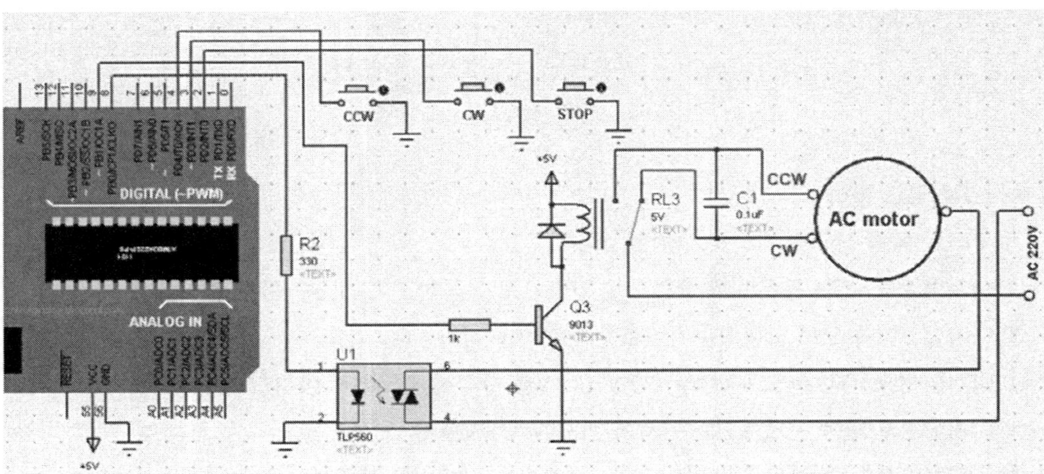

【그림 5_2_2】 MR50 AC모터 제어회로

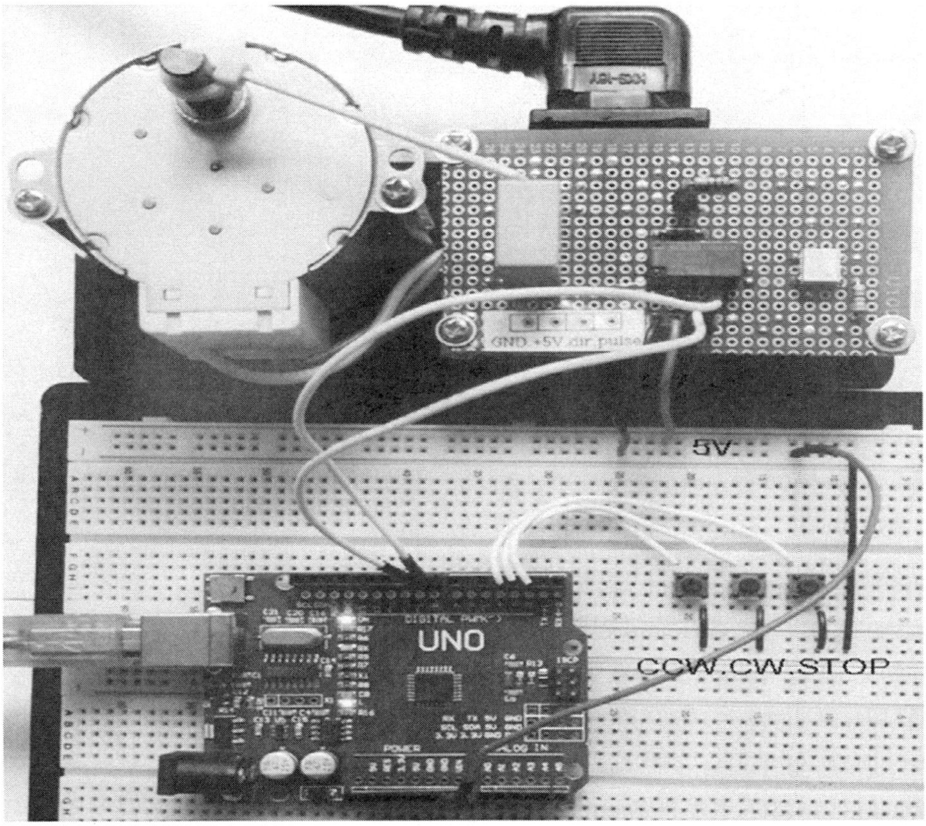

【그림 5_2_3】 MR50 AC모터 제어회로 배선도

② 소스코드를 입력한다.

```
char motor_state = 0;                                    //①
void setup() {
  pinMode(9, OUTPUT);                                    //②
  pinMode(8, OUTPUT);                                    //③
  pinMode(4,INPUT_PULLUP);                               //④
  pinMode(3,INPUT_PULLUP);                               //⑤
  pinMode(2,INPUT_PULLUP);                               //⑥
}
void loop() {
 if(digitalRead(2) == LOW) motor_state = 0;              //⑦
 if(digitalRead(3) == LOW) motor_state = 1;              //⑧
 if(digitalRead(4) == LOW) motor_state = 2;              //⑨
 switch(motor_state)
```

```
{
  case 0 : digitalWrite(8,LOW); break;                                          //⑩
  case 1 : digitalWrite(8,HIGH); digitalWrite(9,LOW);break;                      //⑪
  case 2 : digitalWrite(8,HIGH); digitalWrite(9,HIGH);break;                     //⑫
}
}
```

소스코드 분석

① 모터의 동작 상태를 저장하기 위한 변수
② 9번 핀을 출력으로 설정(모터의 회전방향을 결정하는 신호)
③ 8번 핀을 출력으로 설정(PWM 파형을 출력하는 신호)
④ 4번 핀을 입력으로 설정(시계반대방향 신호를 감지)
⑤ 3번 핀을 입력으로 설정(시계방향 신호를 감지)
⑥ 2번 핀을 입력으로 설정(정지 신호를 감지)
⑦ 2번 핀으로 입력되는 정지신호를 감지한다.
⑧ 3번 핀으로 입력되는 시계방향신호를 감지한다.
⑨ 4번 핀으로 입력되는 시계반대방향신호를 감지한다.
⑩ 8번 핀으로 정지신호를 출력한다.
⑪ 8번 핀이 HIGH이면 모터는 동작하고 9번 핀으로는 시계방향신호를 출력한다.
⑫ 8번 핀이 HIGH이면 모터는 동작하고 9번 핀으로는 시계반대방향신호를 출력한다.

프로그램[AC_5_3] AC모터 제어(세탁기)

세탁기모터를 제어하기 위해서 SSR(solid state relay)를 사용하였으며 USB 케이블 제거 시에는 아두이노 보드에 +5V를 공급해준다. 【그림 5_2_1】에서처럼 교류 단상모터에는 진상 콘덴서를 이용하여 기동하는 코일이 있어서 전원선은 3선이며, 콘덴서의 용량을 구하는 식은 역률이 90[%]일 때 무효전력 $Qc = \sqrt{1-0.9^2}$, $Qc = \omega CV^2$의 식에서 C의 값을 구하면 된다.

1 【그림 5_3_1】은 세탁기 모터제어회로에서 STOP, FWD, REV가 되도록 하고, 【그림 5_3_2】는 배선도이다.

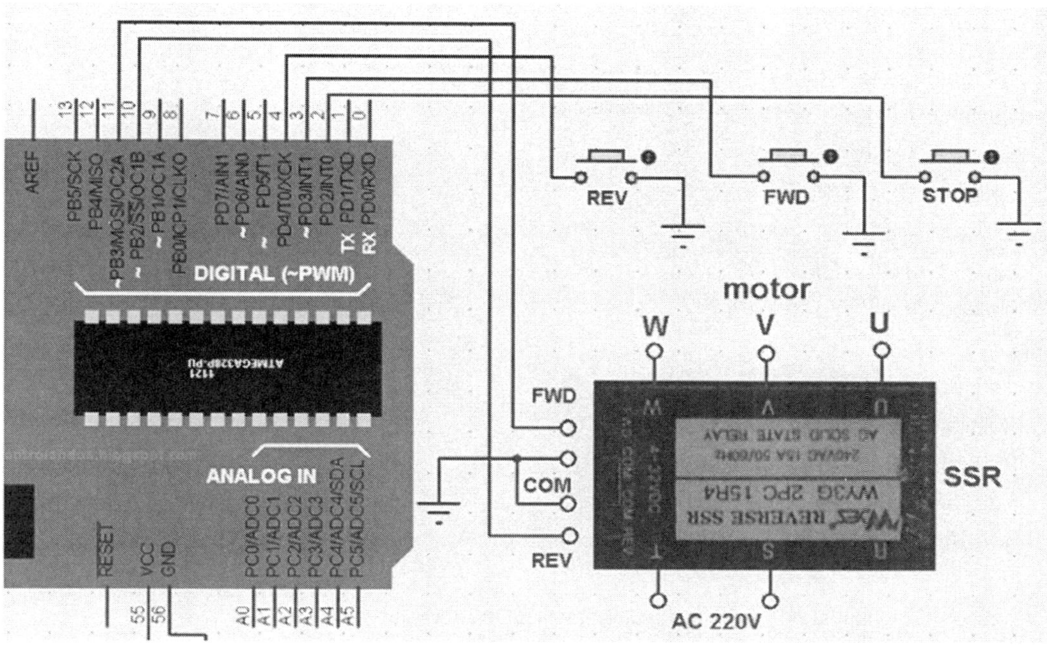

【그림 5_3_1】 세탁기 모터 제어회로

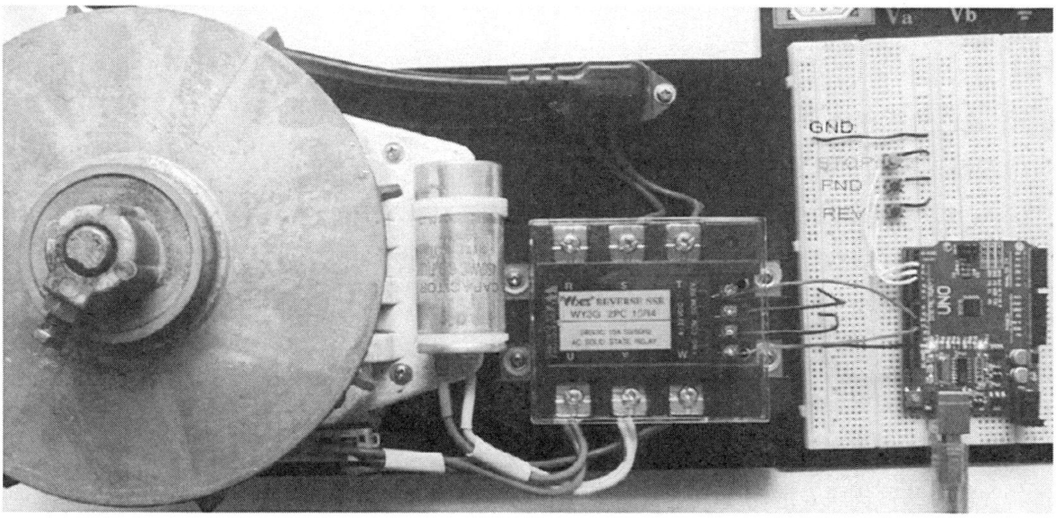

【그림 5_3_2】 세탁기 모터 제어회로 배선도

2 소스코드를 입력한다.

```
char motor_state = 0;                                                    //①
void setup() {
 pinMode(11, OUTPUT);                                                    //②
 pinMode(10, OUTPUT);                                                    //③
 pinMode(4,INPUT_PULLUP);                                                //④
 pinMode(3,INPUT_PULLUP);                                                //⑤
 pinMode(2,INPUT_PULLUP);                                                //⑥
}
void loop() {
 if(digitalRead(2) == LOW) motor_state = 0;                              //⑦
 if(digitalRead(3) == LOW) motor_state = 1;                              //⑧
 if(digitalRead(4) == LOW) motor_state = 2;                              //⑨
 switch(motor_state)
 {
   case 0 : digitalWrite(10,LOW); digitalWrite(11,LOW); break;           //⑩
   case 1 : digitalWrite(10,LOW); digitalWrite(11,HIGH);break;           //⑪
   case 2 : digitalWrite(10,HIGH); digitalWrite(11,LOW); break;          //⑫
 }
}
```

소스코드 분석

① 모터의 동작 상태를 저장하기 위한 변수

② 11번 핀을 출력으로 설정(모터를 정 방향으로 회전시키기 위한 신호)

③ 10번 핀을 출력으로 설정(모터를 역 방향으로 회전시키기 위한 신호)

④ 4번 핀을 입력으로 설정(역 방향 신호를 감지)

⑤ 3번 핀을 입력으로 설정(정 방향 신호를 감지)

⑥ 2번 핀을 입력으로 설정(정지 신호를 감지)

⑦ 2번 핀으로 입력되는 정지신호를 감지한다.

⑧ 3번 핀으로 입력되는 정 방향신호를 감지한다.

⑨ 4번 핀으로 입력되는 역 방향신호를 감지한다.

⑩ 10번 과 11번 핀으로 정지신호를 출력한다.

⑪ 10번 핀이 LOW이고 11번 핀이 HIGH이면 정 방향으로 모터가 회전한다.

⑫ 10번 핀이 HIGH이고 11번 핀이 LOW이면 역 방향으로 모터가 회전한다.

프로그램[AC_5_4] AC모터 제어(GM60-5838)

AC GM60-5838모터를 편리하게 제어하기 위해서 【그림 5_4_1】은 AC 싱크로너스 모터 속도조절기 MAC015S 보드를 사용하였다.

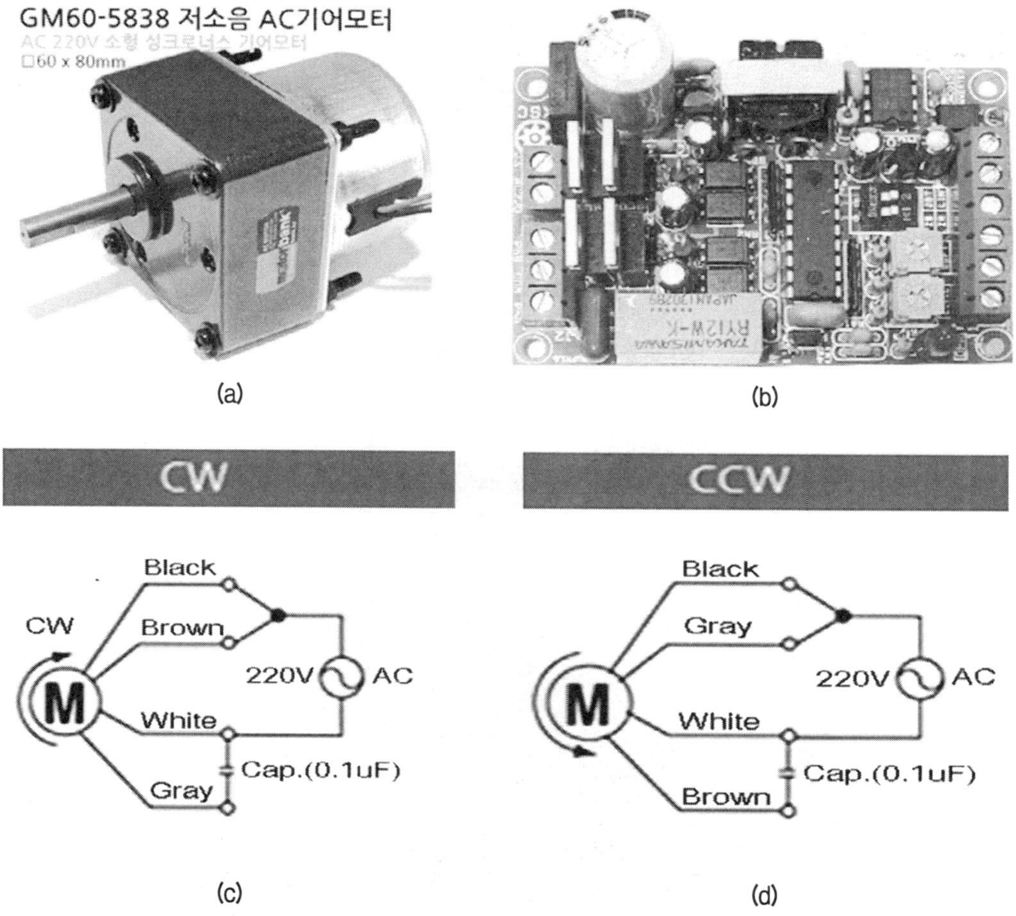

【그림 5_4_1】 AC GM60-5838 모터와 MAC015S 모터 속도조절기

① 【그림 5_4_2】는 GM60-5838 모터제어회로에서 STOP, CW, CCW, LOW, HIGH가 되도록 하고, 【그림 5_4_3】은 배선도이다.

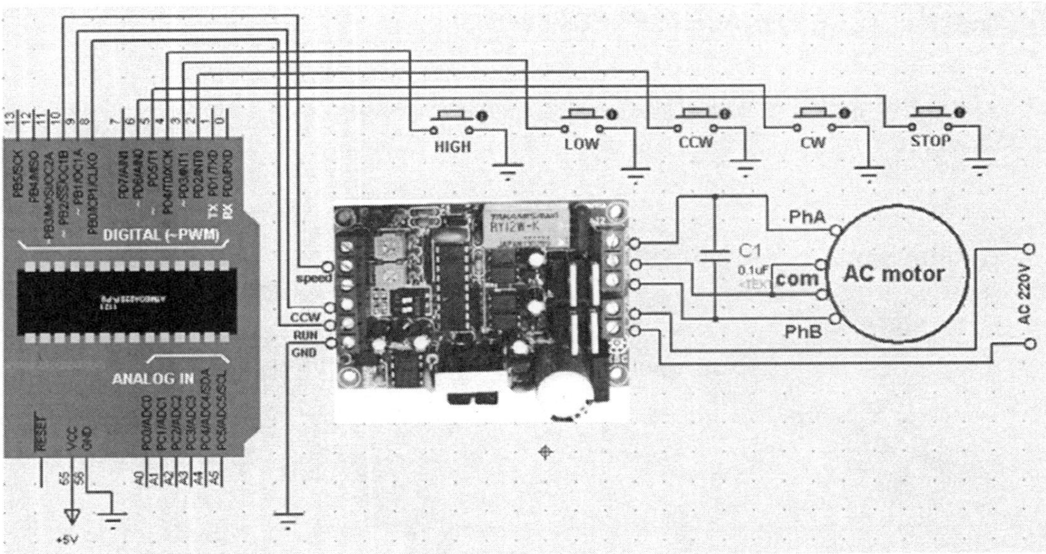

【그림 5_4_2】 GM60-5838 모터제어회로

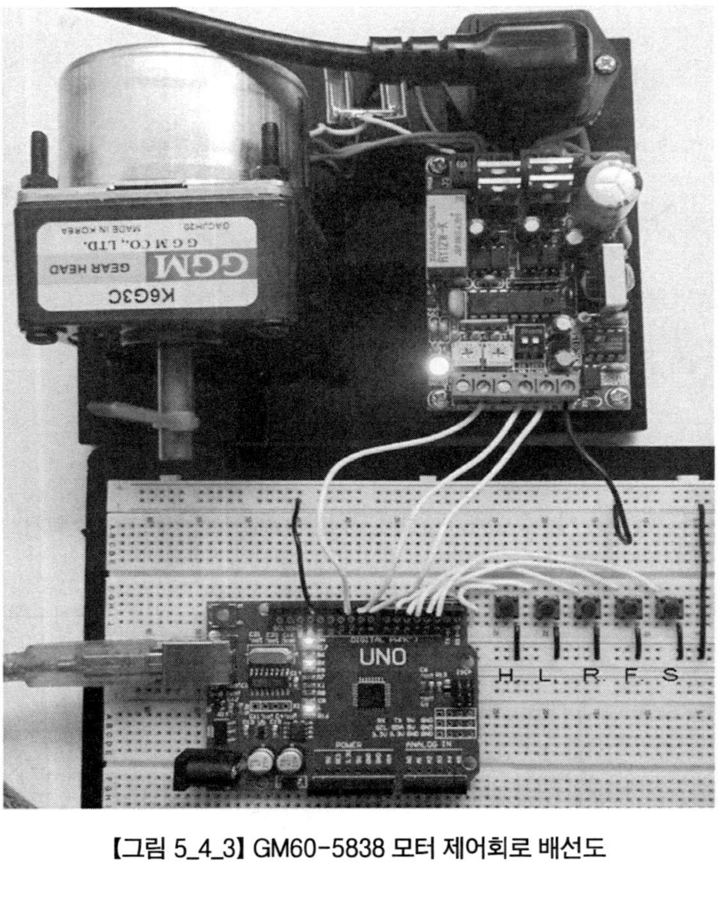

【그림 5_4_3】 GM60-5838 모터 제어회로 배선도

2 소스코드를 입력한다.

```
int motor_state = 0;                                          //①
void setup() {
  pinMode(10, OUTPUT);                                        //②
  pinMode(9, OUTPUT);                                         //③
  pinMode(8, OUTPUT);                                         //④
  pinMode(6,INPUT_PULLUP);                                    //⑤
  pinMode(5,INPUT_PULLUP);                                    //⑥
  pinMode(4,INPUT_PULLUP);                                    //⑦
  pinMode(3,INPUT_PULLUP);                                    //⑧
  pinMode(2,INPUT_PULLUP);                                    //⑨
}
void loop() {
 if(digitalRead(2) == LOW) motor_state = 0;                   //⑩
 if(digitalRead(3) == LOW) motor_state = 1;                   //⑪
 if(digitalRead(4) == LOW) motor_state = 2;                   //⑫
 if(digitalRead(5) == LOW) motor_state = 3;                   //⑬
 if(digitalRead(6) == LOW) motor_state = 4;                   //⑭
switch(motor_state)
 {
   case 0 : digitalWrite(8,HIGH); break;                      //⑮
   case 1 : digitalWrite(8,LOW); digitalWrite(9,LOW);break;   //⑯
   case 2 : digitalWrite(8,LOW); digitalWrite(9,HIGH);break;  //⑰
   case 3 : digitalWrite(10,LOW); break;                      //⑱
   case 4 : digitalWrite(10,HIGH);break;                      //⑲
 }
}
```

소스코드 분석

① 모터의 동작 상태를 저장하기 위한 변수

② 10번 핀을 출력으로 설정(모터의 속도조절을 위한 신호)

③ 9번 핀을 출력으로 설정(모터의 방향조절을 위한 신호)

④ 8번 핀을 출력으로 설정(모터의 동작 및 정지 신호)

⑤ 6번 핀을 입력으로 설정(모터의 고속 신호를 감지)

⑥ 5번 핀을 입력으로 설정(모터의 저속 신호를 감지)

⑦ 4번 핀을 입력으로 설정(모터의 시계반대방향 신호를 감지)
⑧ 3번 핀을 입력으로 설정(모터의 시계방향 신호를 감지)
⑨ 2번 핀을 입력으로 설정(모터의 정지 신호를 감지)
⑩ 2번 핀으로 입력되는 모터의 정지 신호를 감지한다.
⑪ 3번 핀으로 입력되는 모터의 시계방향신호를 감지한다.
⑫ 4번 핀으로 입력되는 모터의 시계반대방향신호를 감지한다.
⑬ 5번 핀으로 입력되는 모터의 저속회전 신호를 감지한다.
⑭ 6번 핀으로 입력되는 모터의 고속회전 신호를 감지한다.
⑮ 8번 핀으로 HIGH출력(모터정지)
⑯ 8번 핀으로 LOW, 9번 핀 LOW출력(시계방향회전)
⑰ 8번 핀으로 LOW, 9번 핀 HIGH출력(시계반대방향회전)
⑱ 10번 핀으로 LOW출력(저속회전)
⑲ 10번 핀으로 HIGH출력(고속회전)

Chapter 6

모터제어 응용

프로그래밍

제6장
모터제어 응용

이번 장에서는 1장에서부터 5장까지의 모터제어를 응용하여 센서와 연결해서 사용하는 방법과 조이스틱 및 키패드 사용법도 알아본다. 모터제어의 응용 예를 살펴보면 수위센서를 이용하여 물탱크에 물이 없으면 펌프를 동작시키고 물이 차면 펌프를 정지시키거나 주유소에서 유량센서를 이용하여 유량센서의 값에 따라 모터를 동작 시키는 등 산업체의 전 분야에 이용이 되고 있는데 이 중에서 몇 가지를 제어해 보고자 한다.

6.1 광센서

1) CdS

CdS, CdSe 광도전셀은 CdS, CdSe분말을 세라믹기판에 $CdCl_2$, $CuCl_2$와 함께 도포하고 열처리하여 소결시킨다. $CuCl_2$ 첨가하여 Cd가 Cu로 치환하면 불순물 준위가 형성되어 광도전성을 증대시킨다. 따라서 CdS 광도전셀은 광이 조사되면 내부저항 값이 감소하며 조사되는 면적에 따라 특성은 달라진다. [그림 6.1.1]은 CdS의 외형과 기호이다.

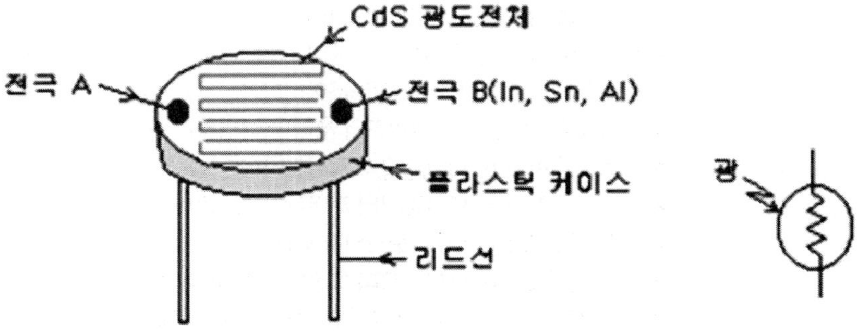

[그림 6.1.1] CdS의 외형과 기호

2) 포토인터럽트 및 포토아이솔레이터

(1) 포토인터럽트(Photo Interrupt)

수광소자와 발광소자를 광학적으로 케이스에 장착한 소자로 발광다이오드와 포토트랜지스터를 사용한 투과형 인터럽트와 반사형 인터럽트는 [그림 6.1.2]와 같다.

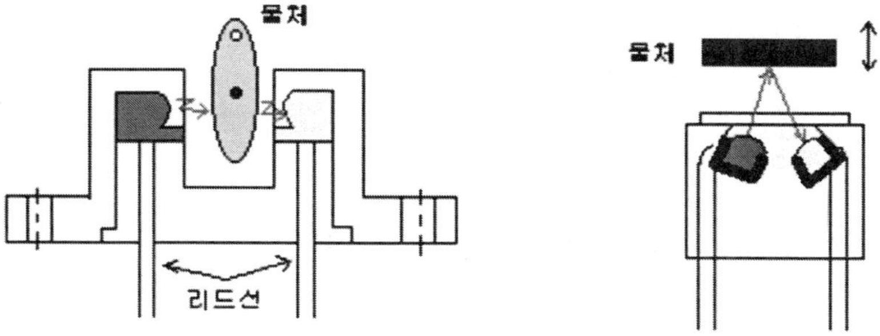

[그림 6.1.2] 포토인터럽트의 종류

투과형은 발광소자와 소광소자를 마주 향하게 한 것으로 그 사이의 공간을 통과하는 물체를 검출하고, 반사형은 빛을 조사하여 물체에 의해 반사된 빛을 검출할 수 있도록 하여 전기와 기계의 결합, 회전속도의 제어, 계수, 경보장치 등에 응용된다.

(2) 포토커플러(Photo Coupler)

포토커플러 또는 포토아이솔레이터(photo isolator)는 [그림 6.1.3]과 같이 광로가 패키지 내에서 노출되지 않도록 된 구조로 LED와 수광소자를 대향하여 배치하고 그 사이를 투명수지로 채우고 불투명수지로 몰딩한 구조이다.

특징은 입 · 출력측이 전기적으로 분리되어 있고 절연저항은 10^{11}~10^{13}[Ω]으로 매우 높으며 결합용량은 0.2~2[pF]이므로 신호의 전달은 단방향이고, 응답속도가 빠르며, 수명이 길고, 고 신뢰성을 갖는다.

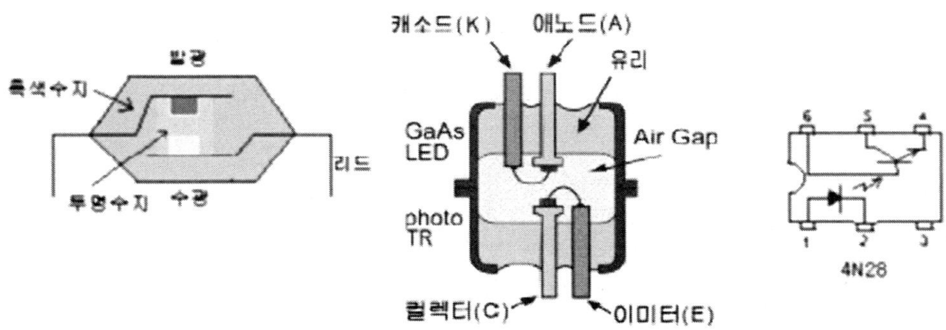

[그림 6.1.3] 포토 커플러의 구조

(3) 광섬유 센서

[그림 6.1.4]는 광섬유 센서의 기본구성으로 광섬유의 한쪽 끝에 LED, 다른 한쪽 끝에 수광소자를 내장시켜 피검출 물체로부터 투과광 또는 반사광을 검출하는 소자이다.

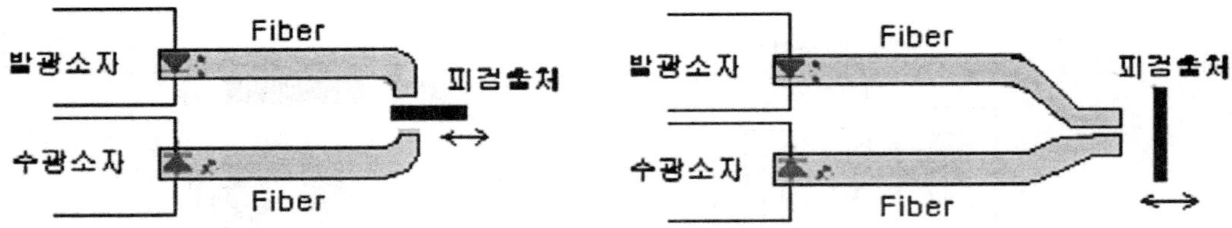

[그림 6.1.4] 광섬유 센서의 기본구성

6.2 온도 센서

1) 측온 저항체

측온 저항체는 접촉식 온도센서 중 백금 측온 저항체가 가장 안정되고 온도범위가 넓으며, 높은 정확도가 요구되므로 온도계측에 많이 사용된다. 금속은 온도에 따라 전기저항은 비례하여 증가하는 (+)의 온도계수를 갖고 금속의 순도가 높을수록 온도계수가 커진다. 측온 저항체로는 Pt, Ni, Cu의 순금속을 사용한다.

[그림 6.2.1]은 온도에 따른 저항률 변화를 나타낸다.

$\rho = 1 + \alpha t$

ρ : 저항율
α : 온도계수
t : 온도

[그림 6.2.1] 측온 저항체의 온도-저항률 변화 곡선

2) 열전쌍

재질이 다른 두 금속선을 연결하고 양접점 간에 온도차를 주면 그 사이에 열기전력이 발생하여 회로 내에 열전류가 흐르는 물질을 열전쌍(thermocouple)이라 한다. 접합하는 금속의 종류에 따라 열전대의 형식이 달라진다.

① K형 : 크로멜-알루멜(-200~1200℃)

② R형 : 백금로듐(13%)-백금(0~1600℃)

③ J형 : 철-콘스탄탄(-200~750℃)

④ E형 : 크로멜- 콘스탄탄(-200~800℃)

3) 서미스터(thermister)

열에 민감한 저항체로 Mn, Ni, Co 등의 금속산화물의 분말을 리드(lead)선과 함께 소결한 형태로 되어 있으며 서미스터의 종류는 [그림 6.2.2]와 같다.

(1) 서미스터의 종류

① NTC : 온도상승에 의하여 전기저항이 지수 함수적으로 감소하는 부 온도특성을 가져 온도계측용으로 쓰인다.

② PTC : 온도상승에 따라 Curie점 이상에서 저항값이 증가하므로 기계장치의 과열 또는 과전류 보호용으로 쓰인다.

③ CTR : 특정온도(약70℃)에서 저항값이 급격히 감소하여 거의 단락상태가 된다.

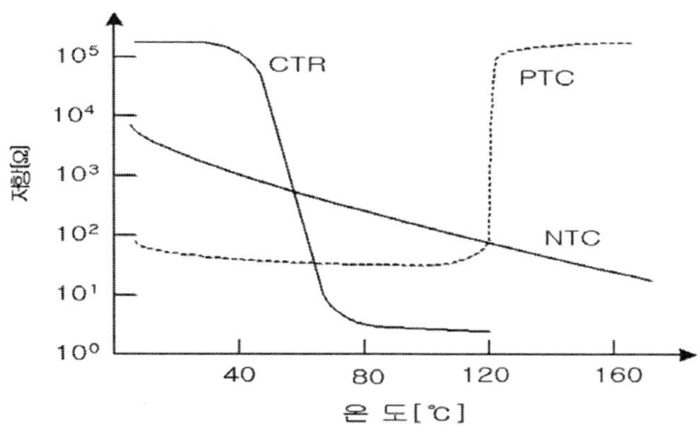

[그림 6.2.2] 서미스터의 종류별 온도특성

(2) 특징

① 감도가 좋고 구조가 간단하여 소형화가 가능하다.

② 압력, 자기 기타 요인에 대해 안정적이고 경시 변화가 적다.

③ 가공성이 적고 가격이 저렴하다.

4) IC형 온도센서

IC형 온도센서의 모양은 [그림 6.2.3]과 같다.

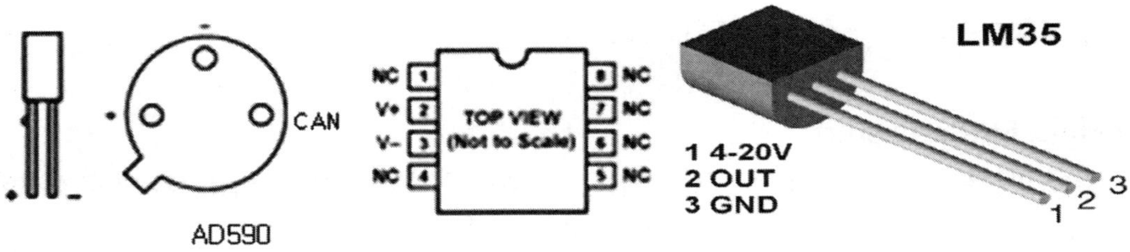

[그림 6.2.3] IC형 온도센서의 모양

(1) AD590

감도는 1[μA/K]이고 25℃(298.2K)에서 298.2[μA]로 온도측정범위는 −25~105℃로 전원전압 범위는 +4~+30[V]이다.

(2) LM35

4~30V의 1전원에 2℃~150℃이고, 2전원에서는 −55℃~150℃까지 측정가능하며 출력은 100[mV]로 40℃에서 400[mV]이다.

6.3 근접 센서

1) 광 모듈 근접센서

[그림 6.3.1]은 적외선 근접센서 GP2A10의 구조로 이를 이용한 릴레이 구동회로는 외란광이 적을 때 물체가 가까이 가면 릴레이가 동작하여 LED가 점등되고 물체가 멀리 있으면 LED가 소등된다.

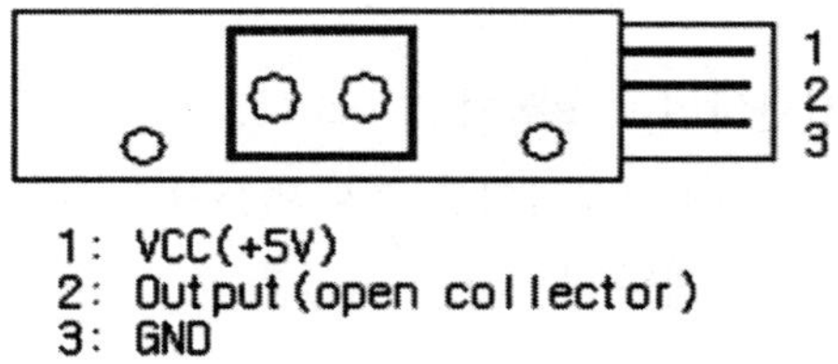

[그림 6.3.1] GP2A10의 구조

2) 홀 IC

반도체 홀센서는 자계감도가 1000 가우스당 10~20[μV] 정도로 다른 재료에 비하여 자계감도가 낮다. 이 결점을 개선하기 위하여 IC 기술을 이용하여 신호를 증폭하기 위한 회로를 센서와 일체화시킨 것이다.

3) 자기 리드스위치

[그림 6.3.2]와 같이 가늘고 긴 유리관에 1쌍의 리드편이 좌우로 부착되고 선단부가 외부 자계에 의해 접촉 또는 개방하도록 한다. 자석 M에 의하여 H 또는 B방향으로 이동할 경우 리드편 A, B에 의하여 a−b간에는 자극이 발생하여 발생한 자극은 N, S로 서로 흡인력에 의하여 접점이 연결된다.

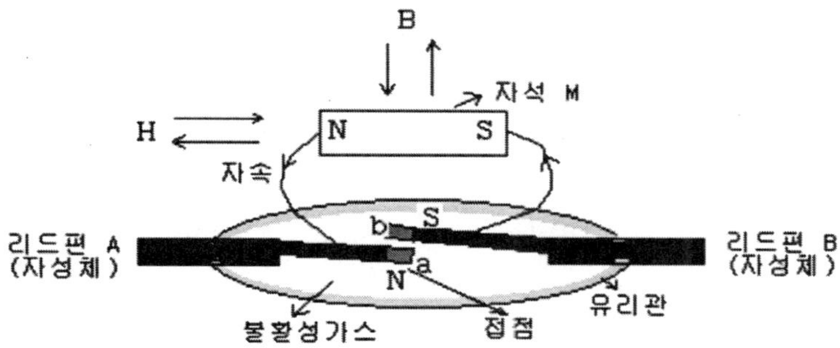

[그림 6.3.2] 리드스위의 구조

4) 유도형 근접 센서

검출면은 발진회로에 접속되고 페라이트 코어에 감겨져 있는 코일이 배치되어 있다. 그리고 검출면을 제외한 페라이트 코어의 주변을 금속의 영향을 받지 않게 금속으로 둘러싼 구조로 되어있다. 출력전압을 일정한 값으로 검출하여 스위칭 출력으로서 얻어낸 것이 근접 스위치이다.

[그림 6.3.3]와 같이 근접 스위치는 검출해야 할 위치가 한 개여서 발진회로나 검파회로를 구성하기는 매우 간단하다. 그러나 발진회로를 구성할 시에는 다소 복잡하다. 검출코일의 감도는 일반 금속체, 알루미늄, 황동 등을 검출대상으로 하는 한 저항성분의 폭이 유도성분보다는 크다. 따라서 발진폭 변화를 검출하는 것이 발진주파수 변화를 검출하는 것보다는 유리하다.

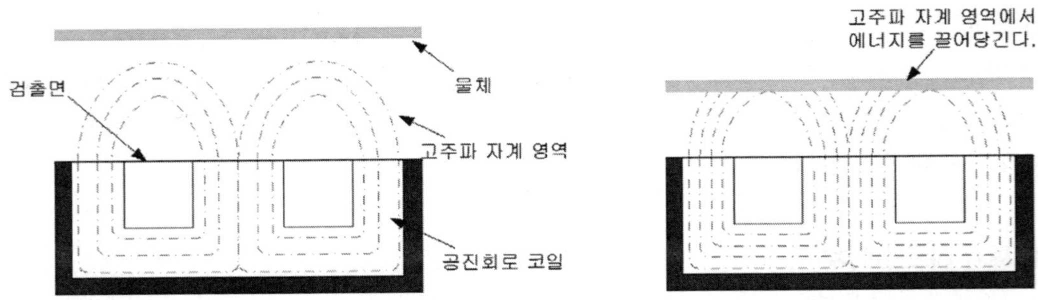

[그림 6.3.3] 고주파 발진형의 동작원리

5) 정전용량형 근접 센서

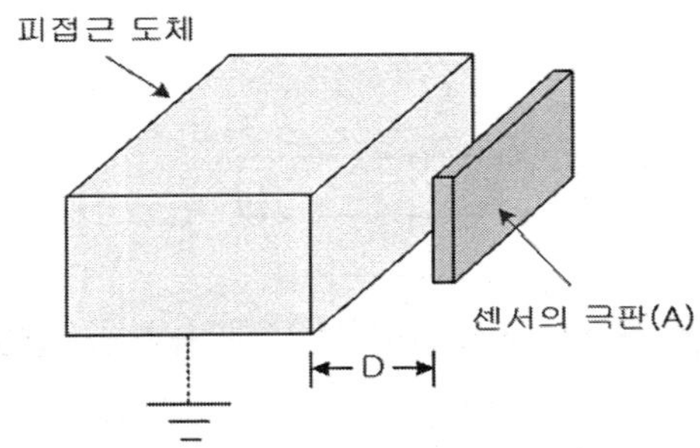

[그림 6.3.4] 정전용량형의 동작원리

[그림 6.3.4]과 같이 정전용량형 근접 센서의 경우 전계를 발생하는 전계 중에 존재하는 물체내의 전하의 이동 및 분리에 따른 정전용량의 변화를 검출하는 것으로 금속체외에 플라스틱, 유리, 도자기, 목재와 같은 절연물 그리고 물, 기름, 약물과 같은 액체의 검출이 가능하다. 같은 원리로써 정전용량의 변화를 이용한 검출 스위치로는 정전 용량형 레벨 스위치가 있다.

6.4 초음파 센서

초음파 센서는 세라믹 압전 변환기(piezoelectric transducer)를 음향 발신기(transmitter)와 수신기(receiver)로 하여 동작한다. 특허제품인 커플링 레이어(coupling layer)는 특수재료로 되어 있으며, 초음파를 공기(음향학적으로 희박한 매체)와 분리하는데 사용된다.

폴리우레탄 폼은 하우징 방수 처리를 위해 사용되며 변환기는 음파의 다발을 전송하며 에코 펄스를 전압으로 변환한다. 통합제어기는 음향의 반향시간과 음파의 속도로 거리를 계산한다. 전송된 펄스 지속시간 Δt와 음향 변환기의 감쇠시간(delay time)은 초음파 센서가 물체를 감지하지 못하는 불감 영역이 된다.

초음파 주파수는 센서 종류에 따라서 변하는데, 65~400[kHz] 범위에서 유지되며, 펄스 반복 주파수는 14~140[Hz] 범위에 있다. 초음파 센서의 활성범위를 감지범위라고 하며, 이 범위는 변환기의 크기에 따라 측정값의 최소 및 최대 감지거리에 의해 제한된다. 최대 감지거리는 센서의 형식코드에 주어지며, 감지범위 안에서 물체를 감지하는데, 물체가 감지기를 향해서 축 방향으로 접근하든 사운드 콘(sound cone)을 통해서 옆으로 이동하든 관계없다.

[그림 6.4.1]과 같이 초음파 센서의 송신측에서 짧은 시간동안 펄스를 출력하면 신호가 물체에 도달하여 반사되어 되돌아오게 되는데 반사되어 되돌아온 신호를 수신기의 초음파 센서에서 검출한다. 이 송신된 신호는 음속 V_S의 속도로 출력되기 때문에 물체에서 반사되어 오는 시간 t는 다음과 같다.

$$t = \frac{2 \times L[\text{물체와의 거리}m]}{V_S[\text{음속}m/s]}$$

$$V_S = 340[m/s]\ ,\ \ \text{L : 물체 간격}$$

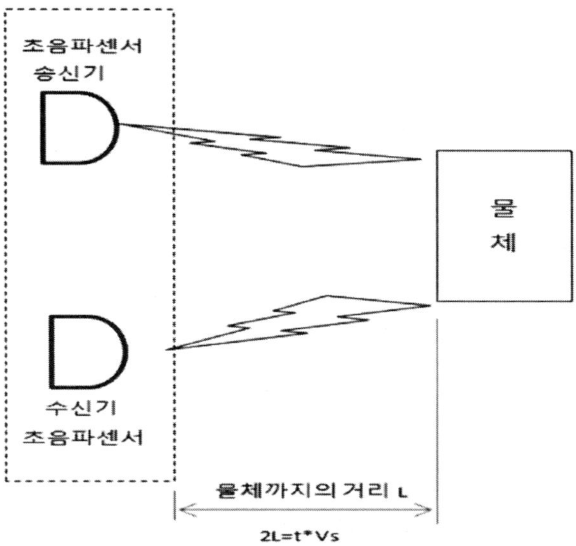

[그림 6.4.1] 초음파 측정 원리

6.5 자이로센서

1) 진동 자이로센서의 원리(코리올리힘)

자이로센서는 센서 본체의 회전량을 전기신호로 변환하여 각속도로써 검출하는 센서로 센서 내부의 진동을 이용한 진동자이로의 원리를 사용하며 센서 외부에서 회전력이 더해지면 센서 내의 진동하는 부위에 수직방향에 발생하는 코리올리힘으로부터 센서 내의 새로운 진동을 발생시켜 이 진동으로 각속도를 검출하는 방법이다.

코리올리의 힘이란 [그림 6.5.1]과 같이 회전하는 좌표계에서 작용하는 관성력을 말한다.

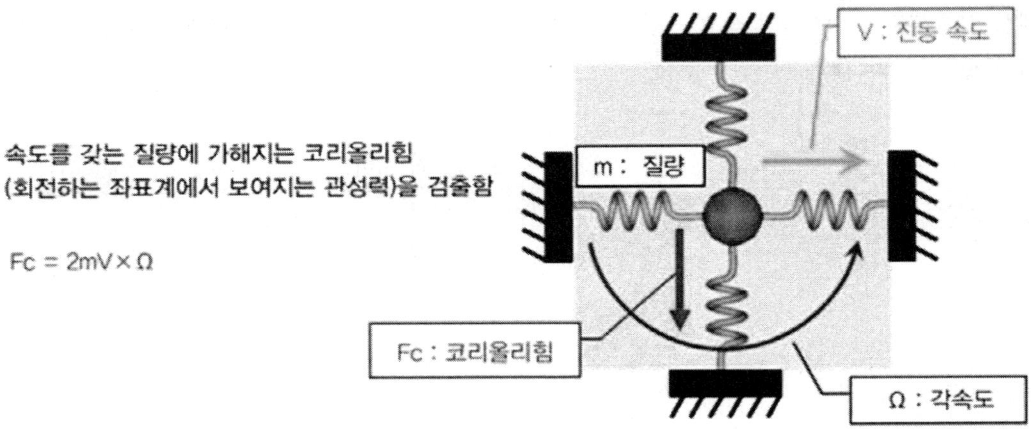

[그림 6.5.1] 코리올리힘

2) 자이로센서의 원리

자이로 센서에서는 내부의 진동부에 수정소재를 사용하여, T형의 수정을 나란히 하고 있는 더블-T구조를 채용하고 있다. 더블-T형 구조는 좌우대칭으로 되어 있어, [그림 6.5.2]에 표시하는 것처럼 진동암과 검출암 중심에 있는 고정부에 의해 구성된다. 센서 동작 시는 구동암에 AC진동 전계를 걸어 구동암을 상시 좌우로 진동하도록 하여 누락진동을 서로 지워서 중앙에 정지하고 있는 검출암으로 실현한다.

[그림 6.5.2] (1)은 구동암의 한쪽이 왼쪽으로 움직이면, 다른 한쪽은 오른쪽으로 움직이고, 좌우의 구동암은 대칭으로 움직이기 때문에 중심에 있는 고정부에 힘이 전달되지 않고 검출암은 움직이지 않으므로 안정적인 제로점의 확보를 가능하게 한다.

[그림 6.5.2] (3)은 외부에서부터 센서에 회전력이 가해지면, 구동암은 좌우로 계속 움직이면서도 코리올리힘이 가해지기 때문에, 수직방향의 진동이 발생한다.

[그림 6.5.2] (4)는 진동암의 상하의 진동은 한쪽이 위쪽으로 움직이는 경우는 다른 한쪽은 아래로 움직이고 진동 암이 상하로 진동하면 고정부에도 회전하는 힘이 가해진다.

따라서 [그림 6.5.2] (2), (4)와 같이 고정부가 회전하면서 지금까지 정지되어 있던 검출암은 좌우로 진동을 시작합니다. 이 검출암의 진동을 전하의 변화로 변환하여 센서에 가했던 회전의 각속도로 검출한다.

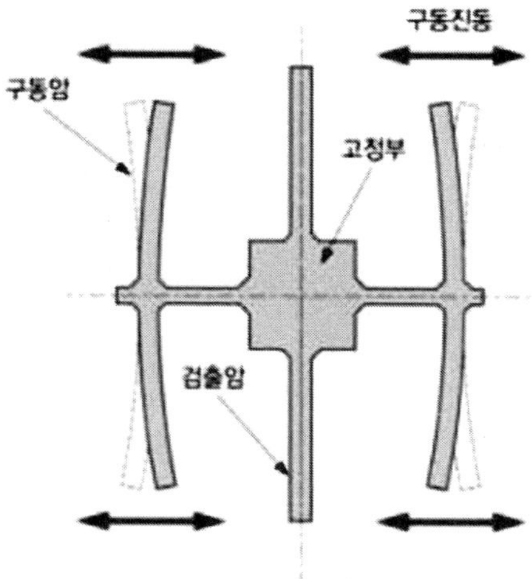

(1) 구동모드의 경우, 진동암이 항상 진동

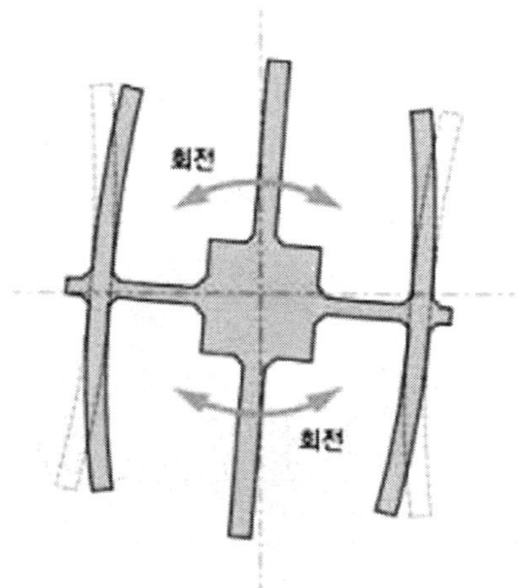

(2) 본체가 회전

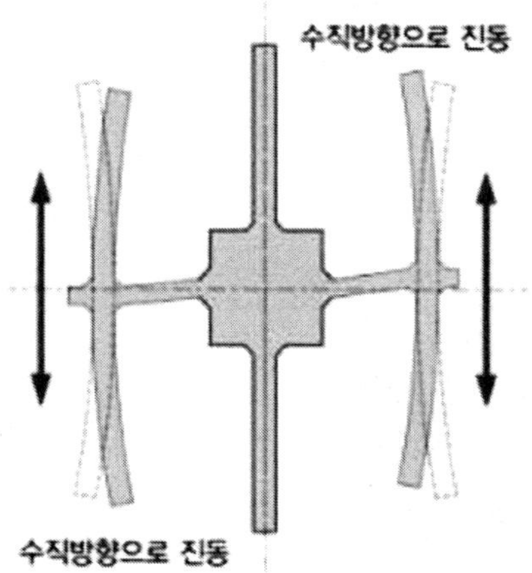

(3) 회전이 가해지는 것으로 진동암에 콜리올리력이 가해져서 수직방향으로 진동발생 수직방향으로 진동

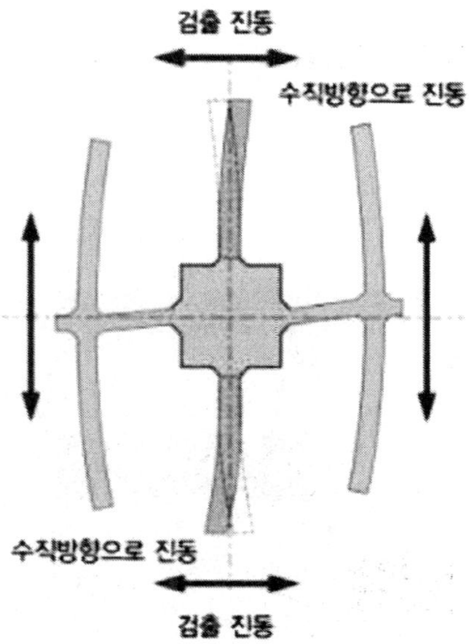

(4) 구동암의 수직방향의 진동에 의해 고정부가 굴곡 검출암에 검출진동이 발생수직방향으로 진동

[그림 6.5.2] 자이로센서 원리

프로그래밍

프로그램[App_6_1] 모터 제어(광)

광센서의 신호에 따라 모터의 동작이 어두우면 정지하고 밝으면 동작을 하는 회로이고 광센서의 사양은 <표 6_1_1>과 같다. 소스코드도 광센서 모듈제조사에서 제공을 해주므로 편리하게 응용할 수 있는 것이 장점이다.

<표 6_1_1> 광센서 사양

광센서	Specifications
	· IC : LM358 · Voltage: 3 ~ 5V · Supply Current: 0.5−3mA · Light resistance: 20KΩ · Dark resistance: 1MΩ · Response time: 20−30 secs · Peak Wavelength: 540 nm · Ambient temperature: −30~70℃ * http://www.seeedstudio.com/

① 【그림 6_1_1】은 팬 모터 제어회로이고, 【그림 6_1_2】는 배선도이다.

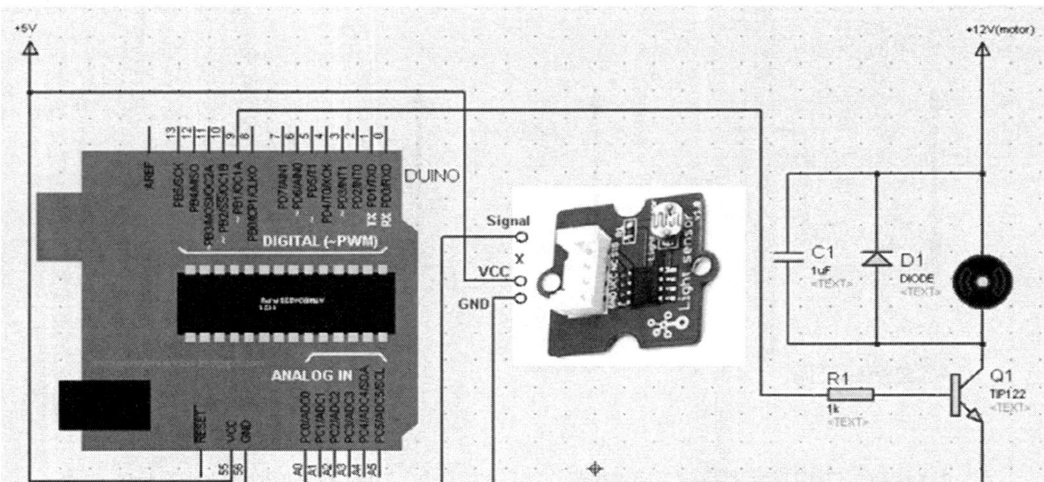

【그림 6_1_1】팬 모터 제어회로

【그림 6_1_2】 광센서에 의한 팬 모터 제어회로 배선도

2 소스코드를 입력한다.

```
#include <math.h>                                  //①
const int motorPin=9;                              //②
const int thresholdvalue=8;                        //③
float Rsensor;                                     //④
void setup() {
  Serial.begin(9600);                              //⑤
```

```
  pinMode(motorPin,OUTPUT);                                    //⑥
}
void loop() {
  int sensorValue = analogRead(A0);
  Rsensor=(float)(1023-sensorValue)*10/sensorValue;
  if(Rsensor<thresholdvalue)                                   //⑦
  {
    digitalWrite(motorPin,HIGH);                               //⑧
  }
  else
  {
  digitalWrite(motorPin,LOW);                                  //⑨
  }
  Serial.println("the analog read data is ");
  Serial.println(sensorValue);
  Serial.println("the sensor resistance is ");
  Serial.println(Rsensor,DEC);                                 //⑩
  delay(1000);
}
```

소스코드 분석

① 수학 관련 상수 및 함수들이 정의되어 있는 파일을 불러온다.(실수연산)
② 디지털 9번 핀을 모터제어신호로 지정
③ 모터를 동작시키기 위한 한계 값(threshold)을 설정한다.
④ 광센서로부터 입력되는 값을 저장하기 위한 변수
 * CdS는 빛의 밝기에 따라서 저항 값이 변하는 소자
⑤ 시리얼통신 속도 설정
⑥ 디지털 9번 핀을 출력으로 설정(모터제어신호)
⑦ 센서(CdS)로부터 입력되는 값과 기준 값(한계 값)을 비교한다.
⑧ 모터를 동작시킨다.
⑨ 모터를 정지시킨다.
⑩ 빛의 밝기를 시리얼모니터로 출력한다.

프로그램[App_6_2] 모터 제어(온도)

온도센서의 온도가 30℃ 이상 올라가면 모터가 동작하고 30℃ 미만으로 내려오면 모터가 정지하는 회로이고 <표 6_2_1>은 온도센서의 사양이다.

<표 6_2_1> 온도센서 사양

온도 센서	Specifications
	· IC : LM358 · Voltage : 3.3 ~ 5V · Max power rating at 25℃ : 300mW · Zero power resistance : 10 KΩ · Operating temperature range : −40 ~ +125℃ * http://www.seeedstudio.com/

1 【그림 6_2_1】은 온도센서에 의한 팬 모터 제어회로이고, 【그림 6_2_2】는 배선도이다.

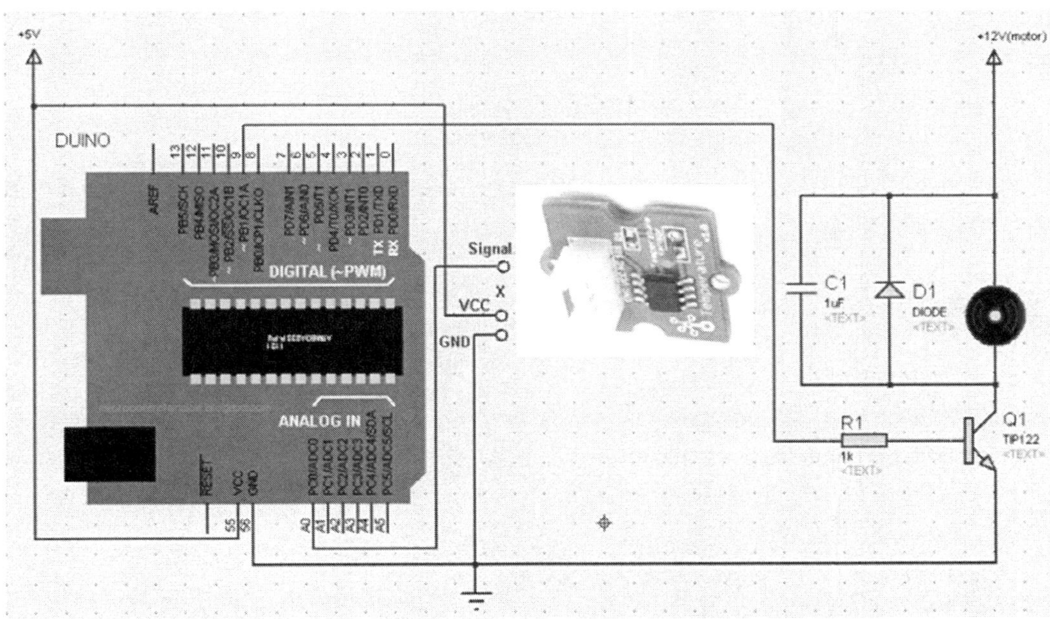

【그림 6_2_1】 온도센서에 의한 팬 모터 제어회로

[그림 6_2_2] 온도센서에 의한 팬 모터 제어회로 배선도

② 소스코드를 입력한다.

```
#include <math.h>                                          //①
int a;                                                     //②
float temperature;                                         //③
int B=3975;                                                //④
float resistance;                                          //⑤
void setup()
{
  pinMode(9,OUTPUT);                                       //⑥
  Serial.begin(9600);
}
void loop()
{
  a=analogRead(A0);
  resistance=(float)(1023-a)*10000/a;                      //⑦
  temperature=1/(log(resistance/10000)/B+1/298.15)-273.15; //⑧
  if(temperature >= 30) digitalWrite(9,HIGH);              //⑨
  else digitalWrite(9,LOW);
  delay(1000);
  Serial.print("Current temperature is ");
  Serial.println(temperature);                             //⑩
}
```

소스코드 분석

① 수학 관련 상수 및 함수들이 정의되어 있는 파일을 불러온다.
② 아날로그 핀으로 입력되는 값을 저장하기 위한 변수
③ 온도 값을 저장하기 위한 실수형 변수
④ 온도 값을 보정하기 위한 상수 값
⑤ 저항 값을 저장하기 위한 실수형 변수
⑥ 디지털 9번 핀을 출력으로 설정(모터제어신호)
⑦ 저항 값을 저장한다.
* 서미스터(thermistor)는 온도에 따라서 저항 값이 변하는 소자
⑧ 온도 값으로 변환한다.(실수연산)
⑨ 온도가 30℃ 이상이 되면 모터를 동작시킨다.
⑩ 온도 값을 시리얼모니터로 출력한다.

프로그램[App_6_3] 모터 제어(근접1)

근접센서의 신호에 따라 물체가 일정거리 이하로 가까워지면 모터가 정지하고 일정거리보다 멀어지면 모터가 동작을 하는 회로이다. <표 6_3_1>은 적외선센서의 사양이다.

<표 6_3_1> 적외선센서 사양

적외선 센서	Specifications
	◆ Infrared Proximity Switch E18-D80NK · Power supply : 5V · Current : 100mA · Range : 3~80cm adjustable · Yellow : Signal · Red : +5V · Green : GND

1 【그림 6_3_1】은 근접센서에 의한 모터 제어회로이고, 【그림 6_3_2】는 배선도이다.

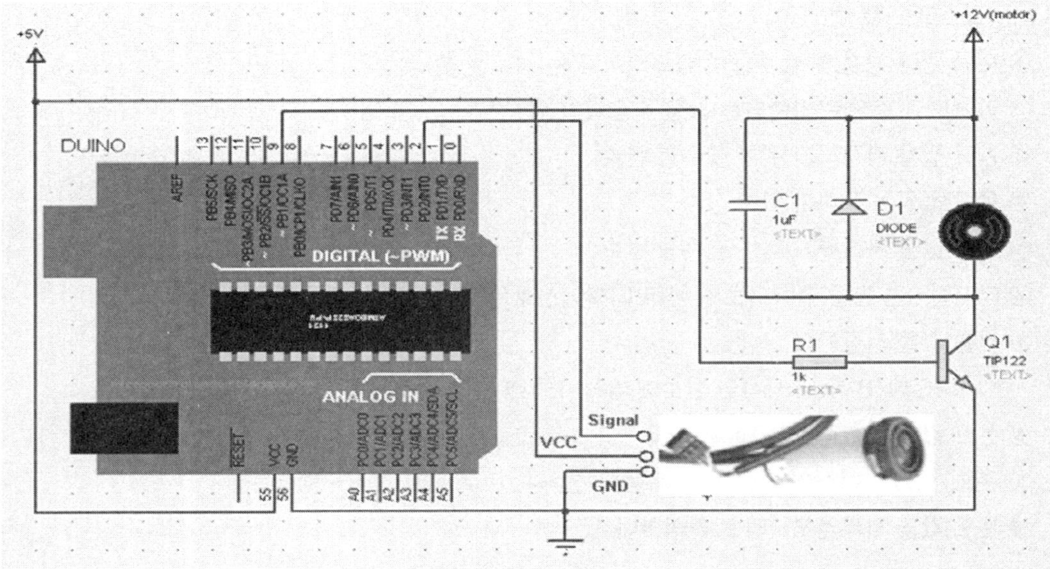

【그림 6_3_1】 근접센서에 의한 모터 제어회로

【그림 6_3_2】 근접센서에 의한 모터 제어회로 배선도

2 소스코드를 입력한다.

```
const int motorPin=9;                                                    //①
const int SensorPin=2;                                                   //②
void setup() {
  pinMode(motorPin,OUTPUT);                                              //③
  pinMode(SensorPin,INPUT_PULLUP);                                       //④
  Serial.begin(9600);
}
void loop() {
  if(digitalRead(SensorPin) == HIGH) digitalWrite(motorPin,HIGH);        //⑤
  if(digitalRead(SensorPin) == LOW)  digitalWrite(motorPin,LOW);         //⑥
  Serial.println(digitalRead(2));                                        //⑦
}
```

소스코드 분석

① 디지털 9번 핀을 모터제어 신호로 지정
② 디지털 2번 핀을 적외선센서의 감지신호로 지정
③ 모터제어신호 핀을 출력으로 설정(디지털 9번 핀)
④ 적외선센서의 감지신호 핀을 입력으로 설정(디지털 2번 핀)
⑤ 센서에서 입력되는 신호가 HIGH(1)이면 모터가 동작한다.
⑥ 센서에서 입력되는 신호가 LOW(0)이면 모터가 정지한다.
⑦ 시리얼 모니터로 센서에서 입력되는 값을 출력한다.

프로그램[App_6_4] 모터 제어(근접2)

프로그램[APP_6_3]에서 사용한 센서와 같은 동작을 하며 적외선 근접센서의 외형만 다르므로 프로그램도 같다. <표 6_4_1>은 적외선센서의 사양이다.

<표 6_4_1> 적외선센서 사양

적외선 센서	Specifications
	◆ Infrared Proximity Switch S601 · Power supply : 3.3 ~ 5V · Angle : 35 degree · Range : 2 ~ 30cm adjustable · VCC · GND · OUT

① 【그림 6_4_1】은 근접센서에 의한 팬 모터 제어회로이고. 【그림 6_4_2】는 배선도이다.

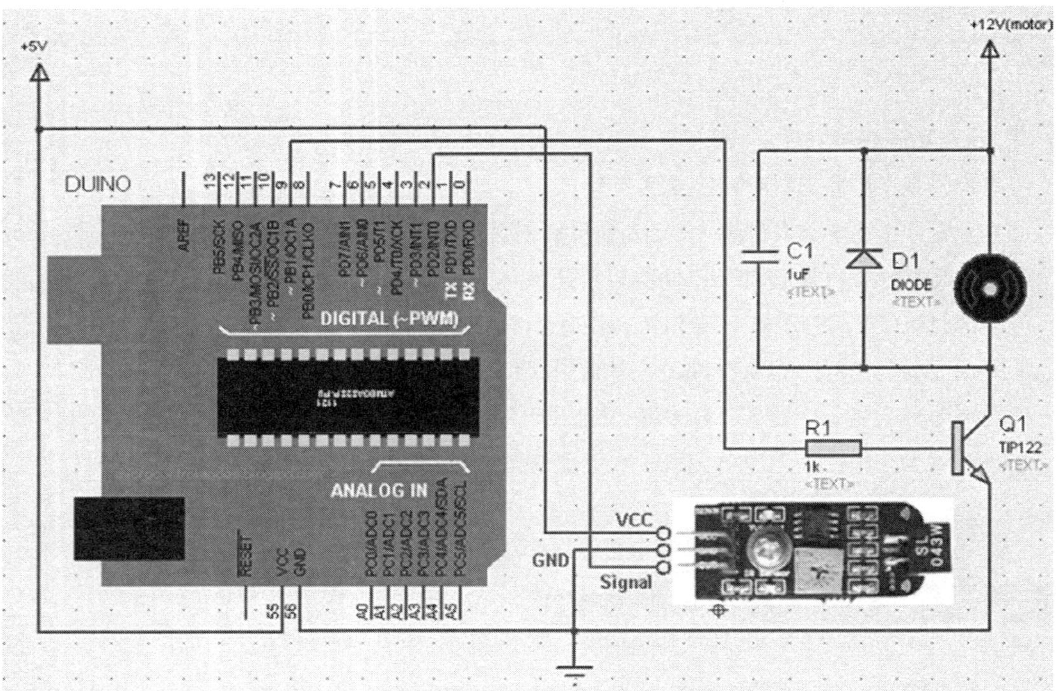

【그림 6_4_1】 근접센서에 의한 팬 모터 제어회로

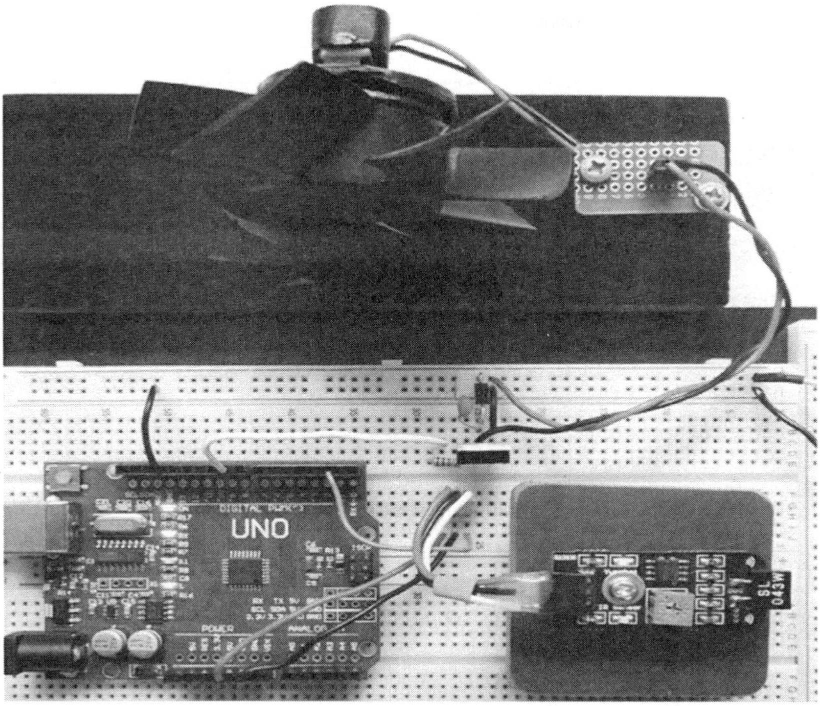

【그림 6_4_2】 근접센서에 의한 팬 모터 제어회로 배선도

② 소스코드는 프로그램[App_6_3]과 같다.

프로그램[App_6_5] 2개의 모터 제어(적외선센서)

Me-Line Finder V2.0 센서 모듈은 라인트레이서에 응용할 수 있으며 2개의 센서로부터 입력되는 값에 따라서 2개의 모터를 동작시키는 프로그램이다. <표 6_5_1>은 적외선 센서의 사양이다.

<표 6_5_1> 적외선센서 사양

적외선 센서	Specifications
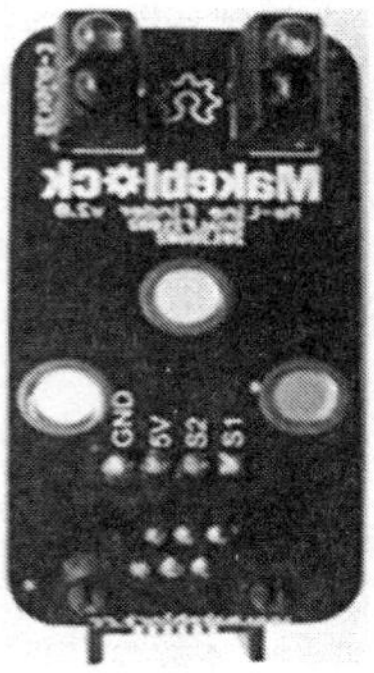	◆ Me-Line Finder V2.0 · Comes with Arduino library for easy programing · Over-current protection · Easy wiring with 6 pin RJ11 interface · Labeled with blue tag and compatible with Me-Base Shield · 2.54mm breakout pins for connecting with jumper wires · 16mm interval M4 mounting holes compatible with Make block beams · There on board indicator LEDs for debugging and feedback · GND · VCC · Signal 1 · Signal 2

① 【그림 6_5_1】은 적외선 센서에 의한 모터 제어회로이고. 【그림 6_5_2】는 배선도이다.

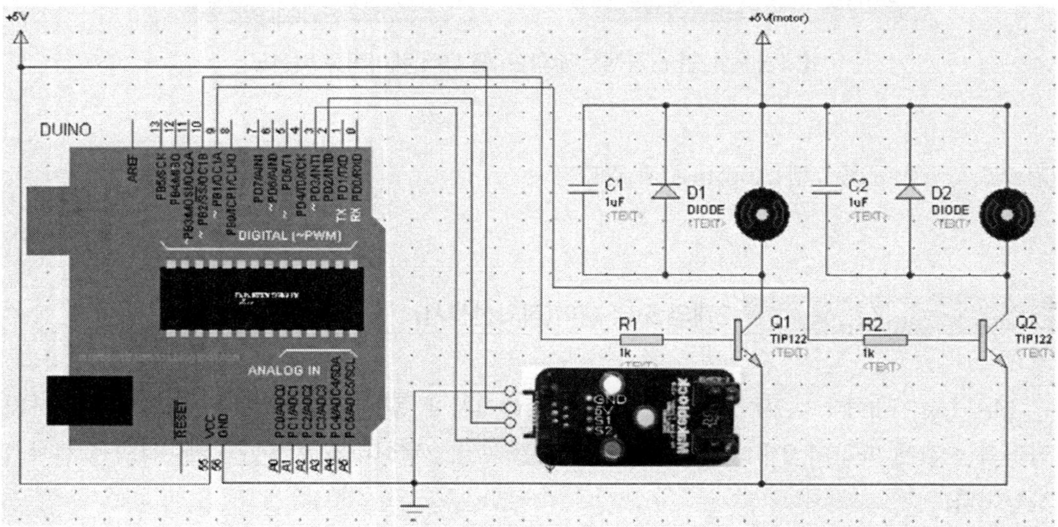

【그림 6_5_1】 적외선 센서에 의한 모터 제어회로

【그림 6_5_2】 적외선 센서에 의한 모터 제어회로 배선도

② 소스코드를 입력한다.

```
const int motor1=9;                                          //①
const int motor2=10;                                         //②
const int Sensor1=2;                                         //③
const int Sensor2=3;                                         //④
void setup() {                                               //⑤
  pinMode(motor1,OUTPUT);
  pinMode(motor2,OUTPUT);
  pinMode(Sensor1,INPUT_PULLUP);
  pinMode(Sensor2,INPUT_PULLUP);
}
void loop() {
  if(digitalRead(Sensor1) == LOW && digitalRead(Sensor2) == LOW)  //⑥
```

```
  {
    digitalWrite(motor1,LOW);
    digitalWrite(motor2,LOW);
  }
  if(digitalRead(Sensor1) == LOW && digitalRead(Sensor2) == HIGH)          //⑦
  {
    digitalWrite(motor1,LOW);
    digitalWrite(motor2,HIGH);
  }
  if(digitalRead(Sensor1) == HIGH && digitalRead(Sensor2) == LOW)          //⑧
  {
    digitalWrite(motor1,HIGH);
    digitalWrite(motor2,LOW);
  }
  if(digitalRead(Sensor1) == HIGH && digitalRead(Sensor2) == HIGH)         //⑨
  {
    digitalWrite(motor1,HIGH);
    digitalWrite(motor2,HIGH);
  }
}
```

소스코드 분석

① 디지털 9번 핀을 모터1의 제어신호로 지정
② 디지털 10번 핀을 모터2의 제어신호로 지정
③ 디지털 2번 핀을 적외선센서1의 감지신호로 지정
④ 디지털 3번 핀을 적외선센서2의 감지신호로 지정
⑤ 모터1과 모터2의 신호를 출력으로 설정하고 센서1과 센서2는 입력으로 설정
⑥ 센서1과 센서2의 신호가 LOW와 LOW이면, 모터1과 모터2 모두 정지한다.
⑦ 센서1과 센서2의 신호가 LOW와 HIGH이면, 모터1은 정지, 모터2는 동작한다.
⑧ 센서1과 센서2의 신호가 HIGH와 LOW이면, 모터1은 동작, 모터2는 정지한다.
⑨ 센서1과 센서2의 신호가 HIGH와 HIGH이면, 모터1과 모터2 모두 동작한다.

프로그램[App_6_6] 서보모터 제어(초음파센서)

초음파센서(TS601-01)모듈을 이용하면 센서로부터 떨어진 물체와의 거리를 쉽게 측정할 수가 있다. 이번 예제에서는 거리에 따라 서보모터의 회전각이 변하는 프로그램으로 <표 6_6_1>은 초음파 센서모듈의 사양을 나타낸 것으로 모듈에는 신호처리 전용 IC가 있어서 아두이노 보드에서는 간단하게 3개의 선(VCC, GND, Signal)으로 제어를 할 수가 있어서 매우 편리하다. 보다 자세한 사항은 http://www.parallax.com/dl/docs/prod/acc/28015-PING-v1.3.pdf 에서 참고 하기 바란다.

<표 6_6_1> 초음파 센서모듈 사양

초음파 센서	Specifications
 	· Principle of measurement : Ultrasonic detect · Typical application : Distance measurement · Range of measurement : 0.03 ~ 3 M · Precision of measurement : ±2CM · Mean of output : Impulse width · Rated working voltage : 5 VDC · Working current : ≤15 mA · Frequency of sensor : 40 KHz · Continual response time : 5ms · Working temperature : 0℃ ~ 70℃ · Ralitive moisture : ≤85% · Atmosphere pressure : 86~106 Kpa

① 【그림 6_6_1】은 초음파센서에 의한 모터 제어회로이고, 【그림 6_6_2】는 배선도이며, 【그림 6_6_3】은 시리얼 모니터로 출력되는 값을 나타낸다.

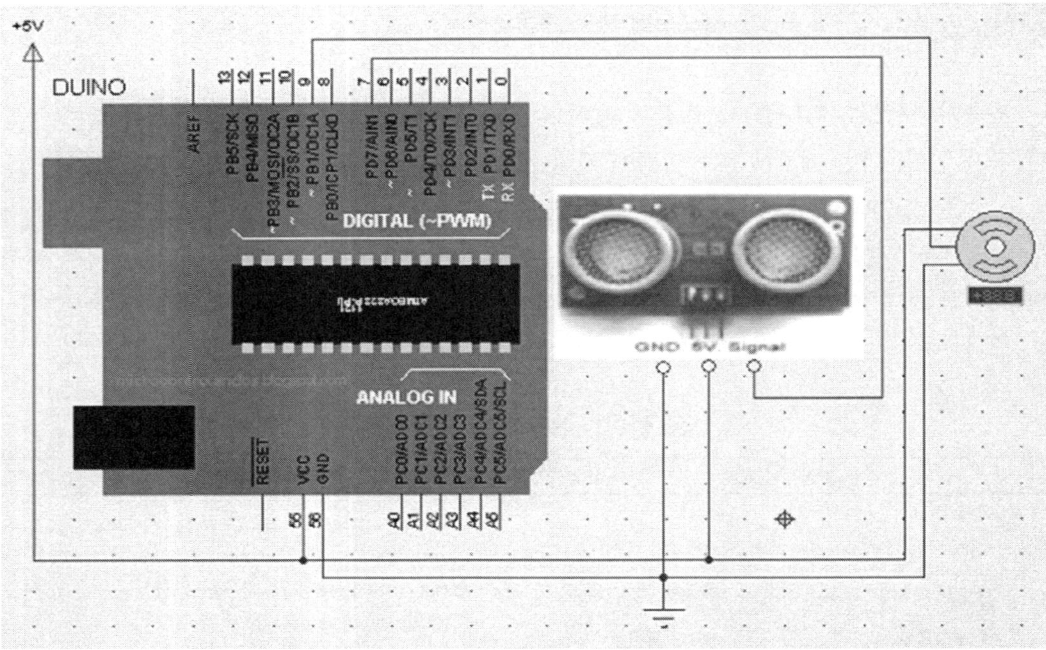

【그림 6_6_1】 초음파센서에 의한 모터 제어회로

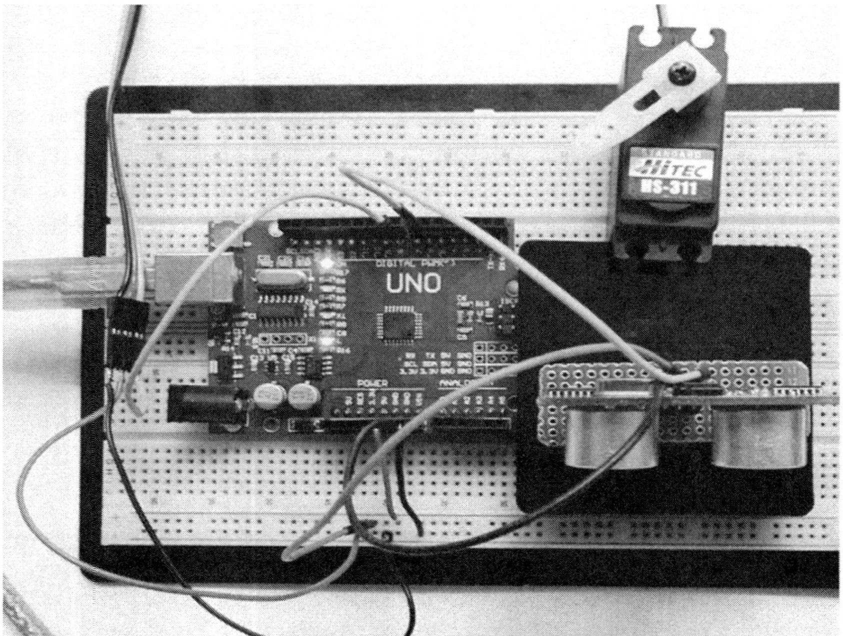

【그림 6_6_2】 초음파 센서에 의한 모터 제어회로 배선도

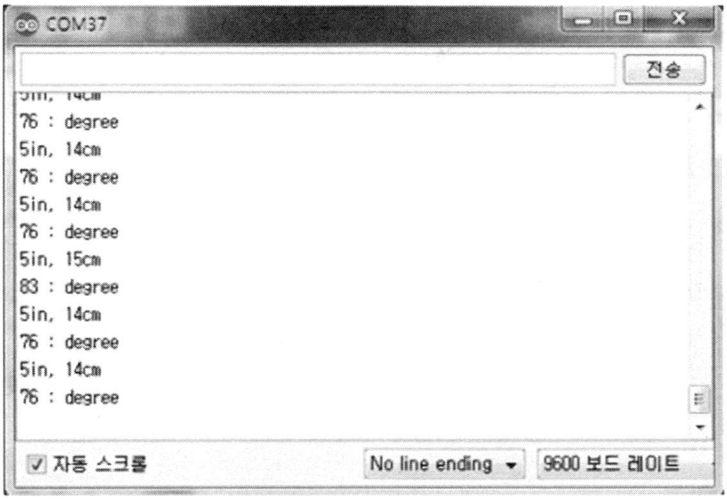

【그림 6_6_3】 시리얼 모니터로 출력되는 값

② 소스코드를 입력한다.

```
#include <Servo.h>
 Servo myservo;                                    //①
 int degree;                                       //②
 const int pingPin = 7;                            //③
void setup() {
  myservo.attach(9);                               //④
  Serial.begin(9600);
}
void loop()
{
  // 센서모듈에 펄스를 공급한다.                      //⑤
  long duration, inches, cm;
  pinMode(pingPin, OUTPUT);
  digitalWrite(pingPin, LOW);
  delayMicroseconds(2);
  digitalWrite(pingPin, HIGH);
  delayMicroseconds(5);
  digitalWrite(pingPin, LOW);
  pinMode(pingPin, INPUT);                         //⑥
  duration = pulseIn(pingPin, HIGH);               //⑦
```

```
  inches = microsecondsToInches(duration);                                    //⑧
  cm = microsecondsToCentimeters(duration);                                   //⑨
  if(cm<=30)                                                                  //⑩
  {
   degree = map(cm, 2, 30, 0, 179);
   myservo.write(degree);
  }
  Serial.print(inches);                                                       //⑪
  Serial.print("in, ");
  Serial.print(cm);
  Serial.print("cm");
  Serial.println();
  Serial.print(degree);
  Serial.print(" : degree");
  Serial.println();
  delay(100);
}
long microsecondsToInches(long microseconds)                                  //⑫
{
   return microseconds / 74 / 2;
}
long microsecondsToCentimeters(long microseconds)                             //⑬
{
   return microseconds / 29 / 2;
}
```

소스코드 분석

① 서보모터의 객체생성

② 서보모터의 회전각을 제어하기 위한 변수

③ 센서 모듈에 신호를 주고 받기위한 핀 지정(7번 핀)

④ 서보모터에 신호를 주기위한 핀 지정(9번 핀)

⑤ 핑(ping)은 마이크로세컨드의 2개 이상의 HIGH 펄스에서 트리거 되고 안정된 HIGH 펄스를 주기위해 사전에 짧은 LOW 펄스를 준다.

⑥ 센서 모듈로부터 거리 측정값을 읽어 들인다.

⑦ 핀의 상태가 HIGH인 동안 시간을 측정한다.(3분이상이면 에러발생)

⑧ 거리 측정값을 인치(inch)로 단위로 변환한다.

⑨ 거리 측정값을 센티미터(cm)로 단위로 변환한다.

⑩ 30cm 이내의 거리에서 거리의 변화를 서보모터의 각도로 변환한다.

⑪ 시리얼 모니터로 인치 값을 출력한다.

⑫ 인치 값을 반환해주는 함수이다.

⑬ 센티미터 값을 반환해주는 함수이다.

프로그램[App_6_7] 시리얼 통신(적외선센서)

시리얼모니터를 통하여 적외선 송신기의 키 값을 알아내는 프로그램으로 적외선수신센서(DFROBOT 38KHz IR Receiver) 의 수신된 신호에 따라 서보 모터의 회전각이 변하는 프로그램이다. <표 6_7_1>은 적외선 수신기의 사양을 나타낸 것이고 자세한 내용은 https://www.dfrobot.com/wiki/index.php?title=Digital_IR_Receiver_Module_(SKU:DFR0094) 주소에서 참고하기 바란다.

<표 6_7_1> 적외선 수신기 사양

적외선 센서	Specifications
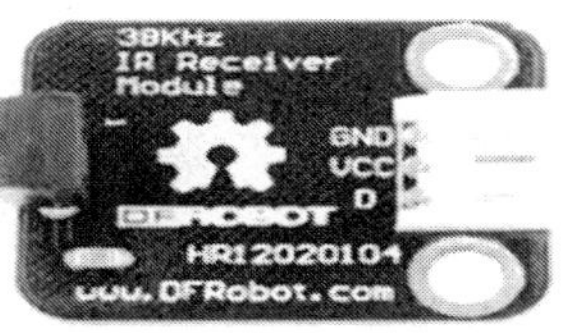	IR Receiver Module · GND · VCC : 5V · D : digital output

IRremote.zip 파일을 스케치 프로그램의 라이브러리에 추가한다.

다음은 IRremote.h 파일의 일부로 두 개의 클래스 decode_results와 IRrecv가 있는데 주요 기능은 다음의 소스코드를 참고하기 바란다.

```
// Results returned from the decoder
class decode_results {
public:
  int decode_type; // NEC, SONY, RC5, UNKNOWN
  unsigned int panasonicAddress; // This is only used for decoding Panasonic data
  unsigned long value; // Decoded value
  int bits; // Number of bits in decoded value
  volatile unsigned int *rawbuf; // Raw intervals in .5 us ticks
```

```
  int rawlen; // Number of records in rawbuf.
};
// Values for decode_type
#define NEC 1
#define SONY 2
#define RC5 3
#define RC6 4
#define DISH 5
#define SHARP 6
#define PANASONIC 7
#define JVC 8
#define SANYO 9
#define MITSUBISHI 10
#define UNKNOWN -1
// Decoded value for NEC when a repeat code is received
#define REPEAT 0xffffffff
// main class for receiving IR
class IRrecv
{
public:
  IRrecv(int recvpin);
  void blink13(int blinkflag);
  int decode(decode_results *results);
  void enableIRIn();
  void resume();
private:
  // These are called by decode
  int getRClevel(decode_results *results, int *offset, int *used, int t1);
  long decodeNEC(decode_results *results);
  //long decodeSony(decode_results *results);
  //long decodeSanyo(decode_results *results);
  //long decodeMitsubishi(decode_results *results);
  //long decodeRC5(decode_results *results);
  //long decodeRC6(decode_results *results);
  //long decodePanasonic(decode_results *results);
  //long decodeJVC(decode_results *results);
  long decodeHash(decode_results *results);
  int compare(unsigned int oldval, unsigned int newval);
} ;
```

① 【그림 6_7_1】은 적외선센서에 의한 모터 제어회로이고, 【그림 6_7_2】는 배선도이며, 【그림 6_7_3】는 데모코드를 실행 후 리모트 컨트롤의 '0' 을 눌렀을 경우을 나타낸다.

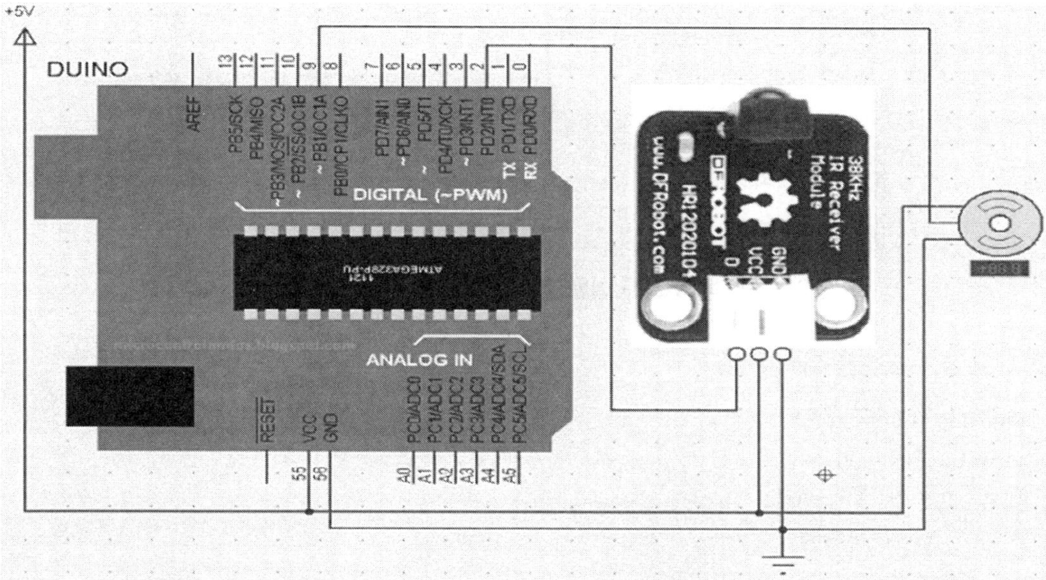

【그림 6_7_1】 적외선센서에 의한 모터 제어회로

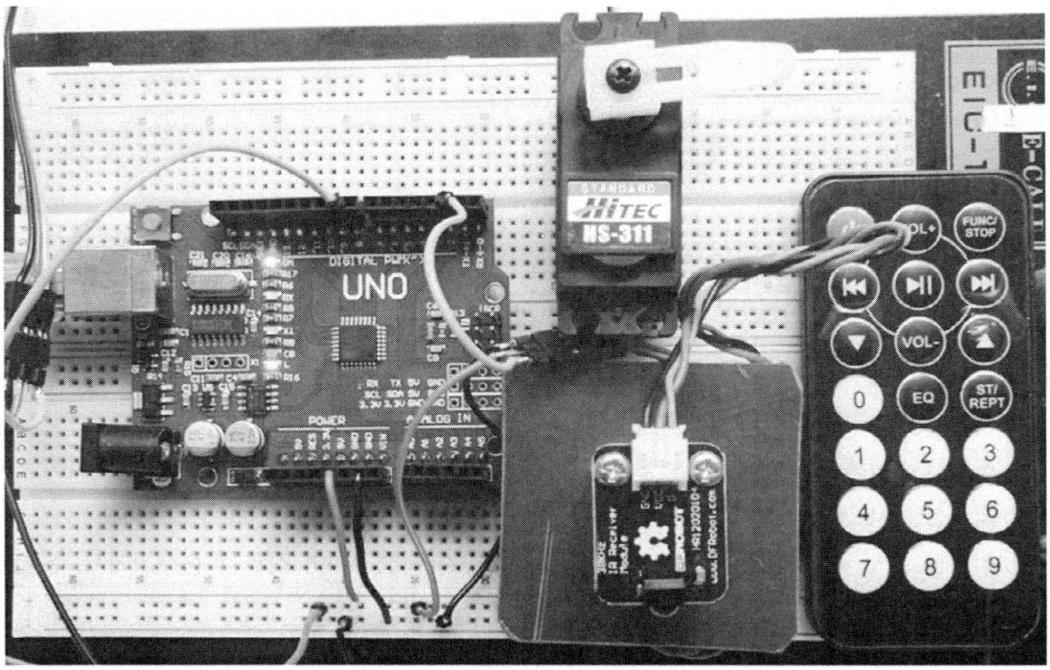

【그림 6_7_2】 적외선센서에 의한 모터 제어회로 배선도

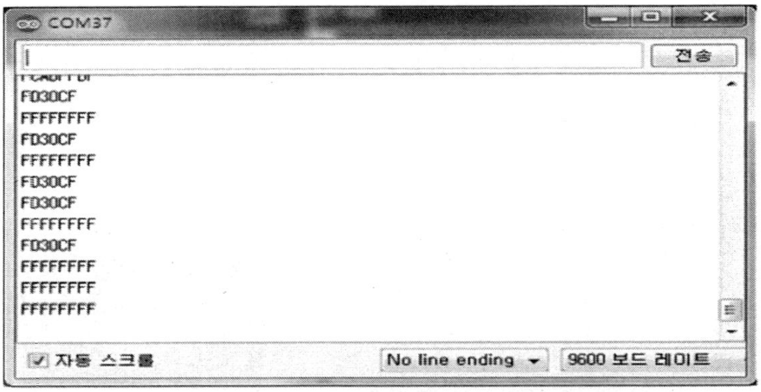

【그림 6_7_3】 데모코드를 실행 후 리모트 컨트롤의 '0'을 눌렀을 경우

2 데모 소스코드를 입력한다.

```
#include <IRremote.h>                          //①
int RECV_PIN = 2;                              //②
IRrecv irrecv(RECV_PIN);                       //③
decode_results results;                        //④
void setup()
{
  Serial.begin(9600);
  irrecv.enableIRIn();                         //⑤
}
void loop() {
  if (irrecv.decode(&results)) {
    Serial.println(results.value, HEX);        //⑥
    irrecv.resume();                           //⑦
  }
}
```

소스코드 분석

① 적외선 통신관련 함수가 정의되어 있는 파일

② 적외선 수신센서로 부터의 입력을 받을 핀을 지정

③ 적외선 센서 객체 생성: void enableIRIn()와 void resume()에 접근

④ 적외선 센서 객체 생성: unsigned long value변수에 접근하여 적외선 송신기에서 수신된 값을 알아낸다.

⑤ 적외선 송신기부터 들어오는 신호를 받을 준비완료

⑥ 시리얼 모니터로 수신된 16진수의 키 값을 출력한다.

⑦ 다음 키 값을 받는다.

프로그램[App_6_8] 서보모터 제어(적외선 센서)

프로그램[App_6_7]에서 적외선 송신기의 버튼을 0에서부터 9까지의 수를 눌렀을 경우에 각 버튼에 해당되는 값에 따라서 각도가 변하는 프로그램이다.

1 다음과 같이 소스코드를 입력한다.

```
#include <Servo.h>
#include <IRremote.h>
int RECV_PIN = 2;
IRrecv irrecv(RECV_PIN);
decode_results results;
Servo myservo;
void setup()
{
  myservo.attach(9);        //①attaches the servo on pin 9 to the servo object
  myservo.write(0);         //② Initialization
 irrecv.enableIRIn();       //③Start the receiver
}
void loop()
{
  if (irrecv.decode(&results)) {
  irrecv.resume();          //④Receive the next value
}
  switch(results.value)     //⑤in_Byte
   {
    case 0xFD30CF :myservo.write(0); break;       //0번 버튼
    case 0xFD08F7 :myservo.write(20); break;      //1번 버튼
    case 0xFD8877 :myservo.write(40); break;      //2번 버튼
    case 0xFD48B7 :myservo.write(60); break;      //3번 버튼
    case 0xFD28D7 :myservo.write(80); break;      //4번 버튼
    case 0xFDA857 :myservo.write(100); break;     //5번 버튼
    case 0xFD6897 :myservo.write(120); break;     //6번 버튼
```

```
        case 0xFD18E7 :myservo.write(140); break;       //7번 버튼
        case 0xFD9867 :myservo.write(160); break;       //8번 버튼
        case 0xFD58A7 :myservo.write(180); break;       //9번 버튼
    }//sw_end
}
```

소스코드 분석

① 아두이노 보드의 디지털 9번 핀으로 서보모터의 PWM 파형을 출력한다.
② 서보모터의 초기 값은 각도가 0도 위치로 이동한다.
③ 적외선 송신기부터 들어오는 신호를 받을 준비완료
④ 다음 키 값을 받는다.
⑤ 송신기의 버튼을 0번에서부터 9번까지 중에서 각 버튼에 해당되는 16진수의 값에 대응해서 서보모터의 각도를 제어한다.

프로그램[App_6_9] 서보모터 제어(키 패드)

4×4 키패드로부터 입력되는 값에 따라서 서보모터의 각도를 제어하는 프로그램으로 제조사의 홈 페이지 주소에서 소스코드를 참고하여 작성 하였다. 소스코드를 간단하게도 할 수 있으나 이해하기가 쉽고 【그림 6_9_1】은 키패드의 내부회로이다.

https://www.dfrobot.com/wiki/index.php?title=Digital_IR_Receiver_Module_(SKU:DFR0094)

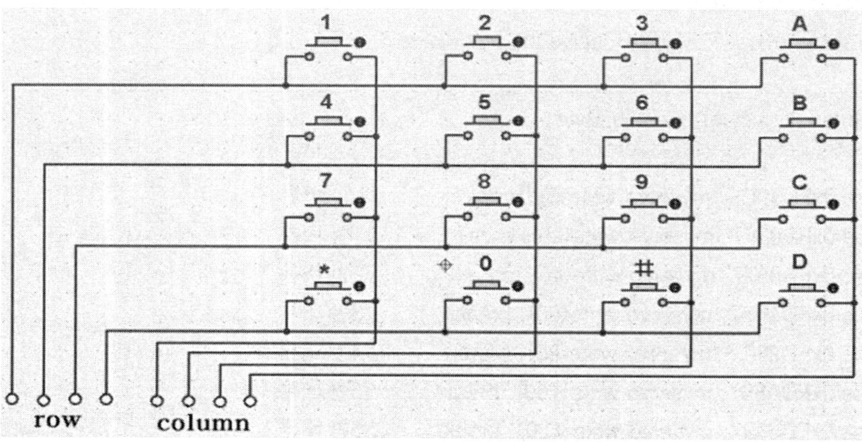

【그림 6_9_1】 4×4 키패드의 내부회로

① 【그림 6_9_2】는 키 패드에 의한 모터 제어회로이고, 【그림 6_9_3】은 배선도이며, 【그림 6_9_4】는 키패드에서 1, 2, 3, 4를 누른 경우을 나타낸다.

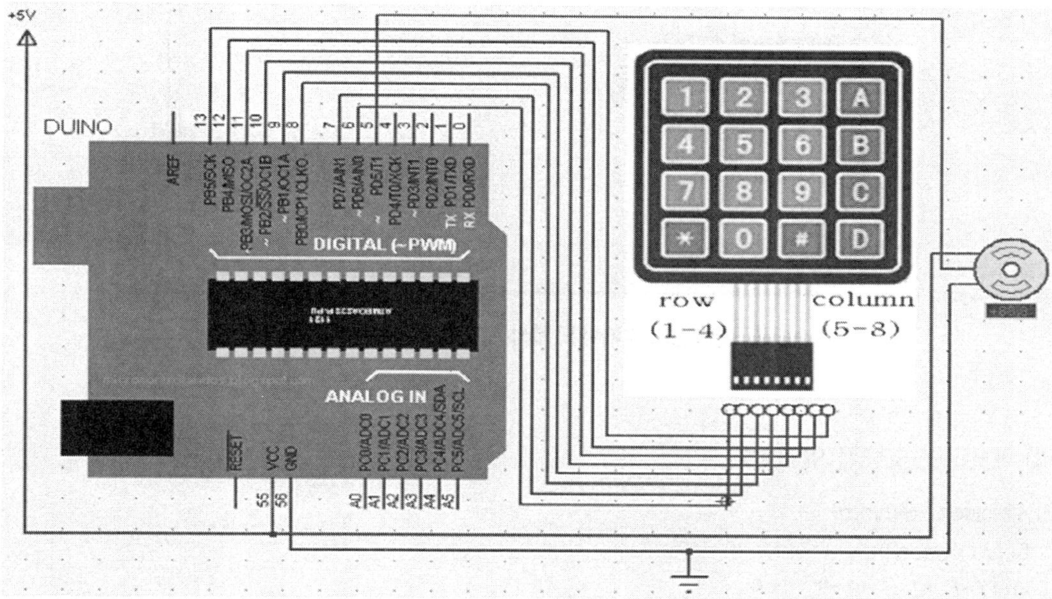

【그림 6_9_2】 키 패드에 의한 모터 제어회로

【그림 6_9_3】 키패드에 의한 모터 제어회로 배선도

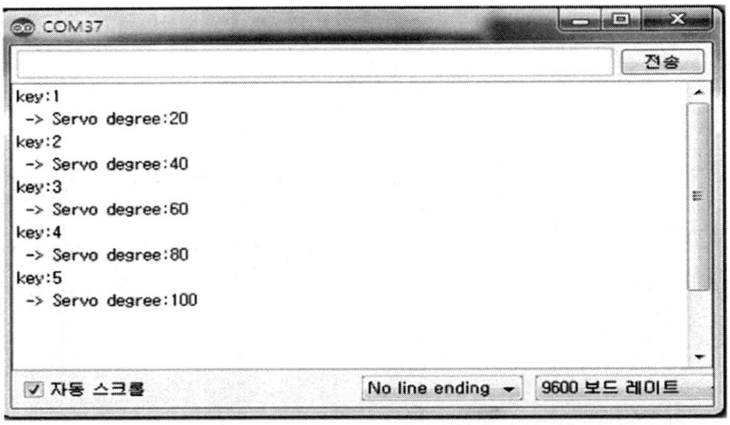

【그림 6_9_4】 키패드에서 1, 2, 3, 4를 누른 경우

② 데모 소스코드를 입력한다.

```
#include <Servo.h>
Servo myservo;
int r1=6, r2=7, r3=8, r4=9;                                    //①
int c1=10, c2=11, c3=12, c4=13;                                //②
int colm1, colm2, colm3, colm4;                                //③
void setup()
{
  myservo.attach(5);                                           //④
  myservo.write(90);                                           //⑤
  // 줄 단위 출력으로 설정                                         //⑥
  pinMode(r1,OUTPUT);  pinMode(r2,OUTPUT);
  pinMode(r3,OUTPUT);  pinMode(r4,OUTPUT);
  // 열 단위 입력으로 설정                                         //⑦
  pinMode(c1,INPUT);   pinMode(c2,INPUT);
  pinMode(c3,INPUT);   pinMode(c4,INPUT);
  // 열 단위 입력을 내부 풀업저항으로 설정                            //⑧
  digitalWrite(c1,HIGH);  digitalWrite(c2,HIGH);
  digitalWrite(c3,HIGH);  digitalWrite(c4,HIGH);
  Serial.begin(9600);                                          //⑨
}
void loop()
{
```

```
// 줄 단위 출력으로 설정                                         //⑩
digitalWrite(r1,LOW);      digitalWrite(r2,HIGH);
digitalWrite(r3,HIGH);     digitalWrite(r4,HIGH);
colm1=digitalRead(c1);colm2=digitalRead(c2);
colm3=digitalRead(c3);colm4=digitalRead(c4);
if(colm1==LOW)                                                   //⑪
{Serial.println("key:1");
 Serial.println(" -> Servo degree:20");
 myservo.write(20);
 delay(200);}
else
{
 if(colm2==LOW)                                                  //⑫
 {Serial.println("key:2");
  Serial.println(" -> Servo degree:40");
 myservo.write(40);
  delay(200);}
 else
 {
 if(colm3==LOW)                                                  //⑬
 {Serial.println("key:3");
  Serial.println(" -> Servo degree:60");
 myservo.write(60);
   delay(200);}
 else
 {
 if(colm4==LOW)          //서보모터 동작에는 상관없음.
 {Serial.println("A");
   delay(200);}
 }}}
// 줄 단위 출력으로 설정                                         //⑭
digitalWrite(r1,HIGH);     digitalWrite(r2,LOW);
digitalWrite(r3,HIGH);     digitalWrite(r4,HIGH);
colm1=digitalRead(c1); colm2=digitalRead(c2);
colm3=digitalRead(c3); colm4=digitalRead(c4);
if(colm1==LOW)                                                   //⑮
{Serial.println("key:4");
Serial.println(" -> Servo degree:80");
```

```
 myservo.write(80);
  delay(200);}
else
{
 if(colm2==LOW)
 {Serial.println("key:5");
 Serial.println(" -> Servo degree:100");
 myservo.write(100);
  delay(200);}
 else
 {
 if(colm3==LOW)
 {Serial.println("key:6");
 Serial.println(" -> Servo degree:120");
 myservo.write(120);
   delay(200);}
 else
 {
 if(colm4==LOW)
 {Serial.println("B");      //서보모터 동작에는 상관없음.
    delay(200);}
 }}}
// 줄 단위 출력으로 설정                                                    //⑯
digitalWrite(r1,HIGH);    digitalWrite(r2,HIGH);
digitalWrite(r3,LOW);     digitalWrite(r4,HIGH);
colm1=digitalRead(c1); colm2=digitalRead(c2);
colm3=digitalRead(c3); colm4=digitalRead(c4);
if(colm1==LOW)                                                            //⑰
{Serial.println("key:7");
Serial.println(" -> Servo degree:140");
 myservo.write(140);
   delay(200);}
else
{
 if(colm2==LOW)
 {Serial.println("key:8");
 Serial.println(" -> Servo degree:160");
 myservo.write(160);
```

```
    delay(200);}
 else
 {
 if(colm3==LOW)
 {Serial.println("9");
 Serial.println(" -> Servo degree:180");
 myservo.write(180);
    delay(200);}
 else
 {
 if(colm4==LOW)
 {Serial.println("C");      //서보모터 동작에는 상관없음.
    delay(200);}
 }}}
// 줄 단위 출력으로 설정                                                   //⑱
digitalWrite(r1,HIGH);   digitalWrite(r2,HIGH);
digitalWrite(r3,HIGH);   digitalWrite(r4,LOW);
colm1=digitalRead(c1); colm2=digitalRead(c2);
colm3=digitalRead(c3); colm4=digitalRead(c4);
if(colm1==LOW)          //서보모터 동작에는 상관없음.
{Serial.println("*");
   delay(200);}
else
{
 if(colm2==LOW)                                                          //⑲
 {Serial.println("key:0");
  Serial.println(" -> Servo degree:0");
 myservo.write(0);
  delay(200);}
 else
 {
 if(colm3==LOW)          //서보모터 동작에는 상관없음.
 {Serial.println("#");
   delay(200);}
 else
 {
 if(colm4==LOW)          //서보모터 동작에는 상관없음.
 {Serial.println("D");
```

```
        delay(200);}
    }}}
}
```

소스코드 분석

① 아두이노의 디지털 핀 6,7,8,9번과 대응하여 키패드의 줄 r1,r2,r3,r4와 연결
② 아두이노의 디지털 핀 10,11,12,13번과 대응하여 키패드의 줄 r1,r2,r3,r4와 연결
③ 열 단위별로 키패드의 입력을 감지하기위한 변수
④ 아두이노의 디지털 핀 5번과 서보모터연결(PWM 파형 출력)
⑤ 서보 모터의 시작 각도는 90도이다.
⑥ 4개의 줄을 출력으로 설정한다.
⑦ 4개의 열을 입력으로 설정한다.
⑧ 4개의 열에서 입력을 받기위해서 내부 풀업으로 설정한다.
⑨ 시리얼 모니터와 통신을 하기위한 속도 설정
⑩ 키패드의 4개의 줄에서 1번 줄만 LOW신호를 출력하여 1,2,3,A버튼의 입력을 감지
⑪ 1번 버튼을 눌렀는지를 판단한다.
⑫ 2번 버튼을 눌렀는지를 판단한다.
⑬ 3번 버튼을 눌렀는지를 판단한다.
⑭ 키패드의 4개의 줄에서 2번 줄만 LOW신호를 출력하여 4,5,6,B버튼의 입력을 감지
⑮ 4번 버튼을 눌렀는지를 판단한다.
⑯ 키패드의 4개의 줄에서 3번 줄만 LOW신호를 출력하여 7,8,9,C버튼의 입력을 감지
⑰ 7번 버튼을 눌렀는지를 판단한다.
⑱ 키패드의 4개의 줄에서 4번 줄만 LOW신호를 출력하여 *,0,#,D버튼의 입력을 감지
⑲ 0번 버튼을 눌렀는지를 판단한다.

프로그램[App_6_10] 서보모터 제어(조이스틱)

본 예제에서 사용한 조이스틱은 X축 가변저항, Y축 가변저항, 버튼으로 간단하게 구성된 회로로 조이스틱의 손잡이를 좌, 우, 상, 하로 움직일 때 아두이노 보드에서 X축과 Y축의 아날로그의 신호에 따라 서보모터 X와 서보모터 Y의 회전각이 변하고 조이스틱의 손잡이를 누르면 SW가 ON이 되고 서보모터의 회전각이 0도 위치로 이동하는 프로그램이다.

① 【그림 6_10_1】은 조이스틱에 의한 모터 제어회로이고, 【그림 6_10_2】는 배선도이다.

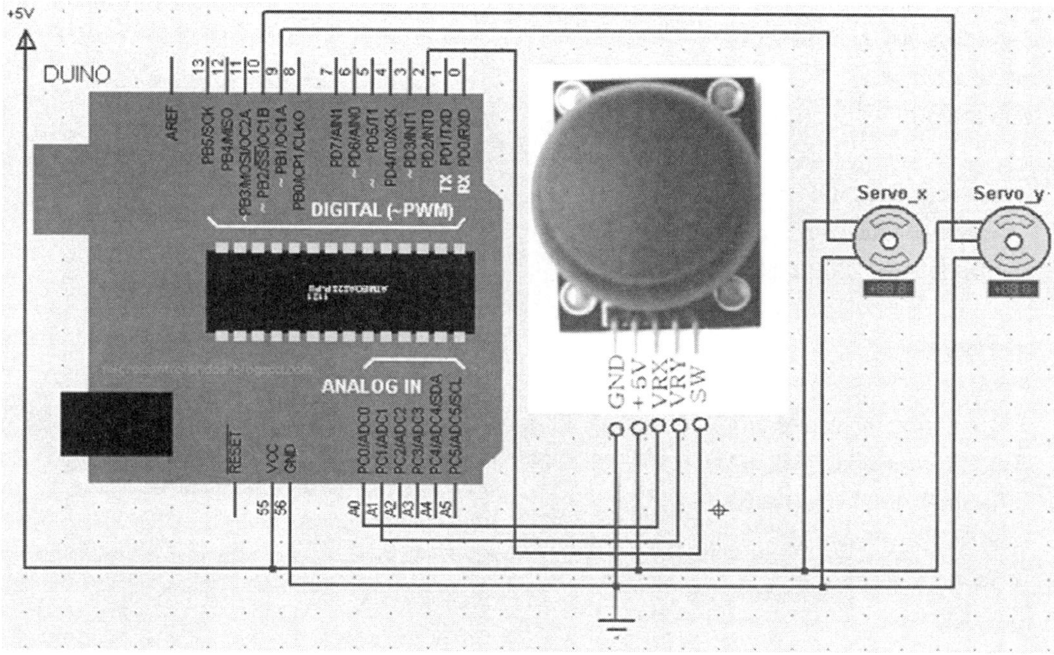

【그림 6_10_1】 조이스틱에 의한 모터 제어회로

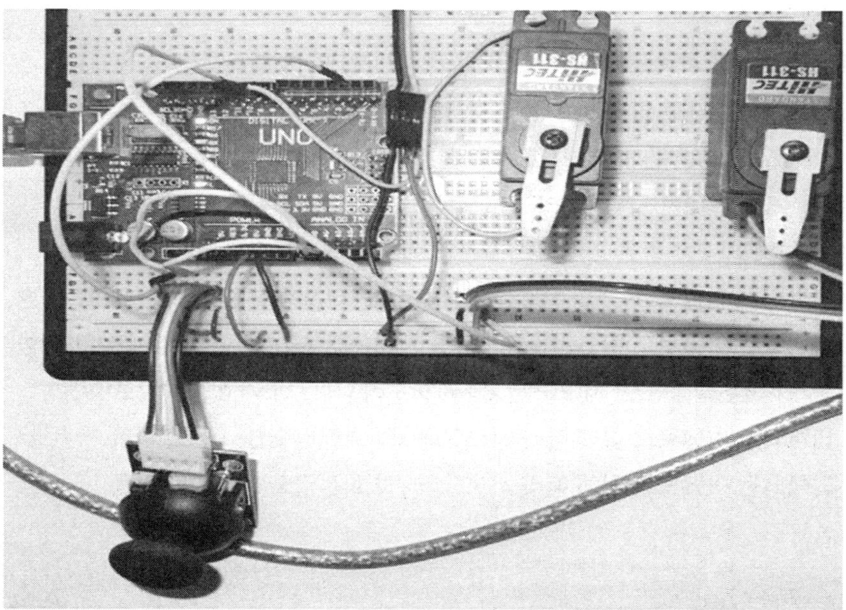

【그림 6_10_2】 조이스틱에 의한 모터 제어회로 배선도

2 데모 소스코드를 입력한다.

```
#include <Servo.h>
Servo myservo_x, myservo_y;                                  //①
int val_x, val_y;                                            //②
void setup()
{
  myservo_x.attach(9);                                       //③
  myservo_y.attach(10);                                      //④
  pinMode(2,INPUT_PULLUP);                                   //⑤
}
void loop()
{
  val_x = map(analogRead(A0), 0,1023, 0, 180);               //⑥
  val_y = map(analogRead(A1), 0,1023, 0, 180);               //⑦
  if(digitalRead(2)==LOW){val_x =0; val_y = 0;}              //⑧
  myservo_x.write(val_x);                                    //⑨
  myservo_y.write(val_y);                                    //⑩
}
```

소스코드 분석

① 두 개의 서보모터 사용을 위한 서보모터 x와 서보모터 y의 객체생성
② 아날로그 핀 A0, A1로 입력되는 값을 저장하기 위한 변수(0~1023)
③ 아두이노 보드의 9번 핀과 서보모터 x의 신호선과 연결(PWM 파형)
④ 아두이노 보드의 10번 핀과 서보모터 y의 신호선과 연결(PWM 파형)
⑤ 아두이노 보드의 2번 핀을 입력으로 설정(조이스틱의 버튼의 누름 감지)
⑥ A0로 입력되는 아날로그 값 0~1023의 값을 서보모터 x의 회전각도 0~180로 변환
⑦ A1로 입력되는 아날로그 값 0~1023의 값을 서보모터 y의 회전각도 0~180로 변환
⑧ 조이스틱의 버튼을 누르면 서보모터 x와 서보모터 y의 각도가 0의 위치로 이동
⑨ A0로 입력되는 아날로그 값에 따라 서보모터 x의 회전각도 0~180로 이동
⑩ A1로 입력되는 아날로그 값에 따라 서보모터 y의 회전각도 0~180로 이동

프로그램[App_6_11] DC모터 제어(조이스틱1)

조이스틱의 X축 신호에 따라 자동차용 거울이 접히고 펴지는 동작을 하는 DC모터의 정회전과 역회전을 제어하는 프로그램이다.

① 【그림 6_11_1】은 조이스틱에 의한 모터 제어회로이고, 【그림 6_11_2】는 배선도이다.

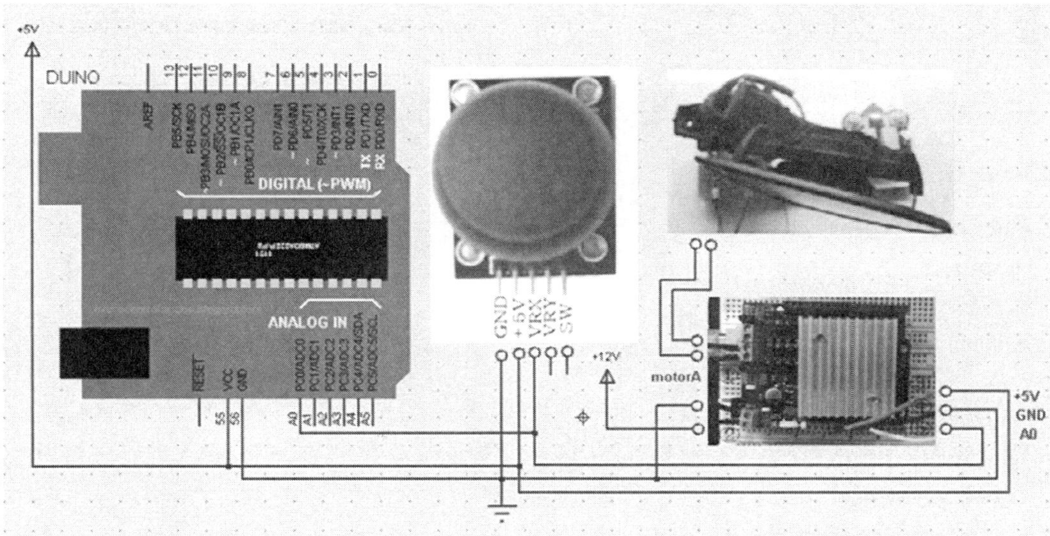

【그림 6_11_1】 조이스틱에 의한 모터 제어회로

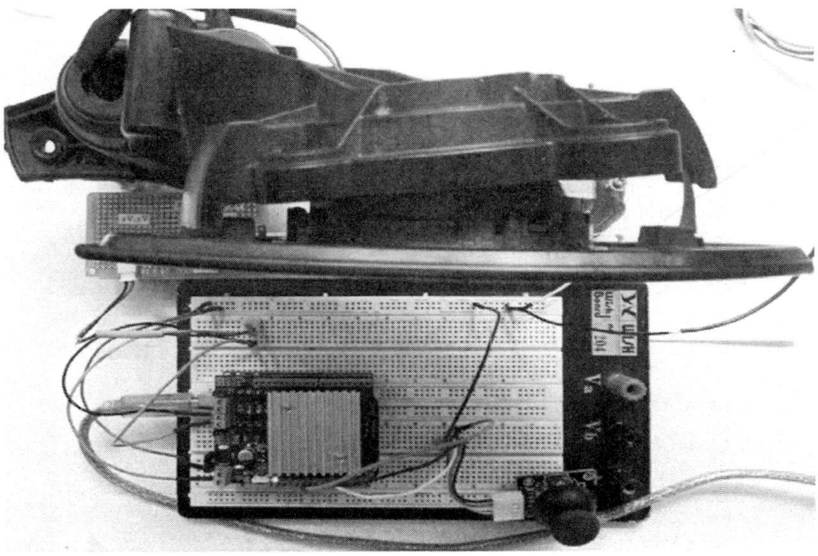

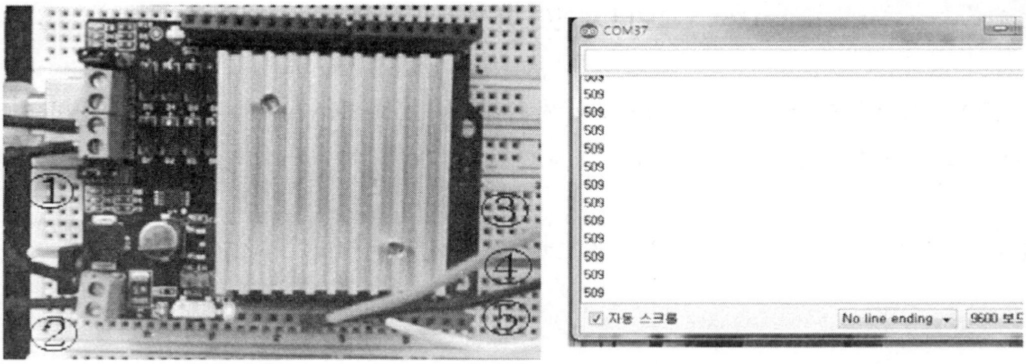

【그림 6_11_2】 조이스틱에 의한 모터 제어회로 배선도

② 소스코드를 입력한다.

```
#include "MotorDriver.h"                                    //①
int val_x;                                                  //②
int motor_state = 0;                                        //③
void setup()
{
  motordriver.init();                                       //④
  pinMode(2,INPUT_PULLUP);
  Serial.begin(9600);
  motordriver.setSpeed(200,MOTORB);                         //⑤
  motordriver.setSpeed(200,MOTORA);                         //⑥
}
void loop()
{
  val_x = analogRead(A0);                                   //⑦
  if(val_x > 490 && val_x < 530) motor_state = 0;
  if(val_x > 530) motor_state = 1;
  if(val_x < 490) motor_state = 2;
  Serial.println( val_x);
  switch(motor_state)                                       //⑧
  {
    case 0 : motordriver.stop(MOTORA); break;//motorA OFF
    case 1 : motordriver.rotateWithID(MOTOR_CLOCKWISE, MOTORA); break;
    case 2 : motordriver.rotateWithID(MOTOR_ANTICLOCKWISE, MOTORA); break;
  }
}
```

소스코드 분석

① 모터쉴드 제조사에서 제공하는 헤더파일로 모터제어에 필요한 함수 정의

② 아날로그 값을 저장하기 위한 변수

③ 모터의 동작 상태를 저장하기위한 변수

④ 모터제어 초기화 함수(모터의 속도, · · · 등 초기 값 설정)

⑤ 모터B의 속도를 200으로 설정(0~255)

⑥ 모터A의 속도를 200으로 설정(0~255)

* 모터A와 모터B의 둘 중에서 한 개만 사용하면 된다.

⑦ 아날로그의 값을 입력 받는다.

⑧ motor_state변수의 값에 따라 모터A가 정지, 정 회전, 역 회전으로 동작한다.

프로그램[App_6_12] DC모터 제어(조이스틱2)

조이스틱의 X축과 Y축으로부터 입력받은 신호에 따라 자동차용 거울의 모터 두 개가 동작하여 거울이 상, 하, 좌, 우 로 움직이는 프로그램이다.

【그림 6_12_1】에서 A와 B는 내부구조이고 차종에 따라서 동작원리와 모양도 거의 유사하다.

1 【그림 6_12_1】은 조이스틱에 의한 모터 제어회로이고, 【그림 6_12_2】는 배선도이다.

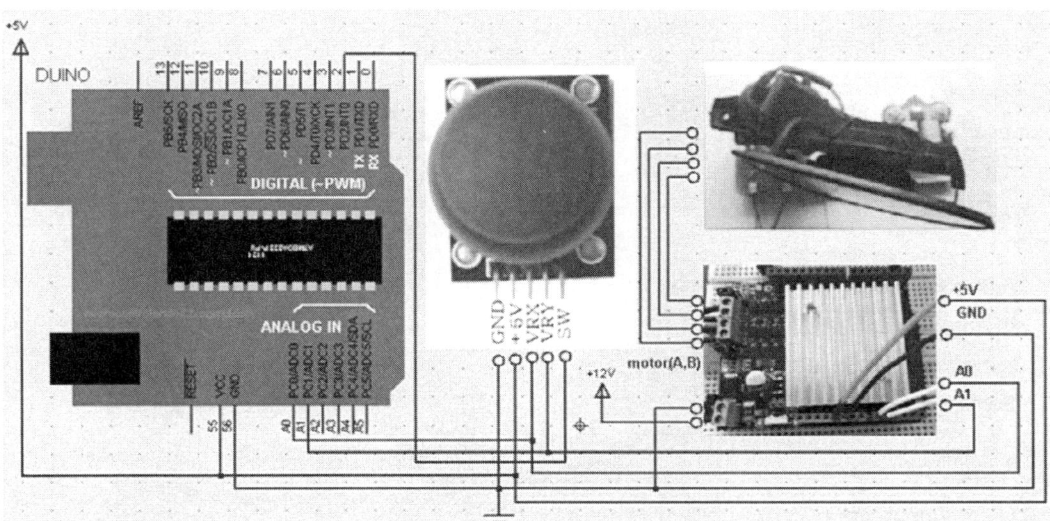

【그림 6_12_1】 조이스틱에 의한 모터 제어회로

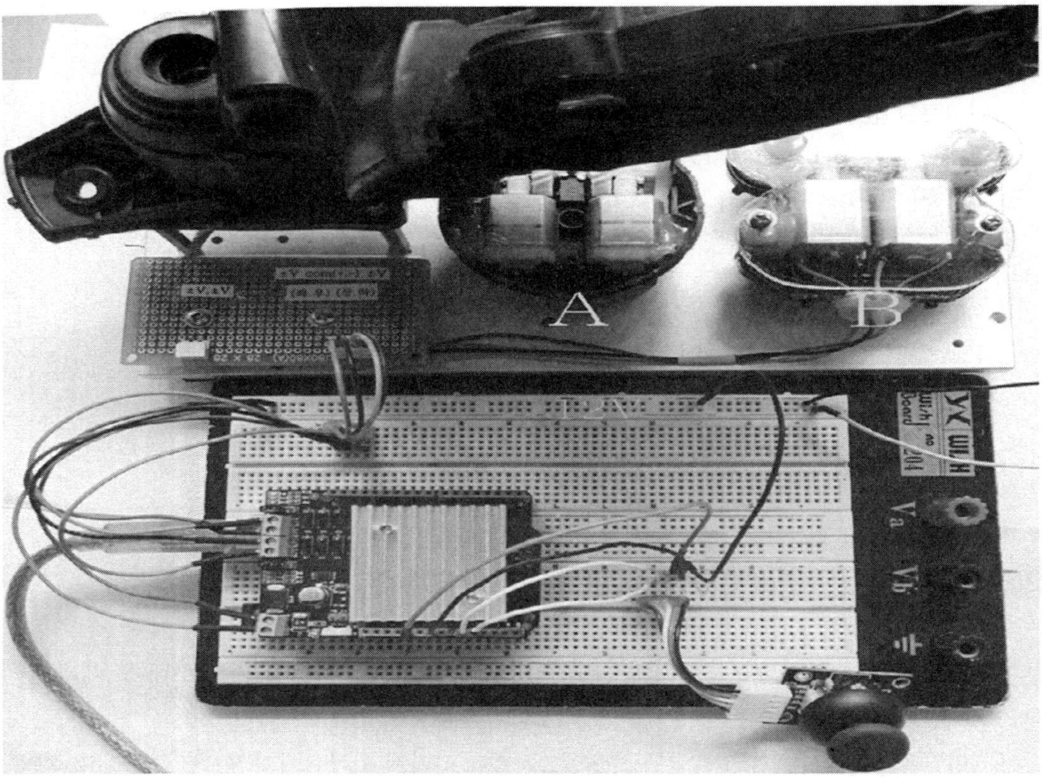

【그림 6_12_2】 조이스틱에 의한 모터 제어회로 배선도

② 소스코드를 입력한다.

```
#include "MotorDriver.h"
int val_x, val_y;                                          //①
int motor_state = 0;
void setup()
{
  motordriver.init();
  motordriver.setSpeed(255,MOTORB);
  motordriver.setSpeed(255,MOTORA);
  Serial.begin(9600);
}
void loop()
{
  val_x = analogRead(A0);                                  //②
```

```
val_y = analogRead(A1);                                              //③
if(val_x>490 && val_x < 530) motordriver.stop(MOTORA);               //④
if(val_y>490 && val_y < 530) motordriver.stop(MOTORB);               //⑤

if(val_x < 490) motor_state = 1;                                     //⑥
if(val_x > 530) motor_state = 2;                                     //⑦
if(val_y < 490) motor_state = 3;                                     //⑧
if(val_y > 530) motor_state = 4;                                     //⑨
Serial.println(motor_state);
switch(motor_state)                                                  //⑩
{
  case 1 : motordriver.rotateWithID(MOTOR_CLOCKWISE, MOTORA);break;
  case 2 : motordriver.rotateWithID(MOTOR_ANTICLOCKWISE, MOTORA);break;
  case 3 : motordriver.rotateWithID(MOTOR_CLOCKWISE, MOTORB);break;
  case 4 : motordriver.rotateWithID(MOTOR_ANTICLOCKWISE, MOTORB);break;
 }
}
```

소스코드 분석

① 아날로그 핀 A0, A1로 입력되는 값을 저장하기 위한 변수(0~1023)

② 아날로그 핀 A0으로 입력되는 값을 저장한다.

③ 아날로그 핀 A1로 입력되는 값을 저장한다.

④ A0의 아날로그 값이 491~529이면 모터 A가 정지한다.

⑤ A1의 아날로그 값이 491~529이면 모터 B가 정지한다.

⑥ A0의 아날로그 값이 490보다 적으면 모터 A가 시계방향으로 회전한다.

⑦ A0의 아날로그 값이 530보다 크면 모터 A가 시계반대방향으로 회전한다.

⑧ A1의 아날로그 값이 490보다 적으면 모터 B가 시계방향으로 회전한다.

⑨ A1의 아날로그 값이 530보다 크면 모터 B가 시계반대방향으로 회전한다.

⑩ motor_state 변수의 값에 따라 모터 A와 모터 B가 정 회전 및 역 회전으로 동작

프로그램[App_6 _13] 서보모터 제어(자이로센서)

이번 예제에서는 가속도센서, 자이로센서, 온도센서기능이 통합된 MPU-6050센서를 이용하여 【그림 6_13_1】의 회로도에서 센서 모듈이 X축으로 움직이면 X축 서보모터의 회전각이 대응하여 움직이고 센서모듈이 Y축으로 움직이면 Y축 서보모터의 회전각이 대응하여 움직인다. 요즘은 센서제조회사에서 기본적으로 소스코드도 제공을 해 주므로 저자가 추가한 소스코드만 설명하도록 한다. <표 6_13_1>은 MPU-6050센서모듈의 사양이고 보다 자세한 사항은

http://playground.arduino.cc/Main/MPU-6050

http://diyhacking.com/arduino-mpu-6050-imu-sensor-tutorial/ 에서 참고하기 바란다.

<표 6_13_1> MPU-6050센서모듈의 사양

MPU-6050 센서	Specifications
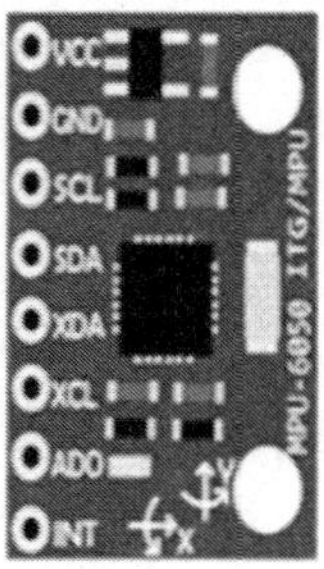	· The MPU 6050 communicates with the Arduino over I2C. · The .ino included with this commnity example sets up the I2C communication with the Arduino. · Wire Connection diagram Uno MPU6050 A4 SDA A5 SCL 5V VCC GND GND

① 【그림 6_13_1】은 MPU6050센서에 의한 서보모터 제어회로이고, 【그림 6_13_2】는 배선도이다.

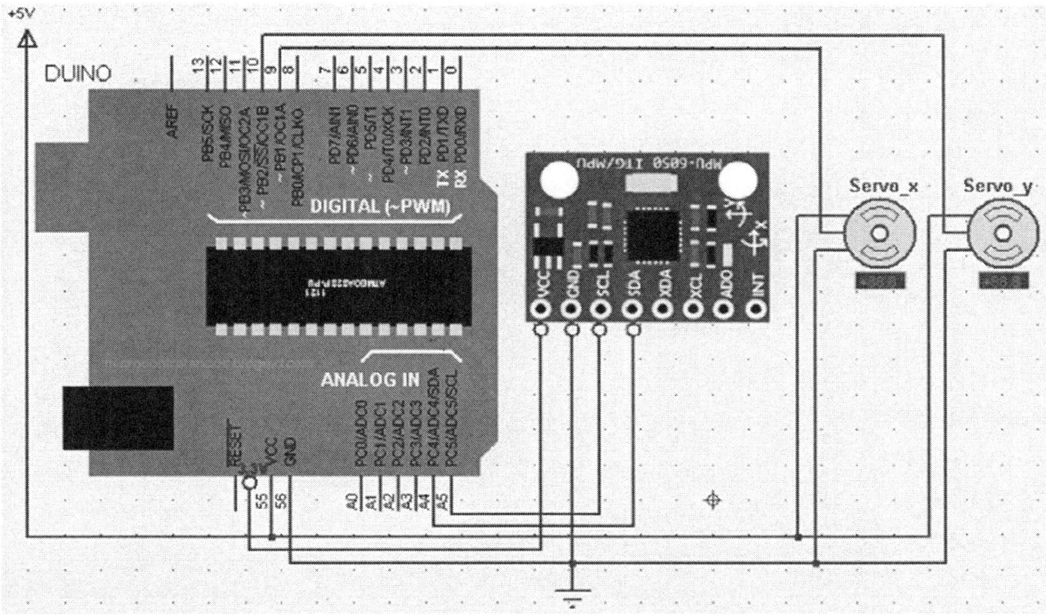

【그림 6_13_1】 MPU6050센서에 의한 서보모터 제어회로

【그림 6_13_2】 MPU6050센서와 서보모터 제어회로 배선도

② 소스코드를 입력한다.

```
#include<Wire.h>
#include <Servo.h>
Servo myservo_x, myservo_y;                                   //①
int val_x, prevVal_x, val_y, prevVal_y;
const int MPU=0x68;      // I2C address of the MPU-6050
int16_t AcX, AcY, AcZ, Tmp, GyX, GyY, GyZ;                    //②
void setup(){
  Wire.begin();
  Wire.beginTransmission(MPU);
  Wire.write(0x6B);          // PWR_MGMT_1 register
  Wire.write(0);             // set to zero (wakes up the MPU-6050)
  Wire.endTransmission(true);
  myservo_x.attach(9);                                        //③
  myservo_y.attach(10);                                       //④
  Serial.begin(9600);
}
void loop(){
  Wire.beginTransmission(MPU);
  Wire.write(0x3B);          // starting with register 0x3B (ACCEL_XOUT_H)
  Wire.endTransmission(false);
  Wire.requestFrom(MPU,14,true);  // request a total of 14 registers
  // 0x3B (ACCEL_XOUT_H) & 0x3C (ACCEL_XOUT_L)
  AcX=Wire.read()<<8|Wire.read();
  // 0x3D (ACCEL_YOUT_H) & 0x3E (ACCEL_YOUT_L)
  AcY=Wire.read()<<8|Wire.read();
  Serial.print("AcX = "); Serial.print(AcX);
  Serial.print(" | AcY = "); Serial.print(AcY);
   val_x = map(AcX, -17000, 17000, 0, 179);                   //⑤
   if (val_x != prevVal_x)
   {
      myservo_x.write(val_x);
      prevVal_x = val_x;
   }
   val_y = map(AcY, -17000, 17000, 0, 179);                   //⑥
   if (val_y != prevVal_y)
   {
      myservo_y.write(val_y);
```

```
      prevVal_y = val_y;
   }
  delay(50);
}
```

소스코드 분석

① 두 개의 서보모터 사용을 위한 서보모터 x와 서보모터 y의 객체생성
② 가속도센서의 X, Y, Z 축, 온도, 자이로센서의 X, Y, Z 축의 데이터를 얻기 위한 변수 선언
③ 아두이노 보드의 9번 핀과 서보모터 x의 신호선과 연결(PWM 파형)
④ 아두이노 보드의 10번 핀과 서보모터 y의 신호선과 연결(PWM 파형)
⑤ 가속도센서의 X축 변화의 데이터 값에 대응하여 서노모터 x의 회전각이 변한다.
⑥ 가속도센서의 Y축 변화의 데이터 값에 대응하여 서노모터 y의 회전각이 변한다.

프로그램[App_6_14] DC모터 회전수 측정(적외선 센서)

적외선 엔코더센서를 이용하여 모터의 회전수를 측정하는 프로그램으로 예제에서 사용한 모터의 브레이크 기능은 사용하지 않았으며 <표 6_14_1>은 센서의 사양을 나타낸 것이다.

<표 6_14_1> 적외선 엔코더센서의 사양

적외선 인코더 센서	Specifications
	◆ SEN030114(YwRobot) · 전압 : 5V · 포트 : 디지털 · 검출폭 : 5mm · 검출주파수 : >100KHz 이하 · 출력: 레벨 펄스 · 플랫폼 : 아두이노, MCU · 슈미트 트리거 회로로 안정적인 출력 · 모터의 엔코더 속도측정에 사용

1 【그림 6_14_1】은 적외선 엔코더센서에 의한 모터 제어회로이고, 【그림 6_14_2】는 배선도이며, 【그림 6_14_3】은 모터의 초당 회전수를 나타낸다.

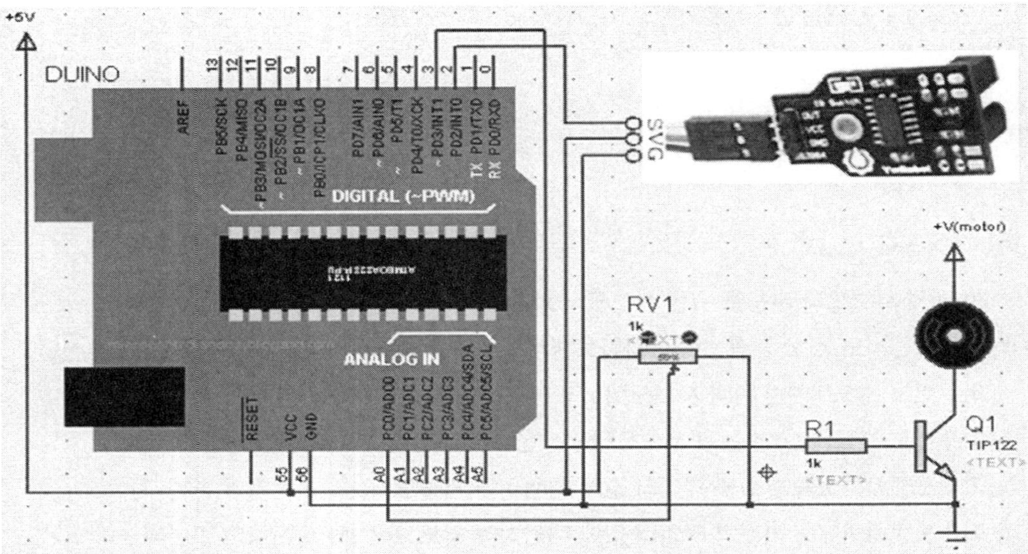

【그림 6_14_1】 적외선 엔코더센서에 의한 모터 제어회로

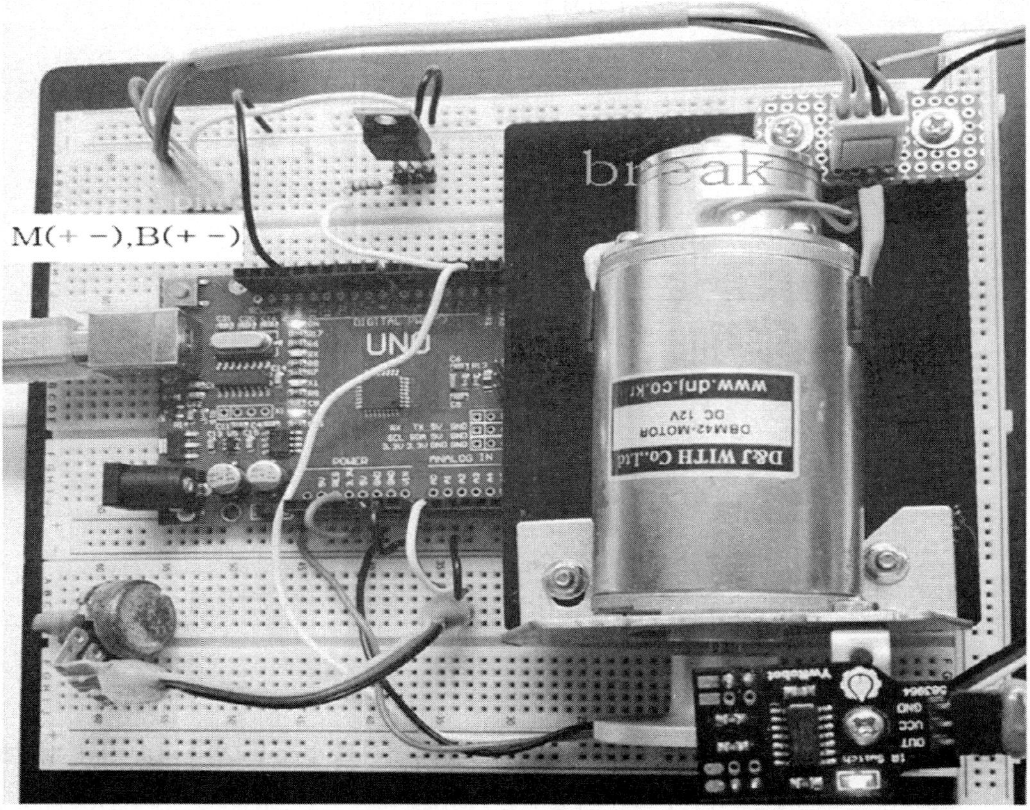

【그림 6_14_2】 적외선 엔코더센서와 모터 제어회로 배선도

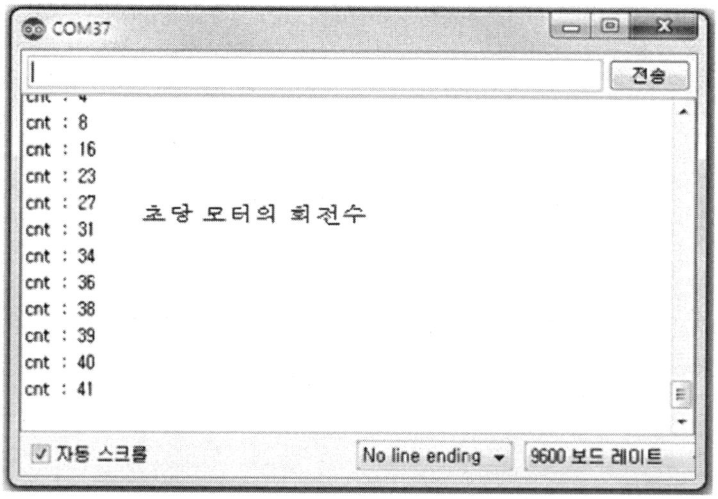

【그림 6_14_3】 모터의 초당 회전수

② 소스코드를 입력한다.

```
#define motorPin 3                                                       //①
#define encoderPin 2                                                     //②
unsigned int val, cnt = 0;                                               //③
void setup()
{
  Serial.begin(9600);
  pinMode(motorPin, OUTPUT);
  pinMode(encoderPin, INPUT_PULLUP);                                     //④
  attachInterrupt(0, revolutions, FALLING);                              //⑤

  // initialize timer1
  noInterrupts();                  // disable all interrupts
  TCCR1A = 0;
  TCCR1B = 0;
  TCNT1  = 0;
  // OCR1A = 31250;                // compare match register 16MHz/256/2Hz
  OCR1A = 62500;                   // compare match register 16MHz/256/1Hz
  TCCR1B |= (1 << WGM12);          // CTC mode
  TCCR1B |= (1 << CS12);           // 256 prescaler
  TIMSK1 |= (1 << OCIE1A);         // enable timer compare interrupt
  interrupts();                    // enable all interrupts
}
```

```
ISR(TIMER1_COMPA_vect) // timer compare interrupt service routine
{
  Serial.print("cnt : ");
  Serial.println(cnt);
  cnt = 0;
}
void loop()
{
  val = map(analogRead(A0), 0,1023, 50, 255);                    //⑥
  analogWrite(motorPin,val);                                     //⑦
}
void revolutions()
{
  cnt++;                                                         //⑧
}
```

소스코드 분석

① 아두이노 보드의 3번 핀을 모터의 신호 핀으로 지정
② 아두이노 보드의 2번 핀을 인코더의 신호 핀으로 지정
③ 아날로그 값을 저장하기 위한 변수와 모터의 회전수를 저장하기 위한 변수선언
④ 인코더의 신호를 입력받기 위해서 내부풀업으로 설정한다.
⑤ 모터의 회전수 검출을 위한 외부 인터럽트함수
⑥ A0로 입력되는 아날로그 값 0~1023의 값을 DC모터의 속도 50~255로 변환
⑦ DC모터로 PWM 파형을 출력하여 속도를 제어한다.
⑧ 회전수를 카운트한다.

프로그램[App_6_15] GM31-2838E 모터 제어(홀센서)

홀 센서가 내장된 GM31-2838E 모터에서 SW1은 정지 기능을 하고 SW2, SW3, SW4를 눌렀다가 뗄 때마다 모터의 회전각을 다르게 하는 프로그램이다. <표 6_15_1>은 GM31-2838E 모터의 사양이고 【그림 6_15_2】는 오실로스코프로 측정한 A와 B의 출력파형을 보여주는 것이다. 모터의 RPM(revolutions per minute)관련 자료는 http://playground.arduino.cc/Main/ReadingRPM에서 참고하기 바란다.

<표 6_15_1> GM31-2838E 모터의 사양

홀 센서	Specifications
	◆ GM31-2838E 1. White : Hall sensor B Vout 2. Orange : Hall sensor A Vout 3. Black : Hall sensor GND 4. Red : Hall sensor VCC 5. Blue : +Motor 6. Green : −Motor

① 【그림 6_15_1】은 홀센서 의한 모터 제어회로이고, 【그림 6_15_2】는 모터의 홀센서 A와 B의 출력파형이다. 【그림 6_15_3】는 배선도이고, 【그림 6_15_4】는 홀센서 의한 모터제어의 동작 출력을 나타낸다.

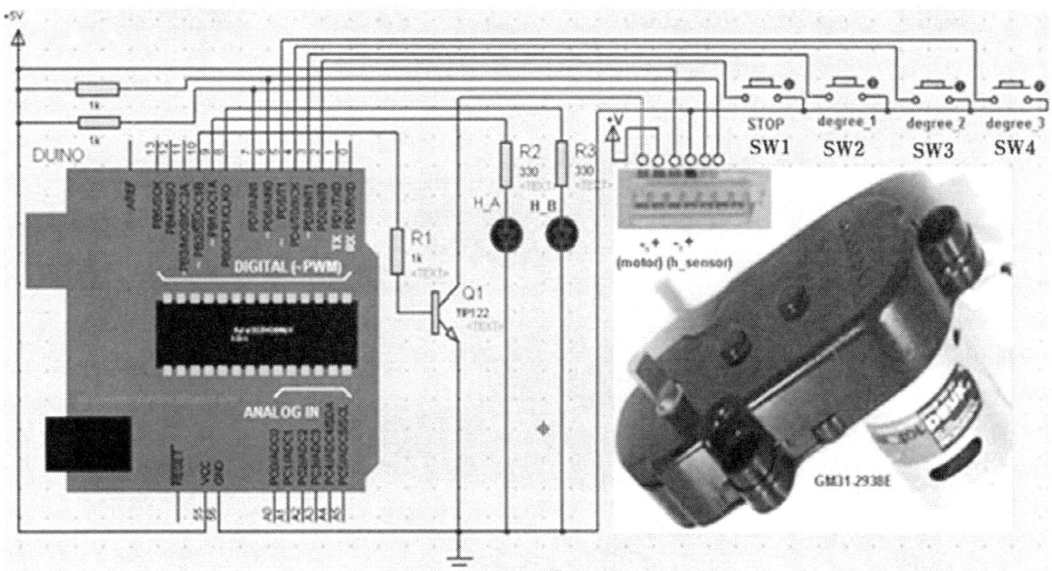

【그림 6_15_1】 홀센서 의한 모터 제어회로

【그림 6_15_2】 모터의 홀센서 A와 B의 출력

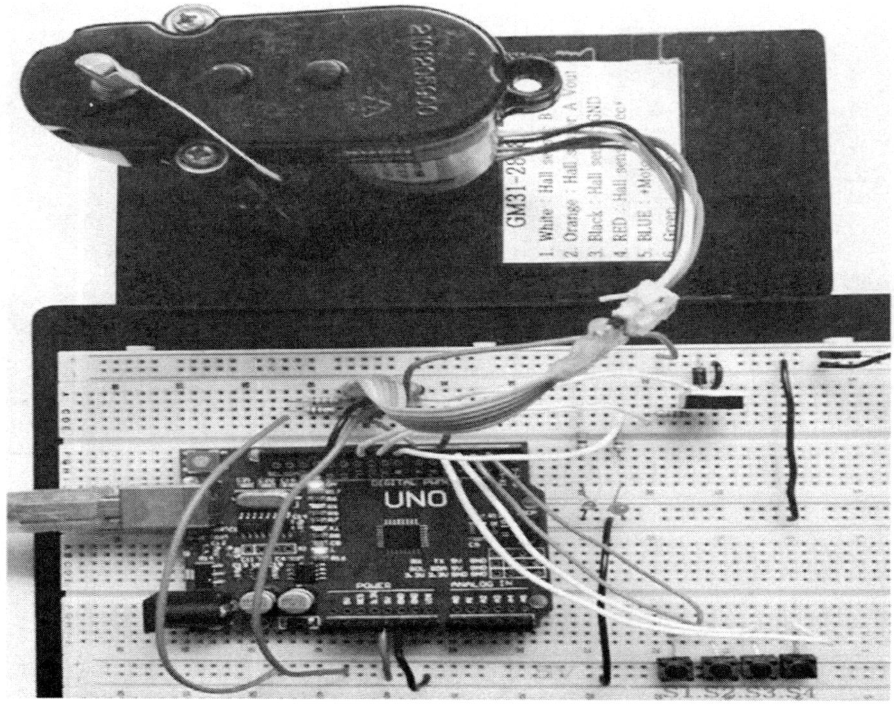

【그림 6_15_3】 홀센서가 내장된 모터 제어회로 배선도

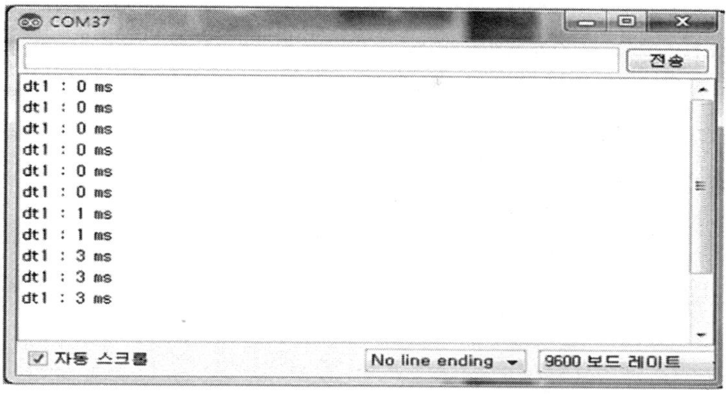

【그림 6_15_4】 홀센서 의한 모터제어 동작 출력

② 소스코드를 입력한다.

```
int dt1 = 0, dt2 = 500;                                                  //①
int timer1_counter;                                                      //②
void setup()
 {
   pinMode(2,INPUT_PULLUP);     pinMode(3,INPUT_PULLUP);                 //③
   pinMode(4,INPUT_PULLUP);     pinMode(5,INPUT_PULLUP);                 //④
   pinMode(6,INPUT_PULLUP);     pinMode(7,INPUT_PULLUP);                 //⑤
   pinMode(8,OUTPUT);           pinMode(9,OUTPUT);                       //⑥
   pinMode(10,OUTPUT);                                                   //⑦
   Serial.begin(9600);
   // initialize timer1
   noInterrupts();              // disable all interrupts
   TCCR1A = 0;
   TCCR1B = 0;
   // Set timer1_counter to the correct value for our interrupt interval
   timer1_counter = 64886;      // preload timer 65536-16MHz/256/100Hz
   //timer1_counter = 64286;    // preload timer 65536-16MHz/256/50Hz
   // timer1_counter = 34286;   // preload timer 65536-16MHz/256/2Hz
   TCNT1 = timer1_counter;      // preload timer
   TCCR1B |= (1 << CS12);       // 256 prescaler
   TIMSK1 |= (1 << TOIE1);      // enable timer overflow interrupt
   interrupts();                // enable all interrupts
}
ISR(TIMER1_OVF_vect)            // interrupt service routine
```

```
{
 TCNT1 = timer1_counter;           //preload timer
 if(digitalRead(2) == LOW) {dt1=0; digitalWrite(10,LOW);}                //⑧
 if(digitalRead(3) == LOW) dt1=1;
 if(digitalRead(4) == LOW) dt1=3;
 if(digitalRead(5) == LOW) dt1=10;
}
void loop()
 {
  Serial.print("dt1 : ");
  Serial.print(dt1);
  Serial.println(" ms");
  if(dt1 != 0) digitalWrite(10,HIGH); //motor on signal
  delay(dt1);                         //motor run time
  if(digitalRead(6) == LOW && digitalRead(7) == LOW)                     //⑨
  {
    digitalWrite(8, LOW);    //LED_A
    digitalWrite(9, LOW);    //LED_B
    digitalWrite(10,LOW);    //motor off signal
    delay(dt2);              //motor off time
  }
  if(digitalRead(6) == HIGH && digitalRead(7) == LOW)                    //⑩
  {
    digitalWrite(8, HIGH);   //LED_A
    digitalWrite(9, LOW);    //LED_B
    digitalWrite(10,LOW);    //motor off signal
    delay(dt2);              //motor off time
  }
  if(digitalRead(6) == LOW && digitalRead(7) == HIGH)                    //⑪
  {
    digitalWrite(8, LOW);    //LED_A
    digitalWrite(9, HIGH);   //LED_B
    digitalWrite(10,LOW);    //motor off signal
    delay(dt2);              //motor off time
  }
  if(digitalRead(6) == HIGH && digitalRead(7) == HIGH)                   //⑫
  {
    digitalWrite(8, HIGH);   //LED_A
```

```
    digitalWrite(9, HIGH);  //LED_B
    digitalWrite(10,LOW);   //motor off signal
    delay(dt2);             //motor off time
  }
}
```

소스코드 분석

① 모터의 ON/OFF 동작시간을 저장하기위한 변수
② 타이머/카운터1의 설정 값을 저장하기 위한 변수
③ 아두이노 보드의 2번 핀과 3번 핀을 내부풀업저항 입력으로 설정(SW1,SW2)
④ 아두이노 보드의 4번 핀과 5번 핀을 내부풀업저항 입력으로 설정(SW3,SW4)
⑤ 아두이노 보드의 6번 핀과 7번 핀을 내부풀업저항 입력으로 설정(hall_A, hall_B)
⑥ 아두이노 보드의 8번 핀과 9번 핀을 출력으로 설정(hall_A, hall_B)
⑦ 아두이노 보드의 10번 핀을 출력으로 설정(모터의 신호선)
⑧ SWI의 입력이 LOW이면 모터는 정지한다.
⑨ 모터의 홀센서A와 홀센서B의 신호가 LOW와 LOW일 때 LED_A는 OFF, LED_B는 OFF로 홀센서의 출력을 보기위해서 이다.
⑩ 홀센서A와 홀센서B의 신호가 HIGH와 LOW일 때 LED_A는 ON, LED_B는 OFF
⑪ 홀센서A와 홀센서B의 신호가 LOW와 HIGH일 때 LED_A는 OFF, LED_B는 ON
⑫ 홀센서A와 홀센서B의 신호가 HIGH와 HIGH일 때 LED_A는 ON, LED_B는 ON

* 홀센서A와 홀센서B의 출력은 (LOW,LOW), (HIGH,LOW), (LOW,HIGH), (HIGH,HIGH)의 네 가지 경우 이외에는 없고, 이 중에서 모터가 어느 위치에서 정지를 하든 SW2, SW3, SW4의 입력에 따라서 모터의 정지시간을 다르게 두었다. 모터의 동작시간은 dt2는 0.5초로 일정한데 dt1과 dt2를 변수로 하여 모터를 제어할 수 있다.

응용과제 GM31-2838E 모터

홀센서A와 홀센서B를 이용하여 회전수 및 특정위치에서 정지하는 동작을 하도록 프로그램을 하시오.

프로그램[App_6_16] DC 모터 제어(Encoder)

DC서보터제어로 엔코더가 모터에 장착되어 인코더출력 A ,B, Z중에서 간단하게 A출력으로 입력을 받아 제어해 보도록 한다. 모터와 벨트로 연결된 정지 장치도 동작시켜 본다. 키보드의 입력에 따른 회전수의 변화를 시리얼모니터를 통해 관찰한다. 인코더와 관련하여 모터의 회전수를 제어하는 소스코드는 주소 http://forum.arduino.cc/index.php?topic=167122.0에서 참고하기 바란다.

<표 6_16_1>은 인코더센서의 사양이고, <표 6_16_2>는 릴레이모듈의 사양으로 시중에서 판매되고 있는 릴레이 모듈의 사용법은 거의 유사하다.

<표 6_16_1> 인코더센서 사양

엔코더 센서	Specifications
	1. WHITE, BLACK : VCC, GND 2. RED, PINK : A OUT 3. GREEN BLUE : B OUT 4. YELLOW, ORANGE : Z OUT

<표 6_16_2> 릴레이모듈 사양

릴레이 모델	Specifications
	* 2-Channel Relay module · Number of Relays : 2 · Control signal : TTL level · Rated load : 7A/240VAC 10A/125VAC 10A/28VDC · Contact action time : 10ms/5ms

① 【그림 6_16_1】은 엔코더 센서에 의한 모터 제어회로이고, 【그림 6_16_2】는 배선도이며, 【그림 6_16_3】은 모터의 회전속도 출력을 나타낸다.

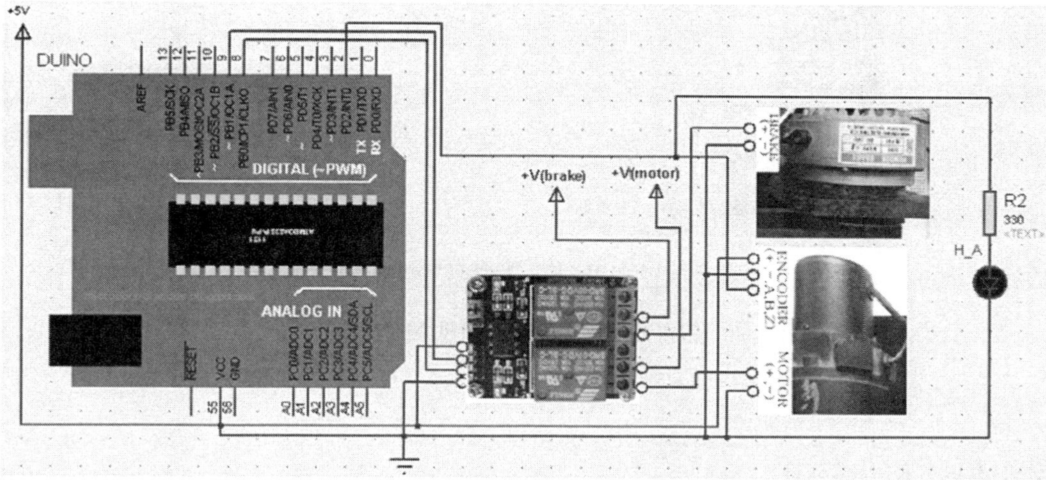

【그림 6_16_1】 엔코더 센서에 의한 모터 제어회로

【그림 6_16_2】 엔코더 센서에 의한 모터 제어회로 배선도

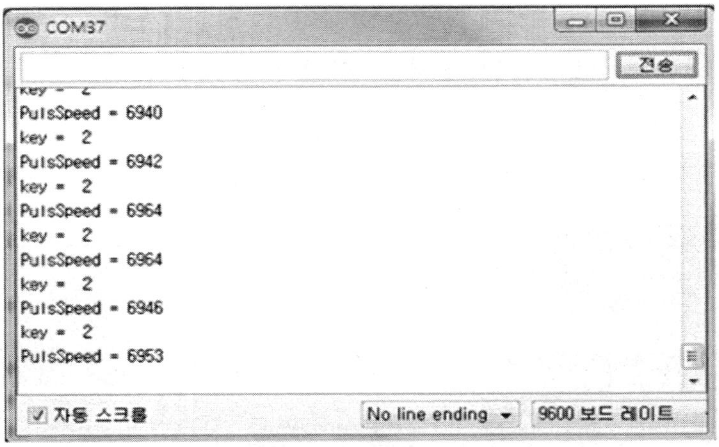

【그림 6_16_3】 모터의 회전속도 출력

② 소스코드를 입력한다.

```
int Encoder_Count = 0;                                        //①
long Time1 = 0; long Time2 = 0; long Time3 = 0;               //②
int  key = 0 ;                                                //③
void setup()
{
  pinMode(8,OUTPUT);  pinMode(9,OUTPUT);                      //④
  Serial.begin(9600);
  attachInterrupt(0, Count_Pulses, FALLING);                  //⑤
 }
void loop()
{
  if(Serial.available())
   key = Serial.read();
   if(isDigit(key))                                           //⑥
   key = key -  '0' ;//ASCII number
  switch(key)                                                 //⑦
  {
    case 0 : digitalWrite(8,HIGH);  // motor off
             digitalWrite(9,LOW);  //break on
             delay(100);
             digitalWrite(9,HIGH); //break off
```

```
          break;                                              //⑧
    case 1 : digitalWrite(8,LOW); delay(50); //motor on
          digitalWrite(8,HIGH);delay(500); //motor off
          break;                                              //⑨
   case 2 : digitalWrite(8,LOW); delay(100); //motor on
         digitalWrite(8,HIGH);delay(500); //motor off
         break;                                               //⑩
   case 3 : digitalWrite(8,LOW); delay(250); //motor on
         digitalWrite(8,HIGH);delay(500); //motor off
         break;
   case 4 : digitalWrite(8,LOW); delay(500); //motor on
         digitalWrite(8,HIGH);delay(500); //motor off
         break;                                               //⑪
   case 5 : digitalWrite(8,LOW); break;     //motor on        //⑫
  }
  Time1 = millis();                                           //⑬
  Time3 = Time1 -= Time2;
  if (Time3 >= 500)                                           //⑭
  {
   Time2 = millis ();
   int PulsSpeed = Encoder_Count;
   Encoder_Count = 0;
   Serial.print("key =  ");
   Serial.println(key);
   Serial.print("PulsSpeed = ");
   Serial.println(PulsSpeed);
  }
 }
void Count_Pulses()                                           //⑮
{
  //this is the function that runs every time pin 2
  //switches from high to low
  Encoder_Count++;
}
```

소스코드 분석

① 엔코더 센서의 출력신호로부터 펄스수를 카운트하기 위한 변수
② 시간을 측정하여 저장하기위한 변수
③ 모터의 동작을 제어하기위한 변수
④ 8번 핀과 9번 핀을 출력으로 설정(릴레이 모듈의 모터 신호, 브레이크 신호)
⑤ 모터의 회전수 검출을 위한 외부 인터럽트 함수
⑥ ASCII(American Standard Code for Information Interchange)0에서 9의 수
⑦ key값의 변수 값에 따라서 모터의 동작을 제어한다.
⑧ 8번 핀으로 도터정지신호를 출력하고 9번 핀으로 브레이크 동작신호를 출력 후 0.1초후에 브레이크해제 신호를 출력한다.(모터정지)
⑨ 8번 핀으로 모터동작신호를 0.05초 출력하고 모터의 정지신호를 0.5초 출력한다.
⑩ 8번 핀으로 모터동작신호를 0.1초 출력하고 모터의 정지신호를 0.5초 출력한다.
⑪ 8번 핀으로 모터동작신호를 0.5초 출력하고 모터의 정지신호를 0.5초 출력한다.
⑫ 8번 핀으로 모터동작신호를 계속 출력한다.
⑬ 밀리 초 단위로 시간을 저장한다.
⑭ Time3가 500밀리 초와 같거나 크면 회전수를 시리얼 모니터로 출력한다.
⑮ 엔코더 센서의 출력 A의 펄스수를 카운트한다.

☞ 응용과제 DC 모터 제어(Encoder)

시리얼 통신의 입력이 아닌 외부 스위치를 연결하여 같은 동작을 하도록 프로그램을 수정하시오.

Chapter 7

PID제어기에 의한 모터제어

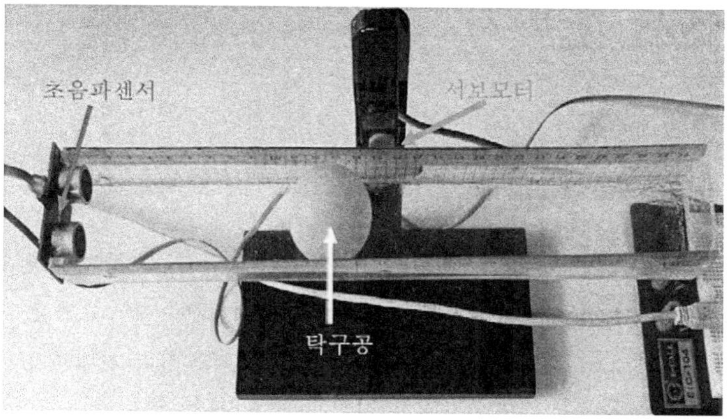

프로그래밍

제7장

PID제어기에 의한 모터제어

PID(Proportional-Integral-Derivative:비례-적분-미분) 제어기는 이상적인 적분보상과 미분보상을 할 수 있으며 능동회로로 구성되는 가장 강력한 제어기 중의 하나이다. 현대의 산업용 제어시스템의 대부분이 PID 제어기에 의하여 제어되고 있다. 그 이유는 광범위한 운용 조건하에서도 비교적 강인한 안정성이 있고 제어장치의 설계가 용이하고 이해가 쉬우며, 공학자들이 제어장치를 조작하기에 간단하기 때문이다.

7.1 PID의 기본 구성

7.1.1 PID의 개념

PID 제어는 실제 응용분야에서 가장 많이 사용되는 대표적인 형태의 제어기법이다. PID 제어기는 기본적으로 궤환(feedback)제어기의 형태를 가지고 있으며, 제어하고자 하는 대상의 출력값(output)을 측정하여 이를 원하고자 하는 참조값(reference value) 혹은 설정값(set point)과 비교하여 오차(error)를 계산하고, 이 오차값을 이용하여 제어에 필요한 제어값을 계산하는 구조로 되어 있다.

PID 제어기는 아래의 식과 같이 세개의 항을 더하여 제어값(MV:manipulated variable)을 계산하도록 기본적인 PID제어기의 구성도는 [그림 7.1.1]과 같다.

$$MV(t) = K_p e(t) + k_i \int_0^t e(\tau)d\tau + K_d \frac{de}{dt}$$

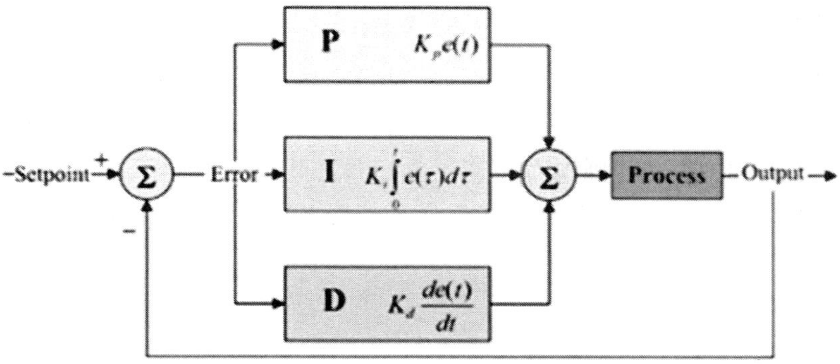

[그림 7.1.1] 기본적인 PID제어기의 구성도

이 항들은 각각 오차값, 오차값의 적분(integral), 오차값의 미분(derivative)에 비례하기 때문에 비례-적분-미분 제어기(Proportional-Integral-Derivative controller)라는 명칭을 가진다. 이 세개의 항들의 직관적인 의미는 다음과 같다.

- 비례항 : 현재 상태에서의 오차값의 크기에 비례한 제어작용을 한다.
- 적분항 : 정상상태(steady-state) 오차를 없애는 작용을 한다.
- 미분항 : 출력값의 급격한 변화에 제동을 걸어 오버슈트(overshoot)을 줄이고 안정성(stability)을 향상시킨다.

PID 제어기는 위와 같은 표준식의 형태로 사용하기도 하지만, 경우에 따라서는 약간 변형된 형태로 사용하는 경우도 많다. 예를 들어, 비례항만을 가지거나, 혹은 비례-적분, 비례-미분항만을 가진 제어기의 형태로 단순화하여 사용하기도 하는데, 이때는 각각 P, PI, PD 제어기라 불린다.

한편, 계산된 제어값이 실제 구동기(actuator)가 작용할 수 있는 값의 한계보다 커서 구동기의 포화(saturation)가 발생하게 되는 경우, 오차의 적분값이 큰 값으로 누적되게 되어서, 정작 출력값이 설정값에 가까워지게 되었을 때, 제어값이 작아져야 함에도 불구하고 계속 큰 값을 출력하게 되어 시스템이 설정값에 도달하는 데 오랜 시간이 걸리게 되는 경우가 있는데, 이를 적분기의 와인드업이라고 한다. 이를 방지하기 위해서는 적절한 안티 와인드업(anti-windup)기법을 이용하여 PID 제어기를 보완해야 한다. 위의 식에서 제어 파라메터 K_p, K_i, K_d를 이득값 혹은 게인(gain)이라고 하고, 적절한 이득값을 수학적 혹은 실험적/경험적 방법을 통해 계산하는 과정을 튜닝(tuning)이라고 한다. PID 제어기의 튜닝에는 여러 가지 방법들이 있는데, 그중 가장 널리 알려진 것으로는 지글러-니콜스 방법이 있다.

7.1.2. 제어방식

1) 단순 On/Off 제어

단순한 On/Off 제어의 경우에는 제어 조작량은 0%와 100% 사이를 왕래하므로 조작량의 변화가 너무 크고, 실제 목표값에 대해 지나치게 반복하기 때문에, 목표값의 부근에서 On/Off를 반복하는 제어로 [그림 7.1.2]는 On/Off제어 특성이다.

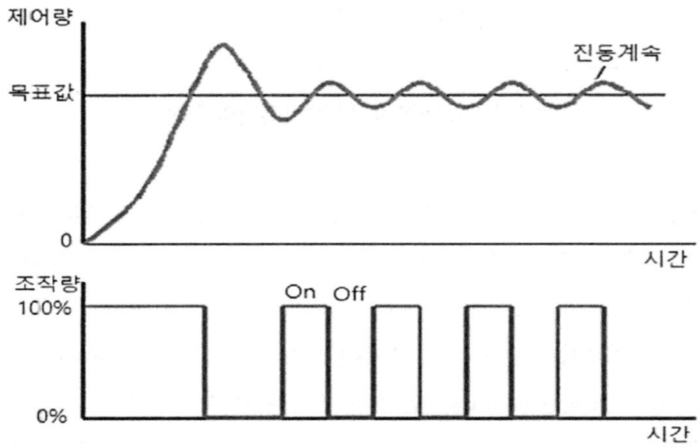

[그림 7.1.2] On/Off제어 특성

2) 비례 제어

비례제어는 조작량을 목표값과 현재 위치와의 차에 비례한 크기가 되도록 하며, 서서히 조절하는 비례 제어 방식으로 목표값에 접근하면 미묘한 제어를 가할 수 있기 때문에 미세하게 목표값에 가까이 할 수 있다. 비례제어 특성은 [그림 7.1.3]과 같다.

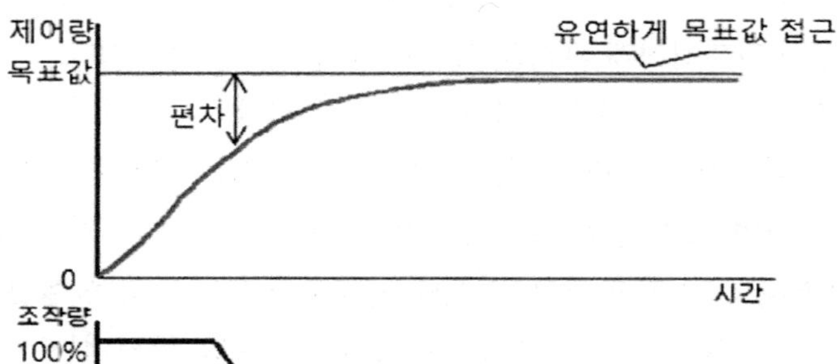

[그림 7.1.3] 비례제어 특성

3) PI 제어

비례 제어로 잘 제어할 수 있을 것으로 생각하겠지만, 실제로는 제어량이 목표값에 접근하면 문제가 발생한다. 이는 조작량이 너무 작아지고, 그 이상 미세하게 제어할 수 없는 상태가 발생하므로 목표값에 아주 가까운 제어량의 상태에서 안정한 상태로 되어 목표값에 가까워지지만, 아무리 시간이 지나도 제어량과 완전히 일치하지 않는 미소한 오차를 잔류편차라고 한다. 이 잔류편차를 없애기 위해 사용되는 것이 적분 제어이다. 따라서 미소한 잔류편차를 시간적으로 누적하여, 어떤 크기로 된 곳에서 조작량을 증가하여 편차를 없애는 방식으로 동작시킨다. PI제어의 특성은 [그림 7.1.4]과 같다.

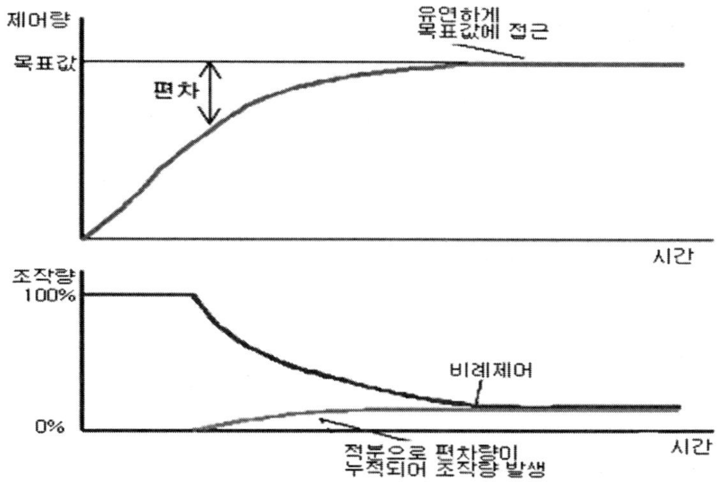

[그림 7.1.4] PI제어의 특성

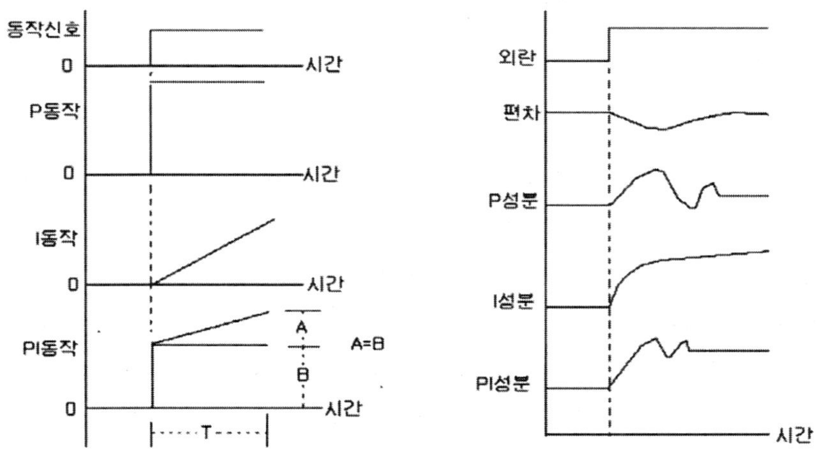

[그림 7.1.5] PI제어의 동작

[그림 7.1.5]와 같이 비례제어의 오프셋(offset)을 없애기 위해 리셋(reset)을 자동화하여 편차를 수정하는 것이 PI제어이다. 적분제어는 편차가 있는 한 수정을 계속하기 때문에 비례제어에 적분제어를 조합하여 오프셋을 자동적으로 제거할 수 있다.

T를 적분시간이라 하여 P제어에 의한 출력신호 변화를 I동작으로 일으키는데 필요한 시간이고 I제어는 오프셋의 제거는 효과가 있으나 제어의 속도 대응성은 나쁘다. 양호한 안정성을 얻기 위해서는 P제어의 비례강도를 낮게하고 I제어를 한다.

4) PID 제어

PI 제어로 실제 목표값에 가깝게 하는 제어는 완벽하게 할 수 있으나 제어 응답의 속도는 PI 제어에서는 확실히 목표값으로 제어할 수 있지만, 일정한 시간(시정수)이 필요하다. 이 때 시정수가 크면 외란이 있을 때의 응답 성능이 나빠지므로 외란에 대하여 신속하게 반응할 수 없고 원래의 목표값으로는 돌아갈 수 없으므로 미분 동작이 필요하다.

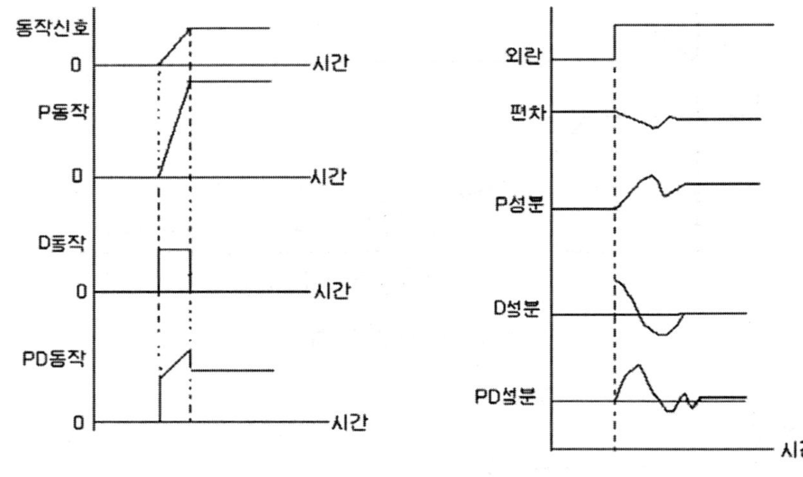

[그림 7.1.6] PD제어의 동작

PD제어는 [그림 7.1.6]과 같이 P제어에 D제어를 조합시키며 속도대응성이 높아지고 오프셋도 감소시킬 수 있다. 오프셋의 감소는 D제어에 의한 직접적인 효과는 없고 D제어에 의해 안정성이 높아진 후 P제어의 비례감도를 크게하면 과도특성은 개선되지만 오프셋을 전부 감소시킬 수 없으므로 편차제거는 불가능하다.

따라서 미분 동작은 급격히 일어나는 외란에 대해 편차를 보고, 전회 편차와의 차가 큰 경우에는 조작량을 많이 하여 기민하게 반응하도록 한다.

미분동작을 추가한 PID제어 특성은 [그림 7.1.7]와 같다.

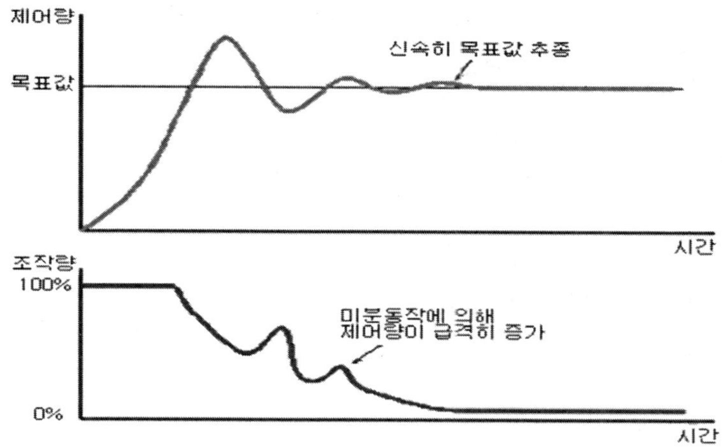

[그림 7.1.7] PID제어 특성

7.2 PID제어 파라미터

7.2.1 파라미터를 구하는 방법

스텝 응답법에 있어서 파라미터를 구하는 방법은 제어계의 입력에 스텝 신호를 가하고, 그 출력 결과가 [그림 7.2.1]과 같다.

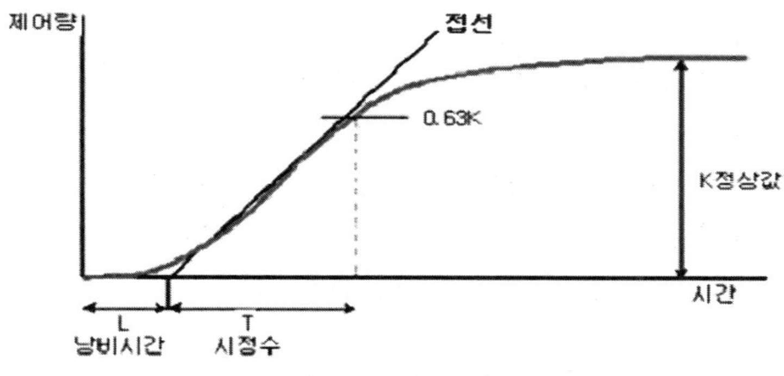

[그림 7.2.1] PID제어 파라미터

[그림 7.2.1] PID제어 파라미터 [그림 7.2.1]과 같이 상승의 곡선에 접선을 긋고, 그것과 축과의 교점과 정상값의 63%에 해당하는 값으로 된 곳의 2점에서 L(낭비시간), T(시정수), K(정상값)의 3가지 값을 구한다. 이 값으로부터, 각 파라미터는 <표 7.2.1>과 같이 구할 수 있다.

<표 7.2.1> 제어동작 종별 플랜트의 값

제어 동작 종별	Kp의 값	Ki의 값	Kd의 값
비례 제어	0.3~0.7T/KL	0	0
PI 제어	0.35~0.6T/KL	0.3~0.6/KL	0
PID 제어	0.6~0.95T/KL	0.6~0.7/KL	0.3~0.45T/K

[그림 7.2.2]와 같이 PID 파라미터에 의한 차이는 특성의 차이로 미분, 적분 효과가 빨리 효력이 나타나므로 파라미터가 클 때 overshoot가 크게 나타나고 파라미터가 작을 때는 원만한 특성이 나타난다.

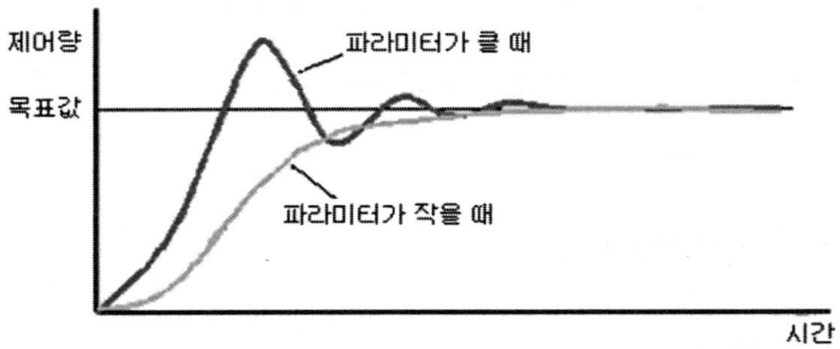

[그림 7.2.2] PID 파라미터에 의한 차이

7.2.2 PID 각 이득 값과 응답특성

PID 제어기를 설계할 때 각 이득 값의 변화에 따른 플랜트 응답 특성은 매우 유용하다. 비례이득 값을 어느 정도 증가시키면 플랜트 과도응답의 상승시간(rise time)을 줄이는 효과가 있으나 정상상태 오차(steady state error)를 없애지는 못한다. 적분이득 값은 정상상태 오차를 제거하는 효과를 가지고 있지만, 과도응답 특성을 나쁘게 만들 수 있다. 미분이득 값은 시스템의 안정도를 향상시키는 효과를 갖고 있어서, 오버슈트를 줄이고, 과도응답 특성을 향상시킬 수 있다. 이와 같은 PID 이득의 특성을 <표 7.2.2>과 같다.

<표 7.2.2> PID 각 이득 값과 응답특성 변화

이득값 \ 응답특성	상승시간	오버슈트	정착시간	정상상태 오차
K_P	감소	증가	약간변화	감소
K_I	감소	증가	증가	감소
K_D	약간변화	감소	감소	약간변화

이러한 특성들을 고려하면서 PID 이득 값들을 조절(tuning)하면 원하는 플랜트의 응답 특성을 산출하는 PID 제어기를 설계할 수 있다. 각 제어 이득들의 상관관계는 서로 영향을 미치기 때문에 항상 일정하지는 않다. 실제로, 한 이득의 변화가 다른 두 이득들을 변화시키는 효과를 낼 수 있다. 따라서 PID제어 응답 특성은 [그림 7.2.3]과 같이 표현한다.

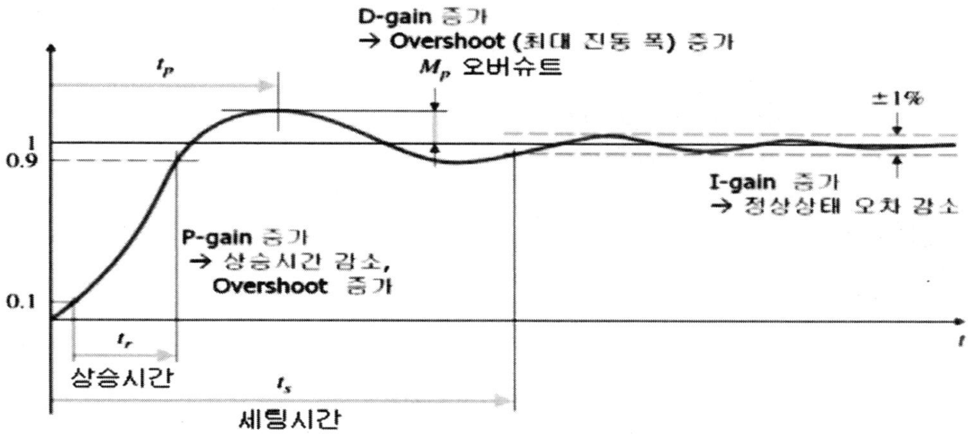

[그림 7.2.3] PID제어 응답 특성

프로그래밍

프로그램[PID_7_1] 서보모터를 이용한 볼 제어(PID library)

초음파센서(TS601-01)모듈을 이용하여 센서로부터 떨어진 볼의 거리를 측정하여 원하는 거리의 위치에서 볼을 정지시키는 동작으로 거리에 따라서 서보모터의 회전각이 조절되도록 한다. 아두이노의 홈페이지에서 제공하는 PID라이브러리 파일을 다운로드하고 이를 이용하면 간단하게 프로그램을 할 수 있다. 센서 모듈은 <표 6_6_1> 초음파 센서모듈 사양을 참고하기 바란다.

① 【그림 7_7_1】은 PID제어기를 이용한 볼 제어 회로 설계도이다.

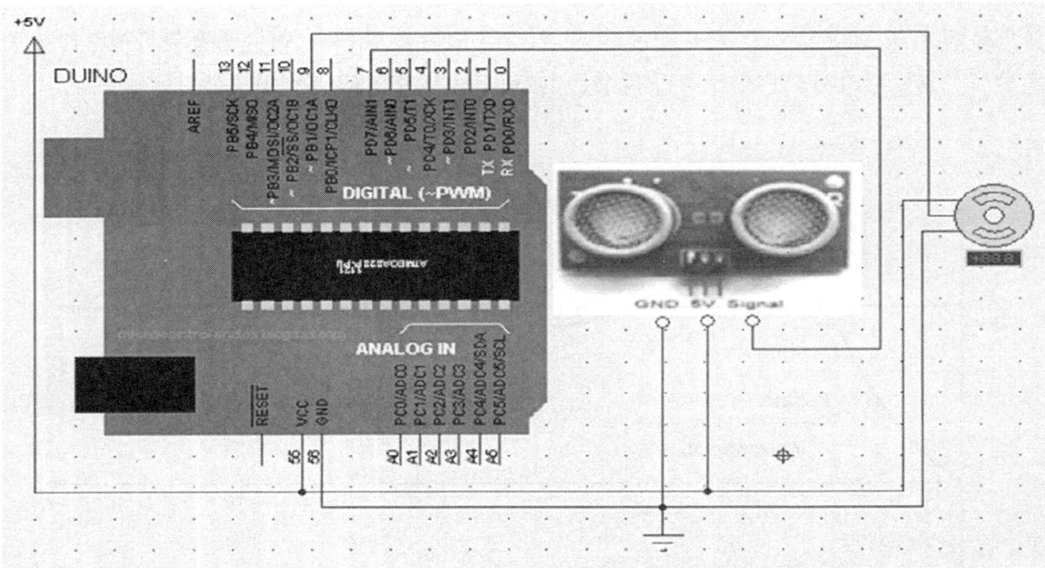

【그림 7_7_1】 초음파 센서를 이용한 볼 제어회로

② 【그림 7_7_2】는 브레드보드에 구현한 볼 제어 회로이다.

【그림 7_7_2】 브레드보드에 구현한 볼 제어회로

③【그림 7_7_3】은 볼 제어회로의 동작을 보여주는 그림으로 Kp = 2.5, Ki = 0, Kd = 0.5의 값은 볼 제어회로에서 볼이 이동할 수 있는 거리 및 구조에 따라 다를 수 있다.

【그림 7_7_3】 볼 제어회로의 동작

④ 아두이노 홈페이지에서 PID라이브러리파일을 다운로드받아 라이브러리에 추가하고 다음의 소스코드를 입력한다.

```
#include <PID_v1.h>                                               //①
#include <Servo.h>                                                //②
Servo myServo;
double Setpoint, Input, Output, ServoOutput;                      //③
float duration, cm;                                               //④
const int pingPin = 7;                                            //⑤
const int servoPin = 9;                                           //⑥
float Kp = 2.5;                                                   //⑦
float Ki = 0;                                                     //⑧
float Kd = 0.5;                                                   //⑨
PID myPID(&Input, &Output, &Setpoint, Kp, Ki, Kd, DIRECT);        //⑩

void setup() {
 Serial.begin(9600);                                              //⑪
 myServo.attach(servoPin);                                        //⑫
 Input = readPosition();                                          //⑬
```

```
  myPID.SetMode(AUTOMATIC);                                  //⑭
  myPID.SetOutputLimits(-5,5);                               //⑮
}
void loop() {
  Setpoint = 14;                                             //⑯
  Input = readPosition();                                    //⑰
  myPID.Compute();                                           //⑱
  ServoOutput=96 + Output;                                   //⑲
  myServo.write(ServoOutput);                                //⑳
  Serial.println(ServoOutput);
  Serial.println(cm);                                        //㉑
}
float readPosition() {                                       //㉒
  delay(20);
  pinMode(pingPin, OUTPUT);
  digitalWrite(pingPin, LOW);
  delayMicroseconds(2);
  digitalWrite(pingPin, HIGH);
  delayMicroseconds(5);
  digitalWrite(pingPin, LOW);
  pinMode(pingPin, INPUT);
  duration = pulseIn(pingPin, HIGH);
  cm = microsecondsToCentimeters(duration);
  if(cm >28) cm=28;                                          //㉓
  if(cm <2) cm=2;                                            //㉔
  return cm;                                                 //㉕
}
long microsecondsToCentimeters(long microseconds)            //㉖
{
   return microseconds / 29 / 2;
}
```

소스코드 분석

① PID제어기에 의한 모터제어에 필요한 함수의 프로토타입(prototype) 및 구조체등의 자료구조가 정의되어 있는 파일

② 서보모터관련 함수의 프로토타입(prototype) 및 구조체등의 자료구조가 정의되어 있는 파일

③ PID제어기의 변수 선언
④ 초음파센서 거리측정값을 얻기 위한 변수 선언
⑤ 초음파센서의 신호 핀을 설정한다.
⑥ 서보 모터의 PWM 신호 핀을 설정한다.
⑦ P게인 값 ⑧ I게인 값 ⑨ D게인 값
⑩ PID제어기의 객체를 생성한다.
⑪ 시리얼모니터로 통신하기위한 속도를 설정한다.
⑫ 아두이노의 9번 핀을 서보모터와 연결
⑬ 공의 위치를 측정하기위한 사용자 정의함수
⑭ PID제어기의 모드를 AUTOMATIC으로 설정한다.
⑮ PID의 값을 최소 −5부터 최대 5까지 설정(서보모터의 회전각의 범위)
⑯ 공의 위치를 설정한다.(Set Point를 14cm로 설정)
⑰ 공의 위치를 측정한다.
⑱ PID제어기의 연산을 한다.
⑲ 서보모터의 수평을 이루었을 때의 각도를 설정한다.(제작 과정에 따라서 각도는 다를 수 있음)
⑳ PID제어기에 의해 계산된 값을 아두이노의 9번 핀에서 서보모터로 출력
㉑ 시리얼 모니터로 공의 거리를 출력한다.
㉒ 초음파 센서의 모듈로 부터 거리정보를 얻는다.
㉓ 공의 측정거리가 28cm 이상일 경우에 최대 28cm로 설정한다.
㉔ 공의 측정거리가 2cm 이하일 경우 최소 2cm로 설정
㉕ 공의 거리를 측정한 값을 반환한다.
㉖ 공의 거리를 측정한 결과를 센티미터 값으로 반환해주는 함수이다.

*** 다음의 코드는 PID 라이브러리에 있는 C언어 파일로 참고하기 바란다.**

```
//PID_v1.h 파일
#ifndef PID_v1_h
#define PID_v1_h
#define LIBRARY_VERSION     1.0.0
class PID
{
  public:
  //Constants used in some of the functions below
```

```
#define AUTOMATIC            1
#define MANUAL               0
#define DIRECT  0
#define REVERSE  1
//commonly used functions **************************************************************************
PID(double*, double*, double*,   // * constructor.  links the PID to the Input, Output, and
double, double, double, int);    // Setpoint.  Initial tuning parameters are also set here
void SetMode(int Mode);          // * sets PID to either Manual (0) or Auto (non-0)
void Compute();                  // * performs the PID calculation.  it should be
                                 // called every time loop() cycles. ON/OFF and
                                 // calculation frequency can be set using SetMode
                                 // SetSampleTime respectively
void SetOutputLimits(double, double);      //clamps the output to a specific range. 0-255 by
                                           default, but
//it' s likely the user will want to change this depending on the application
//available but not commonly used functions ********************************************************
void SetTunings(double, double, double);   // * While most users will set the tunings once in the
 // constructor, this function gives the user the option of changing tunings during runtime
 //for Adaptive control
void SetControllerDirection(int);          // * Sets the Direction, or "Action" of the controller.
                                           DIRECT
// means the output will increase when error is positive.
// REVERSE  means the opposite.  it' s very unlikely that this will be needed
//   once it is set in the constructor.
void SetSampleTime(int);         // * sets the frequency, in Milliseconds, with which
                                 // the PID calculation is performed.  default is 100
//Display functions ********************************************************************************
double GetKp();                  // These functions query the pid for interal values.
double GetKi();                  //  they were created mainly for the pid front-end,
double GetKd();                  // where it' s important to know what is actually
int GetMode();                   //  inside the PID.
int GetDirection();              //
private:
void Initialize();
double dispKp;                   // * we' ll hold on to the tuning parameters in user-entered
double dispKi;                   //  format for display purposes
double dispKd;                   //
double kp;                       // * (P)roportional Tuning Parameter
```

```
  double ki;                  // * (I)ntegral Tuning Parameter
  double kd;                  // * (D)erivative Tuning Parameter

  int controllerDirection;
  double *myInput;            // * Pointers to the Input, Output, and Setpoint variables
  double *myOutput;           //   This creates a hard link between the variables and the
  double *mySetpoint;         //   PID, freeing the user from having to constantly tell us
                              //   what these values are.  with pointers we'll just know.
 unsigned long lastTime;
 double ITerm, lastInput;;
 int SampleTime;
 double outMin, outMax;
 bool inAuto;
};
#endif
```

//PID_v1.cpp 파일

```
/**********************************************************************************************
 * Arduino PID Library - Version 1
 * by Brett Beauregard <br3ttb@gmail.com> brettbeauregard.com
 *
 * This Code is licensed under a Creative Commons Attribution-ShareAlike 3.0 Unported License.
 **********************************************************************************************/

//#include <WProgram.h>
#include <Arduino.h> // 기존의 헤더파일 오류 시에 교재와 같이 수정하고 저장한다.
#include <PID_v1.h>
/*Constructor (...)*********************************************************
 *    The parameters specified here are those for for which we can't set up
 *    reliable defaults, so we need to have the user set them.
 ***************************************************************************/
PID::PID(double* Input, double* Output, double* Setpoint,
        double Kp, double Ki, double Kd, int ControllerDirection)
{
 PID::SetOutputLimits(0, 255);//default output limit corresponds to
 //the arduino pwm limits
 SampleTime = 100;//default Controller Sample Time is 0.1 seconds
 PID::SetControllerDirection(ControllerDirection);
 PID::SetTunings(Kp, Ki, Kd);
```

```
 lastTime = millis()-SampleTime;
 inAuto = false
 myOutput = Output;
 myInput = Input;
 mySetpoint = Setpoint;
}
/* Compute() ********************************************************************
 *   This, as they say, is where the magic happens.  this function should be called
 *  every time "void loop()" executes.  the function will decide for itself whether a new
 *  pid Output needs to be computed
 *********************************************************************************/
void PID::Compute()
{
  if(!inAuto) return
  unsigned long now = millis();
  int timeChange = (now - lastTime);
  if(timeChange>=SampleTime)
  {
    /*Compute all the working error variables*/
    double input = *myInput;
    double error = *mySetpoint - input;
    ITerm+= (ki * error);
    if(ITerm > outMax) ITerm= outMax;
    else if(ITerm < outMin) ITerm= outMin;
    double dInput = (input - lastInput);
    /*Compute PID Output*/
    double output = kp * error + ITerm- kd * dInput;
    if(output > outMax) output = outMax;
    else if(output < outMin) output = outMin;
    *myOutput = output;
    /*Remember some variables for next time*/
    lastInput = input;
    lastTime = now;
  }
}
/* SetTunings(...)*****************************************************************
 * This function allows the controller's dynamic performance to be adjusted.
 * it's called automatically from the constructor, but tunings can also
```

```
 * be adjusted on the fly during normal operation
 ******************************************************************************/
void PID::SetTunings(double Kp, double Ki, double Kd)
{
   if (Kp<0 || Ki<0 || Kd<0) return;
   dispKp = Kp; dispKi = Ki; dispKd = Kd;
   double SampleTimeInSec = ((double)SampleTime)/1000;
   kp = Kp;
   ki = Ki * SampleTimeInSec;
   kd = Kd / SampleTimeInSec;
  if(controllerDirection ==REVERSE)
   {
      kp = (0 - kp);
      ki = (0 - ki);
      kd = (0 - kd);
   }
}
/* SetSampleTime(...) *********************************************************
 * sets the period, in Milliseconds, at which the calculation is performed
 ******************************************************************************/
void PID::SetSampleTime(int NewSampleTime)
{
   if (NewSampleTime > 0)
   {
      double ratio  = (double)NewSampleTime / (double)SampleTime;
      ki *= ratio;
      kd /= ratio;
      SampleTime = (unsigned long)NewSampleTime;
   }
}
/* SetOutputLimits(...)****************************************************
 *    This function will be used far more often than SetInputLimits.  while
 *  the input to the controller will generally be in the 0-1023 range (which is
 *  the default already,)  the output will be a little different.  maybe they'll
 *  be doing a time window and will need 0-8000 or something.  or maybe they'll
 *  want to clamp it from 0-125.  who knows.  at any rate, that can all be done
 *  here.
 **************************************************************************/
```

```
void PID::SetOutputLimits(double Min, double Max)
{
  if(Min >= Max) return
  outMin = Min;
  outMax = Max;
  if(inAuto)
  {
   if(*myOutput > outMax) *myOutput = outMax;
   else if(*myOutput < outMin) *myOutput = outMin;
   if(ITerm > outMax) ITerm= outMax;
   else if(ITerm < outMin) ITerm= outMin;
  }
}
/* SetMode(...)*************************************************************
 * Allows the controller Mode to be set to manual (0) or Automatic (non-zero)
 * when the transition from manual to auto occurs, the controller is
 * automatically initialized
 ******************************************************************************/
void PID::SetMode(int Mode)
{
   bool newAuto = (Mode == AUTOMATIC);
   if(newAuto == !inAuto)
   { /*we just went from manual to auto*/
      PID::Initialize();
   }
   inAuto = newAuto;
}
/* Initialize()*************************************************************
 *does all the things that need to happen to ensure a bumpless transfer
 *  from manual to automatic mode.
 ******************************************************************************/
void PID::Initialize()
{
  ITerm = *myOutput;
  lastInput = *myInput;
  if(ITerm > outMax) ITerm = outMax;
  else if(ITerm < outMin) ITerm = outMin;
}
```

```
/* SetControllerDirection(...)*************************************************
 * The PID will either be connected to a DIRECT acting process (+Output leads
 * to +Input) or a REVERSE acting process(+Output leads to -Input.)  we need to
 * know which one, because otherwise we may increase the output when we should
 * be decreasing.  This is called from the constructor.
 ******************************************************************************/
void PID::SetControllerDirection(int Direction)
{
  if(inAuto && Direction !=controllerDirection)
  {
    kp = (0 - kp);
    ki = (0 - ki);
    kd = (0 - kd);
  }
  controllerDirection = Direction;
}
/* Status Funcions*************************************************************
 * Just because you set the Kp=-1 doesn't mean it actually happened.  these
 * functions query the internal state of the PID.  they're here for display
 * purposes.  this are the functions the PID Front-end uses for example
 ******************************************************************************/
double PID::GetKp(){ return  dispKp; }
double PID::GetKi(){ return  dispKi;}
double PID::GetKd(){ return  dispKd;}
int PID::GetMode(){ return  inAuto  AUTOMATIC : MANUAL;}
int PID::GetDirection(){ return controllerDirection;}
```

프로그램[PID_7_2] DC모터를 이용한 위치 제어(PID library)

【그림 7_2_1】의 회로에서 RV1의 가변저항 값(설정 값)에 따라서 A0로 입력되는 전압이 0V에서 5V로 전압이 변하는데 이 전압의 값에 따라서【그림 7_2_5】와 같이 모형 헬리콥터가 위와 아래로 이동을 하는 프로그램이다.

RV1의 어느 특정 값의 위치에 목표 값을 설정해 놓으면 RV2의 가변저항으로부터 입력되는 아날로그 값을 받아서 RV1의 값과 같아지면 그 위치에서만 DC모터가 계속 동작을 한다.

<표 7_2_1>은 본 교재에서 사용된 DC모터 사양으로 대만제품이며 타 회사의 모터로 사용

할 때와 또는 모형제품의 크기에 따라 소스코드에서 PID의 게인값을 변경해 주어야 한다.

<표 7_2_1>은 표준 감속기어 시스템으로 모터가 기본으로 장착되어 있는 형태이다. ElectricRC몰 www.electricrc.co.kr에서 참고하기 바란다.

<표 7_2_1> GW/EPS-STD_B의 사양

propeller	Volts	Amps	Thrust		Power	Efficiency	
	(V)	(A)	(g)	(oz)	(w)	(g/w)	(oz/kw)
EP1180	7.2	2.70	168	5.93	19.44	8.64	305
EP1260	7.2	2.80	192	6.77	20.16	9.52	336
EP1280	7.2	3.00	190	6.70	21.6	8.80	310

① PID제어기에 의한 DC모터위치제어회로는 【그림 7_2_1】과 같다.

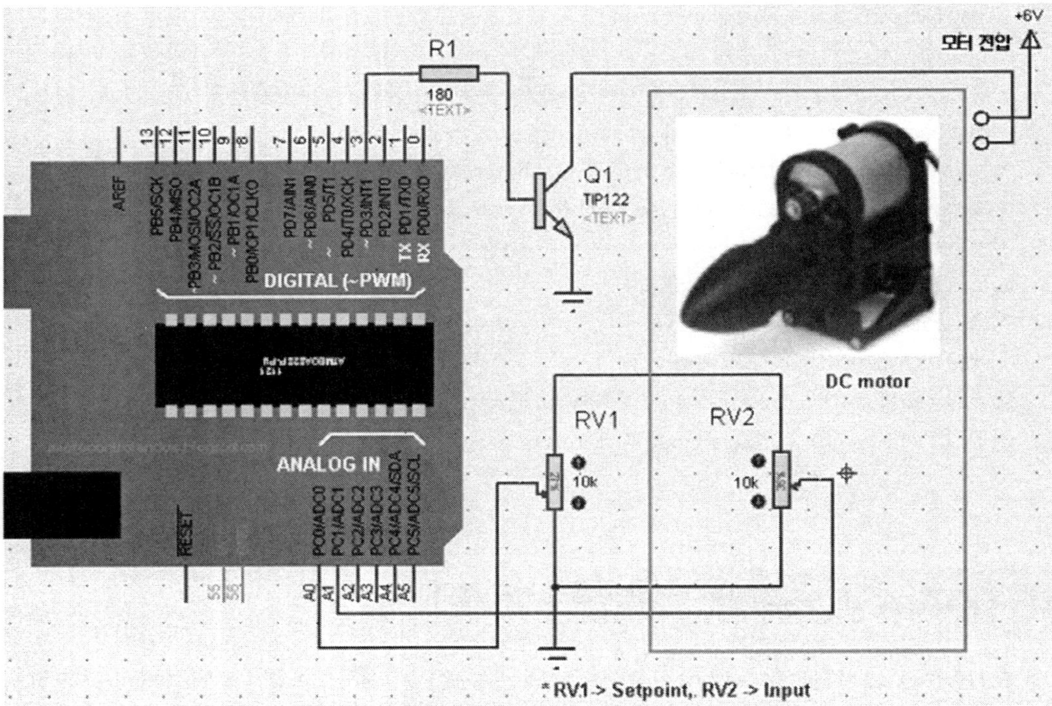

【그림 7_2_1】 DC모터에 위치 제어회로 설계

② 【그림 7_2_2】는 가변저항 연결 시에 (a)와 같이 연결할 경우에는 시계방향으로 회전시킬 때 높은 전압이 출력되며 (b)의 경우에는 시계반대방향으로 회전시킬 때 높은 전압이 걸린다.

* 실수로 가변저항의 1번과 2번 또는 2번과 3번에 전원전압을 연결하는 경우에는 가변저항

이 파손될 수 있으니 주의하기 바란다. 일부 PCB에 장착되어 사용하기 됩게 판매되는 경우에는 2번과 3번이 바뀌는 경우도 있으므로 테스터기로 반드시 확인을 해야 한다.

【그림 7_2_2】 가변저항 연결 시 주의 사항

【그림 7_2_3】은 PID제어기를 브레드보드에 구현한 회로로 트랜지스터(TIP122)는 열이 발생하므로 방열판을 달아준다.

【그림 7_2_3】 브레드보드에 구현한 회로

【그림 7_2_4】는 PID제어기의 동작을 시리얼 모니터로 Setpoint, Input, Output의 출력 값을 보여주는 그림이다.

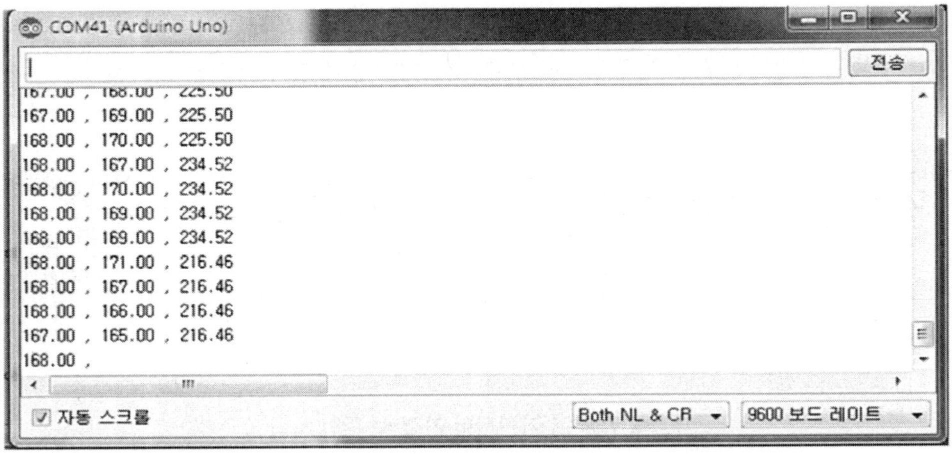

【그림 7_2_4】 Setpoint, Input, Output의 출력 값

【그림 7_2_5】는 DC모터의 위치제어동작을 보여주는 그림으로 Kp=1.6, Ki=0.2, Kd=0.3의 값은 DC모터와 연결된 바(bar)의 길이 및 균형추의 무게에 따라 값이 다르다.

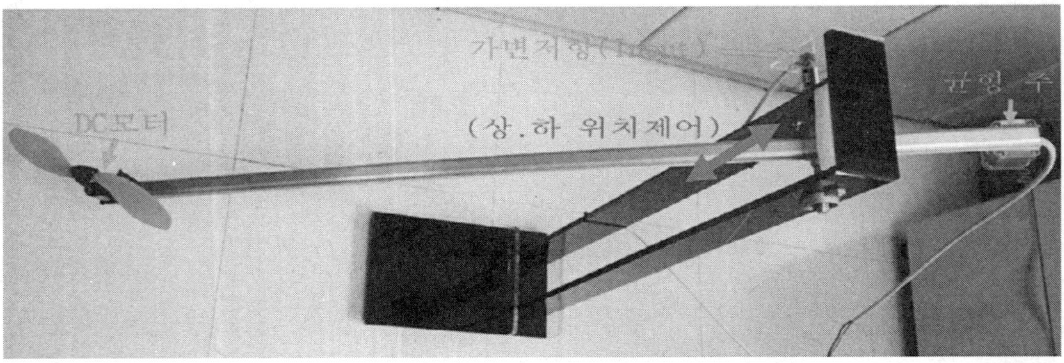

【그림 7_2_5】 DC모터 위치제어회로의 동작

2 소스코드를 입력한다.

```
#include <PID_v1.h>                                              //①
double Setpoint, Input, Output;                                  //②
PID myPID(&Input, &Output, &Setpoint,1.6,0.2,0.3, DIRECT);       //③
int error, down;                                                 //④
void setup()
{
```

```
  Input = analogRead(1);                                         //⑤
  Serial.begin(9600);                                            //⑥
  myPID.SetMode(AUTOMATIC);                                      //⑦
}
void loop()
{
  Serial.print(Setpoint);                                        //⑧
  Serial.print(" , ");
  Serial.print(Input);                                           //⑨
  Serial.print(" , ");
  Serial.println(Output);                                        //⑩
  Setpoint = map(analogRead(0),0,1023,75,365);                   //⑪
  Input = analogRead(1);                                         //⑫
  error=(Setpoint-Input);                                        //⑬
  myPID.Compute();                                               //⑭
  if (error>0)                                                   //⑮
  {
   analogWrite(3,Output);                                        //⑯
  }
  if (error<=0)                                                  //⑰
  {
   down=map(error,0,-90,Output,0);                               //⑱
   analogWrite(3,down);                                          //⑲
  }
}
```

소스코드 분석

① PID제어에 필요한 함수를 사용하기위해 헤더파일을 불러온다.

② PID제어에 필요한 변수를 선언한다.

③ PID제어기의 객체를 생성한다.

④ 위치정보를 얻기 위한 변수를 선언한다.

⑤ 가변저항(RV2)로부터 위치정보를 얻는다.

⑥ 시리얼 모니터로 통신하기위한 통신 속도를 설정한다.

⑦ PID제어기의 모드를 AUTOMATIC으로 설정한다.

⑧ Setpoint 값을 시리얼 모니터로 출력한다.

⑨ Input 값을 시리얼 모니터로 출력한다.
⑩ Output 값을 시리얼 모니터로 출력한다.
⑪ 아두이노의 A0포트로 Setpoint의 값을 입력받는다.(RV1 → 제어 위치를 설정)
⑫ 아두이노의 A1포트로 Input의 값을 입력 받는다.(RV2)
⑬ 설정 값과 입력 값의 차를 저장한다.
⑭ PID제어기의 모드를 AUTOMATIC으로 설정한다.
⑮ 입력 값이 설정 값에 도달하지 못하면 모터의 속도를 증가시켜 모형 헬리콥터를 위로 이동시킨다.(Output의 값을 증가시킨다.)
⑯ 아두이노의 3번 핀으로 PWM파형을 출력한다.
⑰ 입력 값이 설정 값보다 크거나 같다면 모형 헬리콥터를아래로 이동시킨다.
(Output의 값을 감소시키거나 유지)
⑱ 입력 값과 설정 값의 차이가 0에서 90 사이에 있으면 Output의 값은 최소 0까지 감소한다.(Output의 값이 0이면 모터는 정지한다.)
⑲ 아두이노의 3번 핀으로 PWM파형을 출력한다.

http://www.ohm.co.kr

Ohm사 · R&C사 홈페이지 안내

OHM사 홈페이지를 방문하시면 보다 많은 정보를 얻을 수 있습니다. 앞으로도 OHM사는 엔지니어들을 위한 학습교재와 최신 기술들을 보급하여 나가는데 최선을 다할 것이며 엔지니어들이 우대받는 세상이 되도록 선도하여 나가겠습니다.

▶ 도서상품

OHM사에서 발행되는 교재를 직접 구매할 수 있으며, 상품에 따라 정해진 마일리지를 적립하여 드리고, 일정 금액이 적립되면 현금과 동일하게 사용할 수 있습니다.

▶ 키트상품

교재와 관련하여, 부설기관인 R&C사에서 교육용 키트를 제작, 그와 관련된 장비 등의 기자재를 함께 판매하고 있습니다.

▶ 특판상품

교재와 함께 그에 관련된 학습용 키트를 한데 모아 특판 상품으로 구성하여 개별 구입시보다 저렴하게 구입할 수 있도록하여 판매하고 있습니다.

▶ 할인상품

교재 및 R&C사에서 제작되는 학습용 키트상품 중 일부 품목의 할인율을 높혀 매우 저렴한 가격에 판매하고 있습니다.

▶ 커뮤니티

교재 및 학습용 키트에 대한 의문점을 분야별로 세분화된 커뮤니티를 통해 저자들과 관련 분야의 전문가들에게 직접 질문하고 상담할 수 있습니다.

▶ 상품관련 자료실

교재 및 R&C사에서 제작되는 학습용 키트상품 관련 예제소스 등의 본사 상품에 관련된 자료를 열람하고 다운로드 하실 수 있습니다.

E-mail : ohm@ohm.co.kr

AVR-8515 Kit

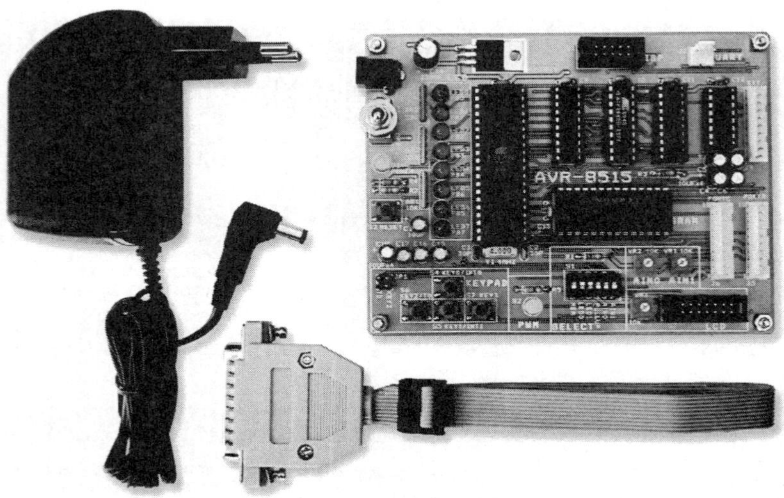

♣ 부품 SET 별도 판매

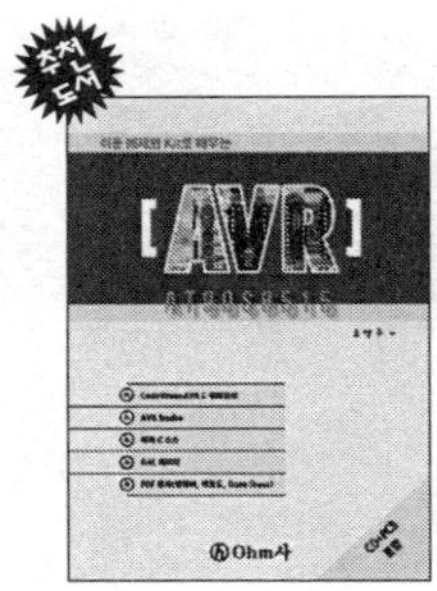

저 자 : 조영준
ISBN : 89-7101-717-1
판 형 : B5
쪽 수 : 301
가 격 : 25,000원

AVR-8515 KIT의 주요 사양

항 목	사 양	비 고
CPU	AT90S8515	4MHz 클럭 사용(8MHz 까지 가능)
메모리	RAM : 32K 바이트	선택적 사용
내장 주변장치	B 포트 : LED×8	선택적 사용
	D 포트 : LED×4	인터럽트와 연동 사용
	PWM	LED로 확인
	아날로그 입력	가변저항 이용
	직렬 포트 : RS232C	MAX232 내장
외부 인터럽트	RAM : 32K 바이트	스위치 입력
디스플레이	LCD : 16 문자 × 2줄	C 포트에 연결
전원	+9V ~ +12V 외부 전원 사용	아답터 잭, 5V 정전압 회로 내장
외부 인터페이스	ISP 케이블	프로그래밍용(PC의 프린터 포트에 연결)
PCB 외형	132×102mm 2층 에폭시 기판	

ATMEL사의 AVR 8 비트 RISC 프로세서인 AT90S8515의 기본적인 하드웨어 구조와 프로그래밍 연습을 해볼 수 있는 **쉽고 간단하며, 저렴한** Training KIT이다. 가장 기본적인 기능을 익히고 실험하는데 필요한 최소한의 하드웨어로 구성되어 초보자가 익히고 실험하기에 적합하다.

ISP 케이블과 CodeVisionAVR C 컴파일러를 이용하여 사용자가 작성한 프로그램을 PC로 다운로드하여 즉시 실험해 볼 수 있기 때문에 롬라이터와 같은 별도의 장비가 필요하지 않으며, 기본적인 사양만으로 설계되어 학생들이나 AVR을 익히려는 일반인이 사용하기 적합한 저가형 KIT이다.

구입문의 : 학습기기 R&C사 / 도서출판 Ohm사 ✆ 02) 776-4868-9

KUT-51 Kit

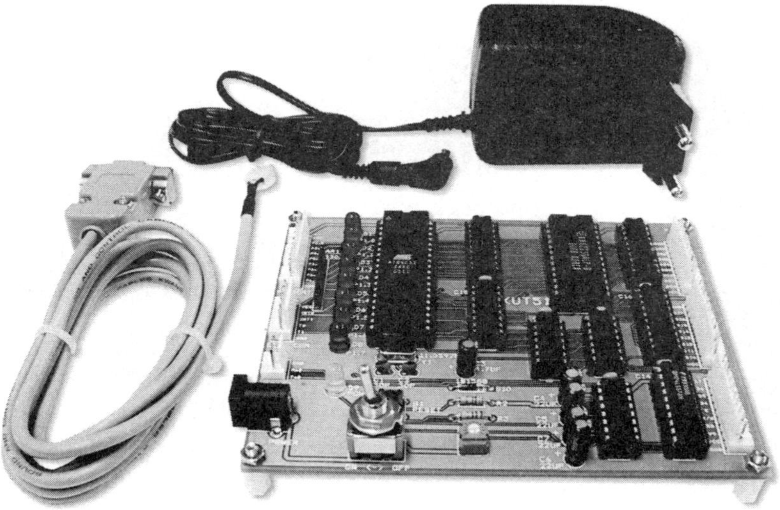

♣ 부품 SET 별도 판매

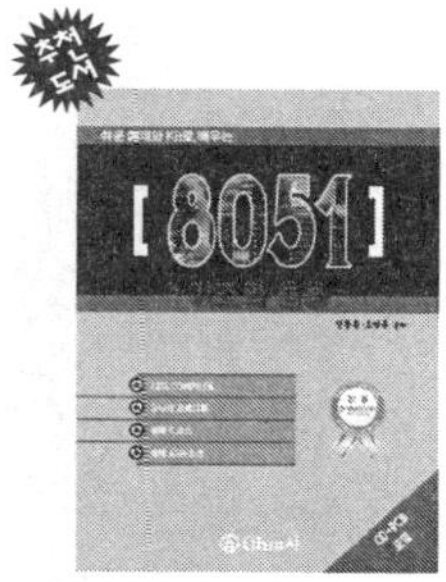

저 자 : 신동욱, 조영준
ISBN : 89-7101-718-X
판 형 : B5
쪽 수 : 382
가 격 : 28,000원

KUT-51 KIT의 주요 사양

항 목	사 양	비 고
CPU	AT89C51(ATMEL)	11.0592MHz 클럭 사용
메모리	FLASH : 4K 바이트 RAM : 32K 바이트	AT89C51에 내장 프로그램 & 데이터 메모리로 사용
내장 주변장치	P1 포트 : LED×8 직렬 포트 : RS232C	커넥터를 통해 외부와 연결 가능 MAX232 내장
디스플레이	LCD : 16문자 ×2줄	외부 커넥터에 연결
확장 커넥터	입력 : 8 비트 출력 : 8 비트 LCD : 8 비트 P1 포트 : 8 비트 인터럽트 신호 : 4 비트 총 36비트	래치에 의한 입력 래치에 의한 출력 래치에 의한 출력 - 4비트 제어 P1 포트의 입출력 사용 INTn, Tn 신호
전원	+5V의 외부 전원 사용	아답터 잭, 5V 정전압 아답터 사용
프로그래밍	직렬 포트에 의한 다운로딩	모니터 프로그램 내장
PCB 외형	127×101mm 2층 에폭시 기판	

Intel의 MCS51과 100% 호환되는 ATMEL의 AT89C51을 사용한 **KUT51 Training KIT**는 8051을 배우고 익힐 수 있는 최소한의 기능을 내장하고 있다. 간단하게 구성되었기 때문에 가격이 저렴하고 크기가 작아 좁은 공간에서도 쉽게 사용할 수 있으며, 응용 실험을 할 수 있도록 외부 커넥터를 내장하여 사용자가 직접 구성한 외부 기기나 책의 응용예제에 사용된 보드 등을 제작 연결하여 실험해 볼 수 있도록 되어 있다. 또한, **AT89C51 내부의 플래시 메모리에 모니터 프로그램을 내장하고 있어서 별도의 롬라이터가 필요없이 시리얼 포트를 통해서 프로그램을 다운로드하여 실행시켜 볼 수 있는 장점**이 있다.
KEIL-C 컴파일러 평가판을 사용하여 C언어와 어셈블러로 플그램을 연습할 수 있다.

OK-8051 Kit

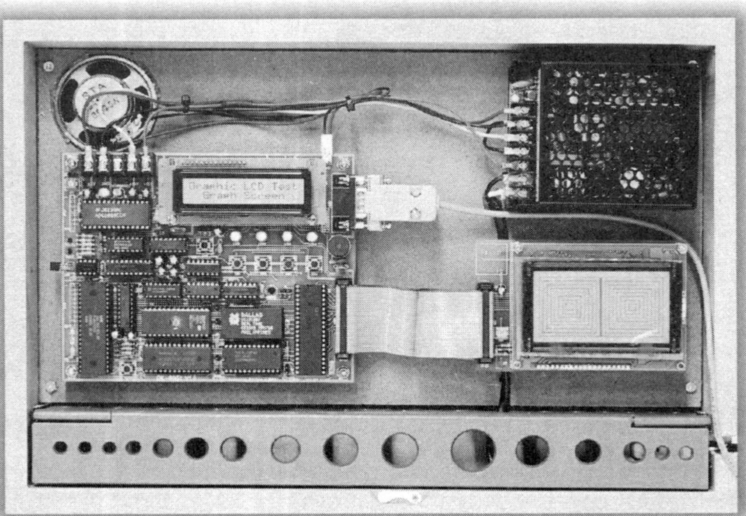

저 자 : 윤덕용
ISBN : 89-7101-715-5
판 형 : B5
쪽 수 : 870
가 격 : 30,000원

OK-8051 KIT의 주요 사양

항 목	사 양	비 고
CPU	89C52(12MHz)	12MHz 수정발진 모듈 사용
ROM	27C256-15(32 KB)	모니터 프로그램 및 응용 프로그램
RAM	62256-7(32 KB) (80C32에 내장된 256바이트는 별도)	사용자의 프로그램 및 데이터 저장
프로그램의 입력 및 실행	1. IBM PC의 직렬 포트를 사용하는 방법 (RS-232C 통신 에뮬레이터 DL51 기본 제공) 2. 키트에 ROM을 삽입하여 사용하는 방법 3. ROM 에뮬레이터를 사용하는 방법	1. 9핀 RS-232C 케이블 기본 제공 2. 모니터 프로그램 기본 내장 (트레이스 기능, 2개의 브레이크 포인트 기능, 역어셈블러 내장)
I/O	1. CPU가 직접 제어하는 I/O (1) RS-232C 직렬통신 포트(CN2) (2) +5V용 버저, 스피커 사운드 제어 (3) 스위치에 의한 사용자 인터럽트 (4) 포트1 콘넥터(CN3) 2. DS12C887 배터리 백업형 리얼타임 클럭 3. 82C54 타이머 (1) 외부 클럭 입력(CN4) (2) 스피커 출력(CN5) 4. 82C55 병렬 인터페이스 (1) 외부 병렬 입출력 콘넥터(CN4) (2) 4개의 키입력 스위치 및 상태표시 LED (3) 스텝 모터 제어 콘넥터(CN6) 5. 16자×2행 LCD 모듈 (backlight 가능) 6. ADC0809 8채널 8비트 A/D 컨버터 (1) 전압센서, 온도센서, 광센서 각 1개 (2) 4채널 아날로그 입력 콘넥터(CN7) 7. DAC0800 8비트 D/A 컨버터	1. 기본적인 주변 인터페이스용 LSI와 TTL 소자만을 사용하여 저렴한 가격으로 손쉽게 키트를 조립할 수 있도록 설계 2. A/D 입력 범위는 0V~+5V 3. D/A 출력 범위는 0V~+10V, -10V~+10V 중에서 선택 사용 4. 모니터 프로그램 사용시 9600, 19200 bps 중에서 선택 사용 5. 어셈블리 및 C언어로 작성된 수십가지의 응용 예제 프로그램을 기본으로 제공
전원	+5V, ±15V (또는 ±12V도 사용 가능)	±15V는 아날로그 회로에서만 사용
PCB	160×130mm 양면 에폭시 기판	

구입문의 : 학습기기 R&C사 / 도서출판 Ohm사 ☏ 02) 776-4868-9

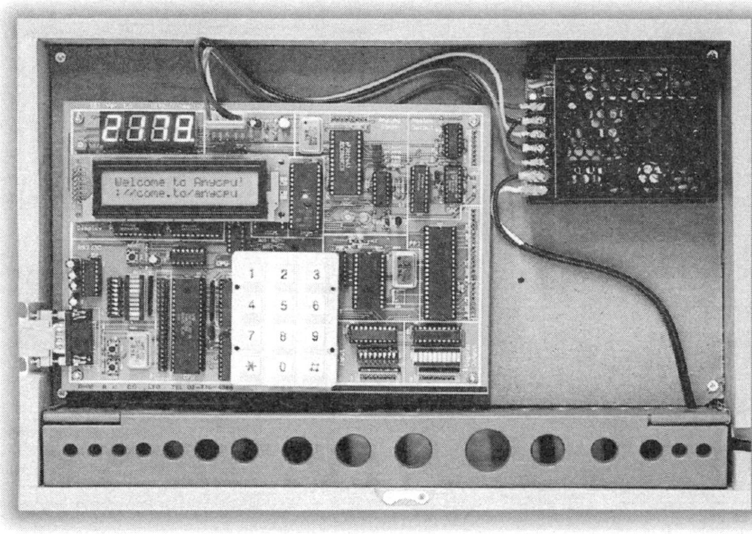

♣ PCB 별도 판매

저 자 : 박귀태, 이상락
ISBN : 89-7101-713-9
판 형 : B5
쪽 수 : 650
가 격 : 25,000원

T-51 KIT의 주요 사양

항 목	사 양	비 고
CPU	8051/8052 겸용 80C251 지원	11.0592MHz 15배 성능 향상
메모리	ROM : 32K 바이트 RAM : 32K 바이트	27C256, 플래시 사용 가능 62256
내장 주변장치	P1 포트 : LED×8, 스위치×8 직렬 포트 : RS232C 타이머/카운터 : 16비트×2	 MAX232 내장 입력 스위치 내장
외부 인터럽트	2채널	입력 스위치 내장
디지털 입출력 포트	디지털 입력 : 8채널, 스위치×8 내장 디지털 입력 : 8채널, LED×8 내장 PPI 8255 : 24채널 입출력	8핀 헤더 제공 8핀 헤더 제공 8핀 헤더×3 제공
디스플레이	7세그먼트 표시기 : 4자리 LCD 표시기 : 20자×2줄	숫자 표시용 80×2, 40×4 확장 가능
키패드	12키	전화기용, 64키 확장 가능
아날로그 입력 DAC	8채널 입력 입력범위 : 0~5[V] 분해능 : 8비트 변환시간 : 100usec 가변저항, Cds, 온도센서, DAC 루프백 내장	ADC0809 OpAmp 버퍼 내장 8핀 헤더 제공 LM35DZ
아날로그 출력 DAC	1채널 출력 출력범위 : 0~5 또는 ±10V[V] 안정시간 : 150nsec 슬루레이트 : 8mA/usec	DAC0800 OpAmp 버퍼 내장 8핀 헤더
전원	−12, 0, +12, 0, 5[V]	5핀 헤더
윈도우용 소프트웨어	문제출시, 풀이제시 프로그램 컴파일 통합환경 프로그램 다운로드 트레이스, 실행 직렬통신 터미널, 그래픽 터미널	AnyCpu Tutor 제공 Keil사 제공 AnyCpu Tutor 제공 Os51.hex 제공 AnyCpu Tutor 제공

OK-196 Kit

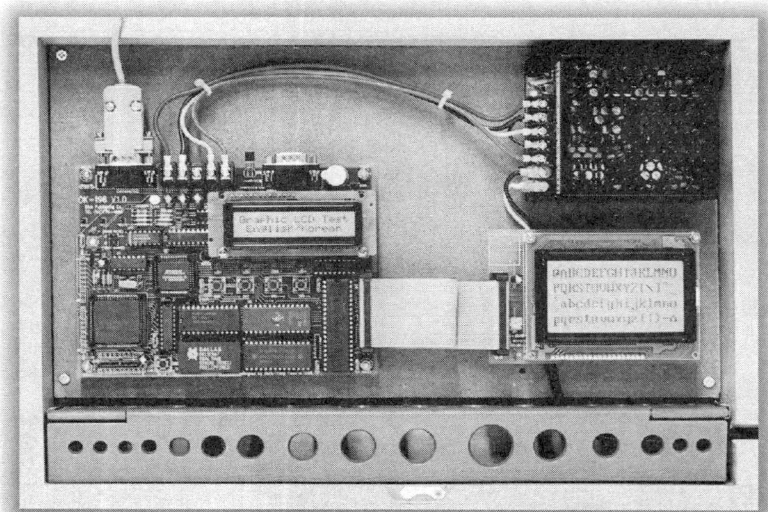

♣ PCB 별도 판매

저 자 : 윤덕용
ISBN : 89-7101-726-0
89-7101-727-9
판 형 : B5
쪽 수 : 808/535
가 격 : 33,000/28,000원

OK-196 KIT의 주요 사양

항 목	사 양	비 고
CPU	N80C196KC20(20MHz)	20MHz 수정발진자 사용
ROM	27C256-15(32 KB)	모니터 프로그램 및 응용 프로그램
RAM	62256-7(32 KB) (80C196KC에 내장된 488바이트는 별도)	사용자의 프로그램 및 데이터용
프로그램의 입력 및 실행	1. IBM PC의 직렬 포트를 사용하는 방법 2. 키트에 ROM을 삽입하여 사용하는 방법 3. ROM 에뮬레이터를 사용하는 방법	1. 9핀 RS-232C 케이블 기본 제공 2. 모니터 프로그램 기본 내장 (트레이스 기능, 4개의 브레이크 포인트 기능, 역어셈블러 내장)
I/O	1. CPU가 직접 제어하는 I/O (1) +5V용 버저, 온도센서, 전압센서 (2) RS-232C 직렬통신 포트(CN3) (3) 스텝/서보 모터 제어 콘넥터(CN5) (4) 포트1 콘넥터(CN6) (5) HSI/HSO 콘넥터(CN7) (6) 6채널 아날로그 입력 콘넥터(CN8) 2. 1채널 8비트 D/A 컨버터(DAC0800) 3. 8255A 병렬 인터페이스 (1) 4개의 키입력 스위치 (2) 4개의 상태표시 LED (3) 외부 병렬 입출력 콘넥터(CN4) 4. 8251A 및 RS-232C 포트(CN2, 모니터 전용) 5. 8254 타이머 및 스피커(CN9) 6. 16자×2행 LCD 모듈 (backlight 기능) 7. DS12887 배터리 백업형 리얼타임 클럭	1. EPLD를 사용하여 컴팩트하고 유연한 인터페이스 설계 2. A/D 입력 범위는 0V~+5V 3. D/A 출력 범위는 0~+10V, -10V~+10V중에서 선택 사용 4. 모니터 프로그램 사용시 9600, 19200 bps 중에서 선택 사용 5. 어셈블리 및 C언어로 작성된 수십가지의 응용 예제 프로그램을 기본으로 제공
전원	+5V, ±15V (또는 ±12V도 사용 가능)	±15V는 아날로그 회로에서만 사용
PCB	163×120mm 4층 에폭시 기판	

구입문의 : 학습기기 R&C사 / 도서출판 Ohm사 ✆ 02) 776-4868-9

MDS-196 Kit

저 자 : 김대근, 정순배 외
ISBN : 89-7101-725-2
판 형 : B5
쪽 수 : 770
가 격 : 33,000원

MDS-196 KIT의 주요 사양

항 목	사 양	비 고
CPU	N80C196KC20(20MHz)	
ROM	27C256-15(32 KB)	
RAM	62256-7(32 KB) (80C196KC에 내장된 488바이트는 별도)	
프로그램의 입력 및 실행	1. IBM PC의 직렬 포트를 사용하는 방법 2. 키트에 ROM을 삽입하여 사용하는 방법	
I/O	1. 기본 입출력 기판 (1) 출력 장치-LCD 모듈 (2) 입력 장치-키패드 2. 응용 보드 (1) 소형 DC 모터 제어 회로 (2) 스텝 모터 구동 회로 (3) AD 변환기 - 광센서 - 온도센서 - 가변저항 3. 다양한 시스템 응용을 위한 입출력 인터페이스 보드	 16문자×2줄 LCD 사용 16진 숫자 입력 스위치 16개 제어 입력 스위치 3개 PWM을 이용한 속도 제어 고속 출력(HSO)를 이용한 구동회로 고속 입력(HSI) 기능을 이용 포토 TR과 적외선 LED 사용 CdS 광센서 사용 외부 확장용 전원 회로 포함
전원	+12V(외부 입력 전압), +5V(정전압 회로 내장)	+12V는 모터 제어에 사용

TMS-31 Kit

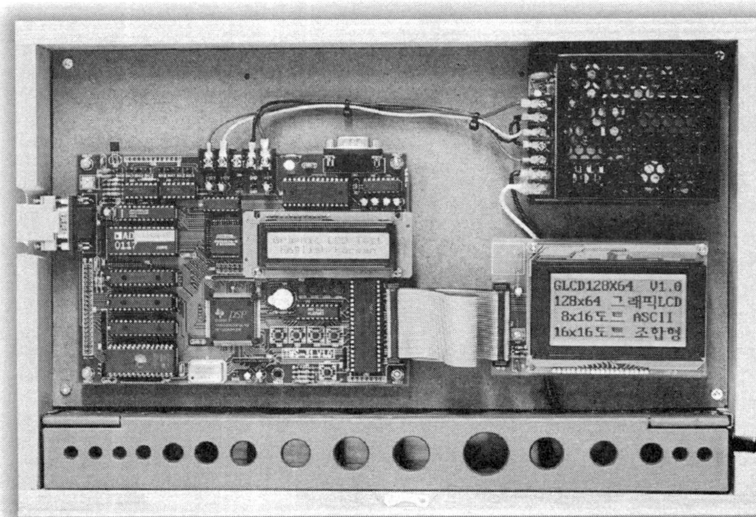

♣ 중간형 별도 판매
PCB+CPU+EPLD

저 자 : 윤덕용
ISBN : 89-7101-750-3
판 형 : B5
쪽 수 : 636
가 격 : 30,000원

TMS-31 KIT의 주요 사양

항 목	사 양	비 고
DSP	TMS320C31PQL-40 (40MHz)	40MHz 수정발진 모듈사용
ROM	27C256(32 KB) 또는 27C512(64KB)	PCB 진단 및 각종 응용 프로그램
RAM	68257-15(32 KB)×4개= 32K 워드 (TMS320C31에 내장된 2K 워드는 별도)	사용자의 프로그램 및 데이터용
프로그램의 입력 및 실행	1. XDS-510 에뮬레이터를 사용하는 방법 2. 내장 ROM을 사용하는 방법 3. IBM PC의 프린터포트를 사용하는 방법	1. 에뮬레이터용 콘넥터 내장 2. 예제가 포함된 27C256 기본 제공 3. 프린터포트용의 케이블 기본 제공
A/D 컨버터	12비트 MAX122 1개 (5MHz, 2.6μs) 8채널 아날로그 스위치 (1) 4개 채널은 콘넥터로 아날로그 입력 (2) 반고정 저항에 의한 -5V~+5V 입력 (3) 온도센서 LM35DZ 입력 (4) 2개 채널은 D/A 컨버터의 출력을 입력	1. 아날로그 입력 범위는 -5V~+5V 2. 아날로그 출력 범위는 -5V~+5V 3. 내장된 D/A 컨버터의 출력을 A/D 컨버터 에 입력함으로써 외부에 별도의 함수발생기 를 사용하지 않고 신호처리 실험이 가능
D/A 컨버터	12비트 AD664 (4채널 전압 출력) (1) 4개 채널 모두 콘넥터로 외부출력 (2) 2개 채널은 A/D 컨버터에 입력 가능	
기타 I/O	1. 시스템 확장용 콘넥터 2. 8255A 1개 내장 (1) 16자×2행 LCD 모듈 (backlight 가능) (2) buzzer (3) 4개의 상태표시용 LED (4) 4개의 입력키 (5) 8255A를 통한 외부 입출력 콘넥터 3. 8251A 및 MAX232 내장 외부와 RS-232C 직렬통신 4. 직류 서보모터 제어를 위한 콘넥터	
전원	+5V, ±15V (또는 ±12V)	±15V는 A/D, D/A 컨버터에서 사용
PCB	180×130mm 4층 에폭시 기판	

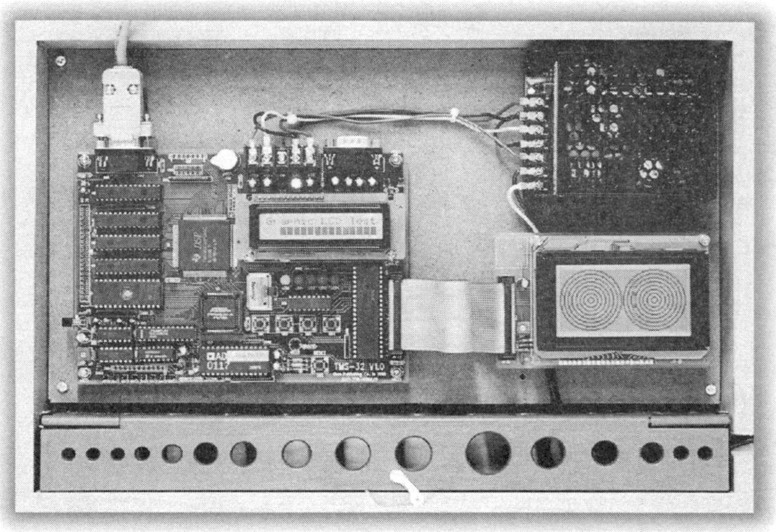

♣ 중간형 별도 판매
PCB+CPU+EPLD

저 자 : 윤덕용
ISBN : 89-7101-751-1
판 형 : B5
쪽 수 : 768
가 격 : 33,000원

TMS-32 KIT의 주요 사양

항 목	사 양	비 고
DSP	TMS320C32PCM50 (50MHz) 기본사양 TMS320C32PCM40 (40MHz)도 사용가능	50MHz 수정발진 모듈사용 40MHz 수정발진 모듈사용
ROM	27C512-15(64KB)	PCB 진단 및 각종 응용 프로그램
RAM	KM68257-15(32 KB)×4개= 32K 워드 (TMS320C32에 내장된 512 워드는 별도)	사용자의 프로그램 및 데이터용
프로그램의 입력 및 실행	1. IBM PC의 프린터 포트를 사용하는 방법 2. 키트에 내장된 ROM을 사용하는 방법 3. XDS510 에뮬레이터를 사용하는 방법	1. 에뮬레이터용 콘넥터 내장 2. 예제가 포함된 27C256 기본 제공 3. 프린터포트용의 케이블 기본 제공
A/D 컨버터	12비트 MAX122BCNG 1개 (5MHz, 2.6μs) 8채널 아날로그 스위치 (1) 4개 채널은 콘넥터로 아날로그 입력 (2) 내장 온도센서 LM35D 입력 (3) 내장 광센서 Cds 입력 (4) 내장 가변 저항에 의한 -5V~+5V 입력 (5) 1개 채널은 A/D 컨버터의 출력을 입력	1. 아날로그 입력 범위는 -5V~+5V 2. 아날로그 출력 범위는 -5V~+5V 3. D/A 컨버터의 출력을 A/D 컨버터에 다시 입력함으로써 외부에 별도의 함수발생기를 사용하지 않고 신호처리 실험이 가능 4. 각종 응용 프로그램 기본 제공
D/A 컨버터	12비트 AD664JN-BIP (4채널 전압 출력) (1) 4개 채널 모두 콘넥터로 외부출력 (2) 1개 채널은 A/D 컨버터에 입력 가능	
기타 I/O	1. DSP가 직접 제어하는 I/O (1) +5V용 버저 (2) 1개의 동작 테스트용 LED (3) 직류 서보모터 제어를 위한 콘넥터 2. 8255A 1개 내장 (1) 16자×2행 LCD 모듈 (backlight 가능) (2) 4개의 상태표시용 LED (3) 4개의 키 입력 스위치 (4) 외부 병렬 입출력 콘넥터 3. 8251A 및 MAX232 내장 외부와 RS-232C 직렬통신 4. 시스템 I/O 확장용 콘넥터	각종 응용 프로그램 기본 제공
전원	+5V, ±15V (또는 ±12V)	±15V는 A/D, D/A 컨버터에서 사용
PCB	180×130mm 4층 에폭시 기판	

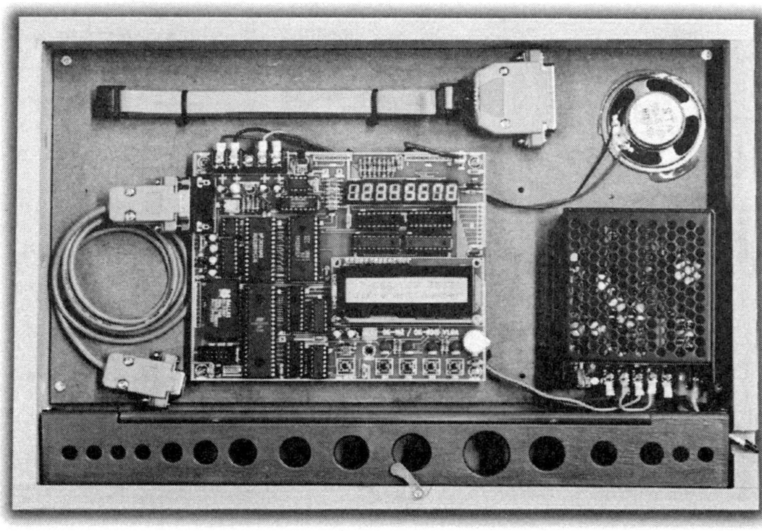

♣ PCB 별도 판매
(MPU 장착)

저 자 : 윤덕용
ISBN : 89-7101-759-7
판 형 : B5
쪽 수 : 726
가 격 : 32,000원

OK-162 KIT의 주요 사양

항 목	사 양	비 고
CPU	ATmega162-16PI(16MHz)	16MHz 수정발진자 사용
ROM	CPU에 내장된 16KB의 플래시 메모리	프로그램 저장
외부 RAM	62256-7(32 KB) (CPU에 내장된 1KB는 별도)	사용자 데이터 저장
프로그램의 입력/실행	1. AVR ISP와 병렬 포트를 사용하는 방법 2. 기타 ISP와 직렬 포트를 사용하는 방법 3. JTAG ICE 에뮬레이터를 사용하는 방법	1. AVR ISP 케이블 기본 제공 2. 응용 프로그램 기본 제공 (☞ JTAG 콘넥터는 사용자가 조립)
I/O	1. CPU 프로그램용 콘넥터 (1) AVR ISP용 10핀 DIP 콘넥터(CN2) (2) JTAG용 콘넥터는 사용자가 조립해야 함 2. CPU가 직접 제어하는 I/O (1) 포트 B 및 포트 D 확장 콘넥터(CN3) (2) 2개의 RS-232C 직렬포트(CN4, CN5) (3) 4개의 키입력 스위치(SW1~SW4) (4) 4개의 상태표시 LED(LED1~LED4) (5) +5V용 버저, 스피커 사운드 출력(CN6) (6) DAC0800 8비트 D/A 컨버터 (7) SPI 직렬통신에 의한 시리얼 EEPROM (8) 아날로그 비교기(J2, J3) 3. CPU 외부의 확장 I/O (1) 16자×2 문자 텍스트형 LCD 모듈 (2) 8개의 7세그먼트 LED (3) 8비트 병렬출력 인터페이스(CN7) (4) 스텝모터 구동 인터페이스(CN8) (5) DS12C887 베터리 백업형 리얼타임 클럭 (6) 8비트 8채널 A/D 컨버터 ADC0809 - 전압센서(VR1), 온도센서(LM35), 광센서(CdS) - 4채널 A/D 입력 콘넥터(CN9)	STK200/300의 AVR ISP 표준 RS-232C 통신 케이블 기본 제공 0V~+10V, -10V~+10V 중에서 선택 화면밝기 조절 및 백라이트 기능 포함 ULN2803 출력 A/D 입력 범위는 0V~+5V
전원	+5V, ±15V (또는 ±12V도 사용 가능)	±15V는 아날로그 회로에서만 사용
PCB 외형	160×130mm 양면 에폭시 기판	

☞ *OK-162* 키트는 *OK-8515* 키트와 PCB를 공통으로 사용한다.

OK-8515 Kit

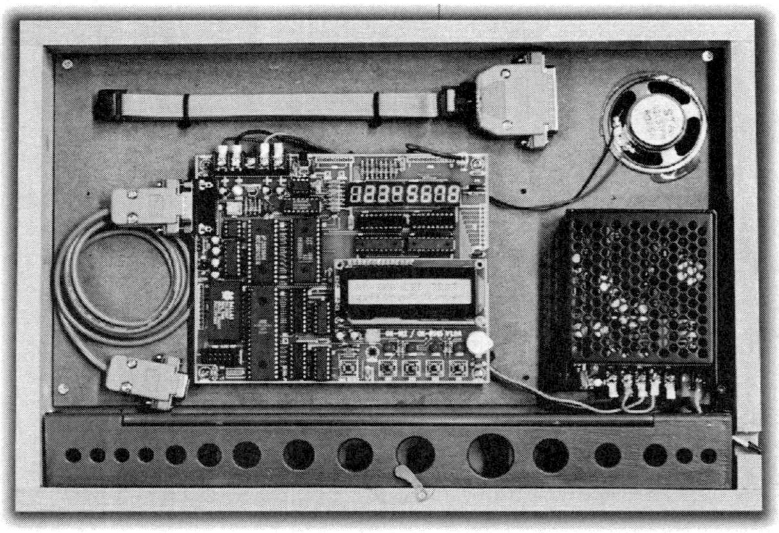

♣ PCB 별도 판매

저 자 : 윤덕용
ISBN : 89-7101-762-7
판 형 : B5
쪽 수 : 692
가 격 : 28,000원

OK-8515 KIT의 주요 사양

항 목	사 양	비 고
CPU	ATmega8515-16PI(16 MHz)	16 Mhz 수정발진자 사용
ROM	CPU에 내장된 8KB의 플래시 메모리	프로그램 저장
외부 RAM	62256-7(32 KB) (CPU에 내장된 512바이트는 별도)	사용자 데이터 저장
프로그램의 입력/실행	1. AVR ISP와 병렬 포트를 사용하는 방법 2. 기타 ISP와 직렬 포트를 사용하는 방법	1. AVR ISP 케이블 기본 제공 2. 응용 프로그램 기본 제공
I/O	1. CPU 프로그램용 콘넥터 AVR ISP용 10핀 DIP 콘넥터(CN2) 2. CPU가 직접 제어하는 I/O (1) 포트 B 및 포트 D 확장 콘넥터(CN3) (2) 1개의 RS-232C 직렬포트(CN4) (3) 4개의 키입력 스위치(SW1~SW4) (4) 4개의 상태표시 LED(LED1~LED4) (5) +5V용 버저, 스피커 사운드 출력(CN6) (6) DAC0800 8비트 D/A 컨버터 (7) SPI 직렬통신에 의한 시리얼 EEPROM (8) 아날로그 비교기(J2, J3) 3. CPU 외부의 확장 I/O (1) 16X2 문자 텍스트형 LCD 모듈 (2) 8개의 7세그먼트 LED (3) 8비트 병렬출력 인터페이스(CN7) (4) 스텝모터 구동 인터페이스(CN8) (5) DS12C887 배터리 백업형 리얼타임 클럭 (6) 8비트 8채널 A/D 컨버터 ADC0809 -전압센서(VR1), 온도센서(LM35), 광 센서(CdS) -4채널 A/D 입력 콘넥터(CN9)	STK200/300의 AVR ISP 표준 RS-232C 통신 케이블 기본 제공 0V~+10V, -10V~+10V 중에서 선택 화면밝기 조절 및 백라이트 기능 포함 ULN2803 출력 A/D 입력 범위는 0V~+5V
전원	+5V, ±15V (또는 ±12V도 사용 가능)	±15V는 아날로그 회로에서만 사용
PCB 외형	160×130mm 양면 에폭시 기판	

☞ *OK-8515* 키트는 *OK-162* 키트와 PCB를 공통으로 사용한다.

구입문의 : 학습기기 R&C사 / 도서출판 Ohm사 ✆ *02) 776-4868-9*

OK-89S52 Kit

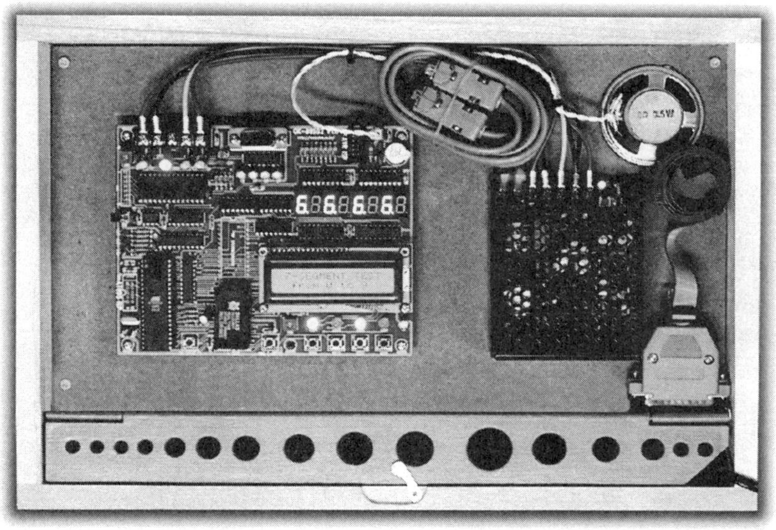

♣ PCB 및 AT89S ISP 케이블 별도 판매

저 자 : 윤덕용
ISBN : 89-7101-769-4
판 형 : B5
쪽 수 : 830
가 격 : 30,000원

OK-89S52 KIT의 주요 사양

항 목	사 양	비 고
CPU	AT89S52-24PC 또는 AT89S52-24PI (AT89S51이나 AT89S8253도 사용 가능)	24MHz 수정발진자 사용
ROM	1. CPU에 내장된 8KB의 플래시 메모리 2. 외부 확장 27C256 또는 29C256(32KB)	사용자 프로그램용
RAM	CPU에 내장된 256 바이트	스택 및 데이터 저장용
프로그램의 입력/실행	1. 병렬포트형 AT89ISP를 사용(Atmel 표준) 2. 병렬포트형 AVR ISP를 사용 3. 직렬포트형 AVR ISP를 사용 4. USB포트형 AVR ISP를 사용	1. AT89S ISP 케이블(Atmel 호환) 2. AVR-ISP Parallel 케이블(기본 제공) 3. AVR-ISP Studio/STK500 케이블 4. USB-ISP 케이블
I/O	1. CPU가 직접 제어하는 I/O (1) RS-232C 직렬통신 포트(CN4) (2) +5V용 버저 (3) 스피커 사운드 출력(CN5) (4) 4개의 키입력 (5) 스위치에 의한 사용자 인터럽트(SW2) (6) AT89S ISP 케이블 접속용 콘넥터(CN2) (7) AVR ISP 케이블 접속용 콘넥터(CN3) 2. 외부 확장 I/O (1) 16×2행 텍스트형 LCD 모듈 (2) 8글자의 7세그먼트 LED (3) 4개의 상태표시 LED (4) ADC0809 8채널 8비트 A/D 컨버터 - 전압센서, 온도센서, 조도센서 각 1개 - 4채널 아날로그 입력 콘넥터(CN6) (5) DAC0800 8비트 D/A 컨버터 (6) DS12C887 배터리 백업형 리얼타임 클럭	backlight 기능 사용 가능 A/D 입력 범위는 0V~+5V D/A 출력 범위는 0V~+10V, -10V~+10V 중에서 선택 사용
전원	+5V, ±15V (또는 ±12V도 사용 가능)	±15V는 아날로그 회로에서만 사용
PCB 외형	160×130mm 양면 에폭시 기판	

KUT-8515 Kit

AVR ATmega8515

♣ 제작용 PCB 포함

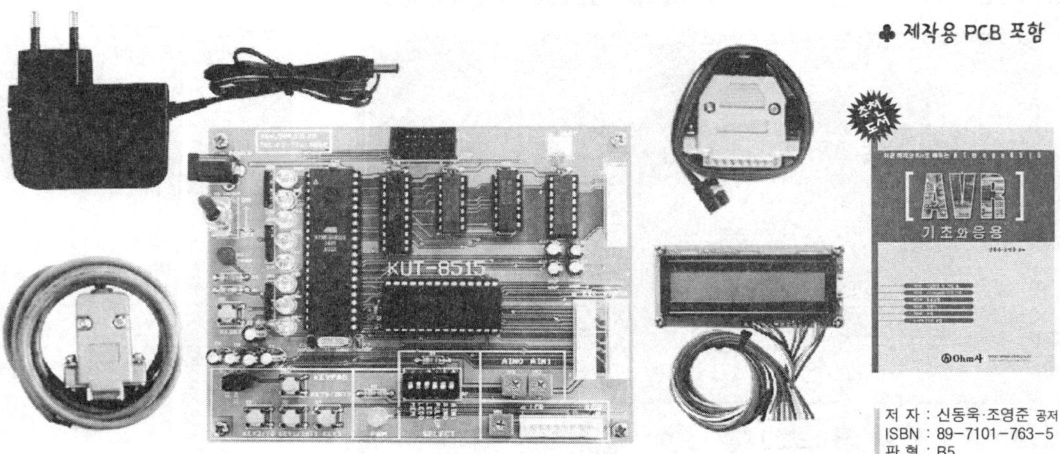

저 자 : 신동욱·조영준 공저
ISBN : 89-7101-763-5
판 형 : B5
쪽 수 : 350
가 격 : 32,000원

KUT-8515 KIT의 주요 사양

항 목	사 양	비 고
CPU	ATmega8515	16MHz 클럭 사용
메모리	RAM : 32K 바이트	선택적 사용
내장 주변장치	B 포트 : LED×8	선택적 사용
	D 포트 : 스위치×4	인터럽트와 연동 사용
	PWM 출력	LED로 확인
	아날로그 입력 비교	가변저항 이용
	2채널	스위치 입력, 외부 커넥터
전원	+5V	아답터 잭
외부 인터페이스	A 포트 커넥터	5V, PA0~PA7, GND(10핀)
	C 포트 커넥터	5V, PC0~PC7, GND(10핀)
	제어신호 커넥터	INT1 등 제어 신호 (10핀)
	RS-232C 커넥터	MAX232 내장(3핀)
	LCD 커넥터	4비트 데이터 버스 방식 (16문자×2라인 LCD 사용)
	ISP 커넥터	ISP 케이블 제작 필요 (또는 Ohm사 별매용 이용 가능)
PCB 외형	132×102mm 2층 에폭시 기판	

KUT-8515 완성 키트는 Atmel사의 AVR 8비트 RISC 프로세서인 ATmega8515의 기본적인 기능을 익히고 실험하는데 필요한 **최소한의 하드웨어로 구성된 쉽고 간단하며, 저렴한 트레이닝 키트**이다.
기존의 트레이닝 키트와는 달리 많은 주변기기를 내장하고 있지 않기 때문에 크기가 작아서 PC 옆에 놓고 사용하기에도 편리하다. 그리고 어느정도의 기본 학습이 끝나면, 단순한 교육용 키트가 아니라 독자 여러분이 제작하는 응용 시스템의 메인 CPU 보드로도 손쉽게 이용할 수가 있다. 책에서 소개된 ISP 케이블과 *CodeVisionAVR C* 컴파일러를 이용하여 사용자가 작성한 프로그램을 PC로부터 다운로드 하여 즉시 실험해 볼 수 있기 때문에 롬라이터와 같은 별도의 장비가 필요하지 않다.

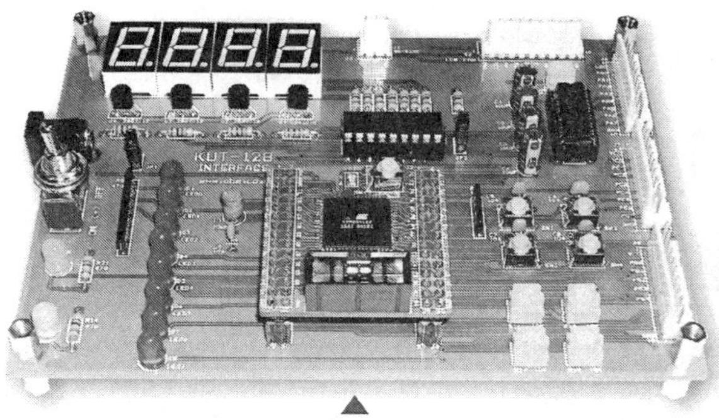

▲ KUT-128 인터페이스 보드 + MCU 보드 장착

MCU 보드 ▶

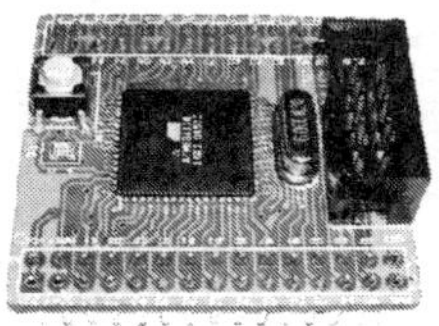

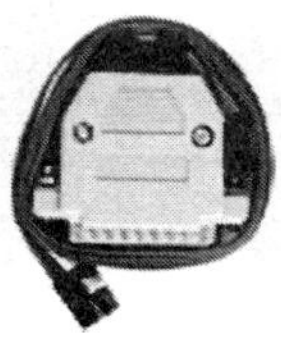

♣ 상품 구성
Interface 보드+CPU 보드(Full Set) 판매
Interface 보드 별도 판매
MCU 보드 별도 판매

저 자 : 신동욱/오창헌 공저
ISBN : 89-7101-768-6
판 형 : B5
쪽 수 : 380
가 격 : 20,000원

KUT-128 KIT의 주요 사양

항 목	사 양	비 고
MCU	ATmega128	16MHz 클럭 사용
내장 주변장치	• 포트 B, F : 7-Segment × 4	• 동적 구동
	• 포트 C : LED × 8	• 선택적 사용
	• 포트 E : 스위치 × 4	• 인터럽트와 연동 사용
	• PWM 출력	• LED로 확인
	• 아날로그 입력 비교	• 가변 저항 이용
	• A/D변환 2 입력	• 가변저항 이용
전원	+5V	아답터 잭
외부 인터페이스	• 포트 A 커넥터	• 5V, PA0-PA7, GND(10핀)
	• 포트 C 커넥터	• 5V, PC0-PC7, GND(10핀)
	• 포트 G 커넥터	• 메모리, I/O 확장 제어신호(10핀)
	• RS-232 커넥터	• MAX232 내장(3핀)
	• LCD 커넥터	• 4비트 데이터 버스 방식 (16문자 × 2라인 LCD 사용)
	• ISP 커넥터	• ISP 케이블 제작 필요 (또는 Ohm사 별매품 이용 가능)
PCB 외형	KUT-128 MCU 보드 : 38mm × 40mm	2층 에폭시 기판
	KUT-128 인터페이스 보드 : 142mm × 104mm	2층 에폭시 기판

KUT-128 **완성 보드**는 Atmel사의 AVR 8비트 RISC 프로세서인 ATmega128 MCU 보드와 인터페이스 보드로 구성되며, ATmega128의 기본적인 기능을 익히고 실험하는데 필요한 최소한의 하드웨어로 구성된 **쉽고 간단하며, 저렴한 트레이닝 키트**이다. 기존의 트레이닝 키트와는 달리 많은 주변기기를 내장하고 있지 않기 때문에 크기가 작아서 PC 옆에 놓고 사용하기에도 편리하다. 그리고 어느 정도의 기본 학습이 끝나면, 단순한 교육용 키트가 아니라 독자 여러분이 제작하는 졸업작품 또는 응용 시스템의 메인 CPU 보드로도 손쉽게 이용할 수가 있다. 책에서 소개된 ISP 케이블과 *CodeVisionAVR C* 컴파일러를 이용하여 사용자가 작성한 프로그램을 PC로부터 다운로드 하여 즉시 실험해 볼 수 있기 때문에 롬라이터와 같은 별도의 장비가 필요하지 않다.

GLCD128X64

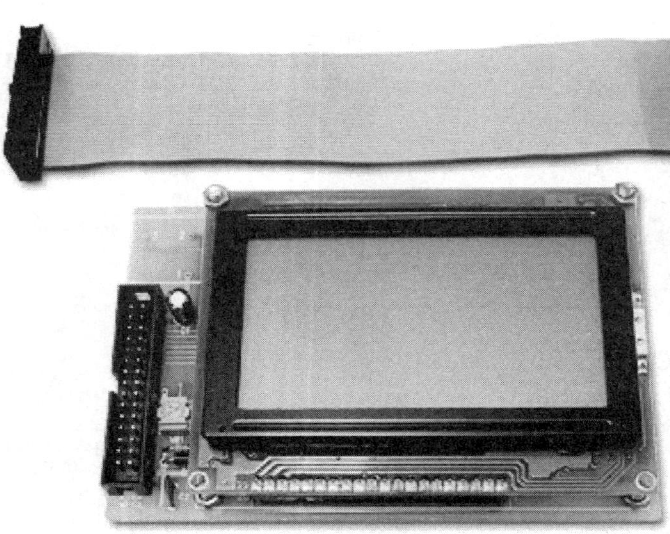

♣ PCB 포함

저 자 : 윤덕용
ISBN : 89-7101-760-0
판 형 : B5
쪽 수 : 798
가 격 : 43,000원

그래픽 LCD 확장보드의 주요 사양

항 목	사 양	비 고
해상도	128×64 도트, 단색	
사용 가능 LCD 모듈	(1) 삼성 SDI UG-13B04-SEAT5-2 (2) 현대 LCD HG12605NY-LY (3) 기타 이와 호환되는 그래픽형 LCD 모듈	EL 백라이트형 LED 백라이트형
접속 가능 키트	(1) *OK-8051* 키트 (2) *OK-196* 키트 (3) *TMS-31* 키트 (4) *TMS-32* 키트	
인터페이스 방법	(1) 82C55A를 사용하여 구동 (2) HIF3F-30PA-2.54DSA 콘넥터를 사용	
전원	키트에서 공급되는 +5V (LCD 모듈 내부에서 -10V를 만들어 사용)	30핀(전원 포함) EL 백라이트형은
PCB 외형	114×75 mm 양면 에폭시 기판	인버터 사용

그래픽형 LCD 모듈 확장보드 *GLCD128X64*는 *OK-8051* **키트**, *OK-196* **키트**, 그리고 *TMS-31/32* **키트**에 128×64 해상도의 그래픽형 LCD 모듈을 확장하여 사용할 수 있는 제품이다.
이들 키트에는 모두 16자×2행의 텍스트형 LCD 모듈이 내장되어 있으므로 이를 사용하는데는 문제가 없으나, 이들 키트들이 그래픽형 LCD 모듈은 가지고 있지 않으므로 이를 사용하려면 외부에 추가로 확장하여야 한다.

OK-128 V3.0 Kit

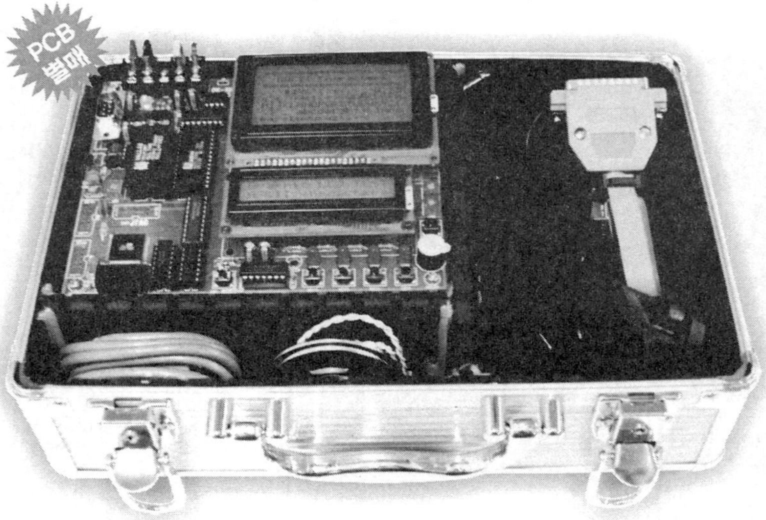

♣ PCB 별도 판매
(CPU 포함)

저 자 : 윤덕용
ISBN : 89-7101-771-6
판 형 : B5
쪽 수 : 1044
가 격 : 42,000원

OK-128 V3.0 KIT의 주요 사양

항 목	사 양	비 고
CPU	ATmega128-16AI/AU(16MHz)	16MHz 수정발진자 사용
ROM	CPU에 내장된 128KB의 플래시 메모리	프로그램 저장
외부 RAM	62256-7(32KB) (CPU에 내장된 4KB는 별도)	사용자 데이터 저장
프로그램의 입력/실행	1. AVR ISP 다운로드 케이블을 사용하는 방법 2. JTAG ICE 에뮬레이터를 사용하는 방법	1. 병렬포트형 AVR ISP 케이블 제공 (직렬포트형과 USB 포트형은 옵션) 2. 테스트 프로그램 기본 제공
I/O	1. CPU 프로그램용 콘넥터 (1) AVR ISP용 10핀 DIP 콘넥터(CN2) (2) JTAG ICE용 10핀 DIP 콘넥터(CN3) 2. CPU가 직접 제어하는 I/O (1) 4개의 키입력 스위치(KEY1~KEY4) (2) 4개의 상태표시 LED(LED1~LED4) (3) 외부 인터럽트 스위치(SW2) (4) +5V용 버저, 스피커 사운드 출력(CN6) (5) LM35D에 의한 온도센서(ADC1, ADC2) (6) 가변저항에 의한 전압센서(ADC3) (7) DAC0800 8비트 D/A 컨버터 (8) AT93C56 및 AT24C16 직렬 EEPROM (9) 2개의 RS-232C 직렬포트(CN4, CN5) (10) 병렬 I/O 포트 확장 콘넥터(CN8) (11) 도트 매트릭스 LED 접속 콘넥터(CN9) 3. 16×2 문자 텍스트형 LCD 모듈 4. 128×64 도트 그래픽형 LCD 모듈 5. 8개의 7세그먼트 LED 6. DS12C887 배터리 백업형 리얼타임 클록 7. 스텝모터 구동 인터페이스 콘넥터(CN7)	 STK200/300의 AVR ISP 표준 Atmel사의 JTAG ICE 표준 A/D 입력 범위는 0V~+5V 0V~+10V, -10V~+10V 중에서 선택 RS-232C 통신 케이블 기본 제공 화면밝기 조절 및 백라이트 기능 포함 화면밝기 조절 및 백라이트 기능 포함 ULN2803 출력
전원	+5V, ±15V (또는 ±12V도 사용 가능)	±15V는 아날로그 회로에서만 사용
PCB 외형	160×130mm 양면 에폭시 기판	

☞ 이것은 *OK-128* 키트와 *OK-64* 키트 겸용이므로 ATmega64-16AI/AU를 조립하면 *OK-64* 키트가 된다.

OK-1281/2561 Kit

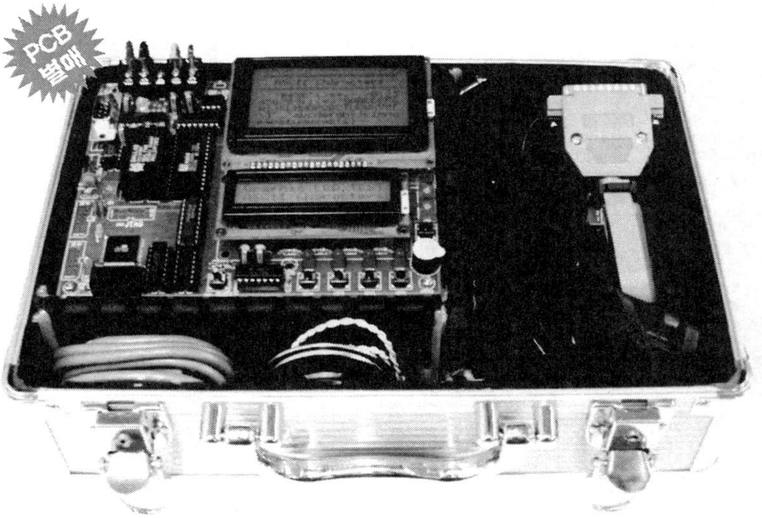

♣ 완성품 판매
SD, CF 카드 별매

저 자 : 윤덕용
ISBN : 89-7101-772-4
판 형 : B5
쪽 수 : 1092
가 격 : 43,000원

OK-1281/2561 KIT의 주요 사양

항 목	사 양	비 고
CPU	ATmega1281-16AU(16MHz) 또는 ATmega2561-16AU(16MHz)	16MHz 수정발진자 사용
ROM	CPU에 내장된 128/256KB의 플래시 메모리	프로그램 저장
외부 RAM	62256-7(32KB) (CPU에 내장된 8KB는 별도)	스택 및 사용자 데이터 저장
프로그램의 입력/실행	1. AVR ISP 다운로드 케이블을 사용하는 방법 2. JTAG ICE 에뮬레이터를 사용하는 방법	1. 병렬포트형 AVR ISP 케이블 제공 (직렬포트형과 USB 포트형은 옵션) 2. 테스트 프로그램 및 예제 기본 제공
I/O	1. CPU 프로그램용 콘넥터 (1) AVR ISP용 10핀 DIP 콘넥터(CN2) (2) JTAG ICE용 10핀 DIP 콘넥터(CN3) 2. CPU가 직접 제어하는 I/O (1) 4개의 키입력 스위치(KEY1~KEY4) (2) 4개의 상태표시 LED(LED1~LED4) (3) 외부 인터럽트 스위치(SW2) (4) +5V용 버저, 스피커 사운드 출력(CN6) (5) LM35D에 의한 온도센서(ADC1, ADC2) (6) 가변저항에 의한 전압센서(ADC3) (7) DAC0800 8비트 D/A 컨버터 (8) AT93C56 및 AT24C16 직렬 EEPROM (9) 2개의 RS-232C 직렬포트(CN4, CN5) (10) 병렬 I/O 포트 확장 콘넥터(CN8) (11) 도트 매트릭스 LED 접속 콘넥터(CN9) 3. 16×2 문자 텍스트형 LCD 모듈 4. 128×64 도트 그래픽형 LCD 모듈 5. 8개의 7세그먼트 LED 6. DS12C887 배터리 백업형 리얼타임 클록 7. 스텝모터 구동 인터페이스 콘넥터(CN7)	 STK200/300의 AVR ISP 표준 Atmel사의 JTAG ICE 표준 A/D 입력 범위는 0V~+5V 0V~+10V, -10V~+10V 중에서 선택 RS-232C 통신 케이블 기본 제공 화면밝기 조절 및 백라이트 기능 포함 화면밝기 조절 및 백라이트 기능 포함 ULN2803 출력
전원	+5V, ±15V (또는 ±12V도 사용 가능)	±15V는 아날로그 회로에서만 사용
PCB 외형	160×130mm 양면 에폭시 기판	

☞ 이것은 *OK-1281* 키트와 *OK-2561* 키트 겸용이므로 자신이 원하는 MCU 소자를 조립하면 된다.

전자공작 및 인터페이스 외

도서 및 키트는 OHM사 홈페이지 SHOP에서 구입 가능!

적외선 6족 보행로봇

♣ 부품 SET로 판매

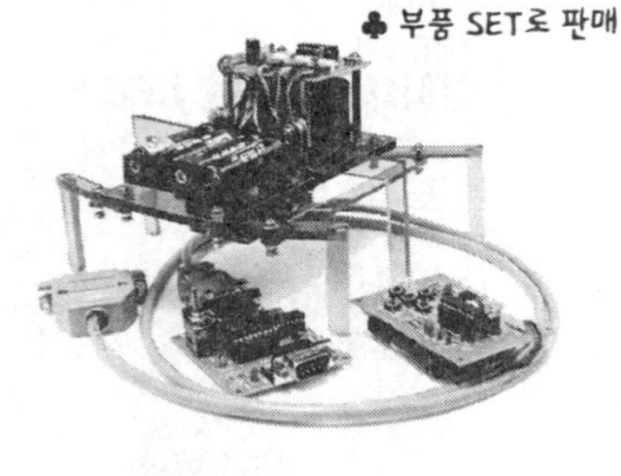

적외선 송신기로부터 전송 되어온 데이터를 판독하여 3개의 서브모터를 순차적으로 구동하여 로봇을 보행할 수 있고 프로그램에 의하여 보행속도도 조절할 수 있다.
교재 : 적외선으로 움직이는 PIC ROBOT

적외선 주행로봇 & 라인트레이서

♣ 부품 SET로 판매

기어모터(감속비 38:1)를 채용하므로서 정밀제어가가능하고, 360도 회전이 가능하며 빠른 스피드를 낼 수 있다. 데이터의 송수신 방법은 6족로봇과 동일
교재 : 적외선으로 움직이는 PIC ROBOT

PIC 응용 제작

♣ 부품 SET로 판매

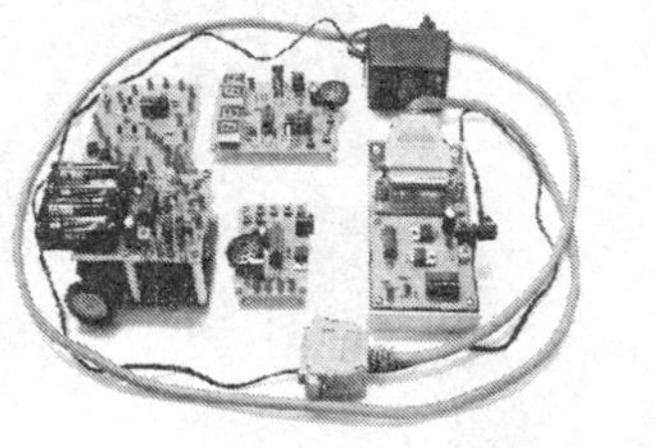

PIC프로그래머, 암호인식 초인종 하트무늬 깜빡이, 시계와 라인트레이서등의 아이템으로 구성되어 있어 마이컴 입문자들에게 유익한 실습키트임.
교재 : PIC16F84 응용 제작

침입자 경보기

♣ 부품 SET로 판매

레이저빔을 가로질러가는 사람이나 물체가 있다면 경보를 울리는 키트. 응용범위가 매우 넓은 아이템(작품 1,2키트 포함)
교재 : 기초로봇의 제작

라인트레이서

♣ 부품 SET로 판매

검정라인을 추적하여 주행 6개의 적외선 센서
패키지 구성
*센서감지와 비교. 제어회로
*로봇프레임 & 기어박스
교재 : 기초로봇의 제작

축구로봇

♣ 부품 SET로 판매

RF를 이용한 로봇 제어, 4ch. 송수신 가능
패키지 구성
* RF 송수신회로 제어회로
* 로봇프레임SET & 기어모터 SET
교재 : 기초로봇의 제작

라인마우스-깨돌이

♣ 부품 SET로 판매

C PU:V25
RAM:61256
ROM:27256
모터구동부:SLA7024*2조
밧데리:SANYO 1.2 250mA 3A*10개
* CPU,모터,센서,몸체부로 구성
* 기본 프로그램이 포함

V-IO Board

완제품

♣ 부품 SET도 판매함

PC의 ISA슬롯을 이용하는 인터페이스카드로A/D, D/A컨버터를 이용한 아날로그 디지털 상호변환 신호처리와 I/O, 타이머, 카운터, 스텝모터, LCD제어등에 활용할 수 있다.
교재 : C가 미는 로보트 I, II, III

C-패러렐포트 I

완제품

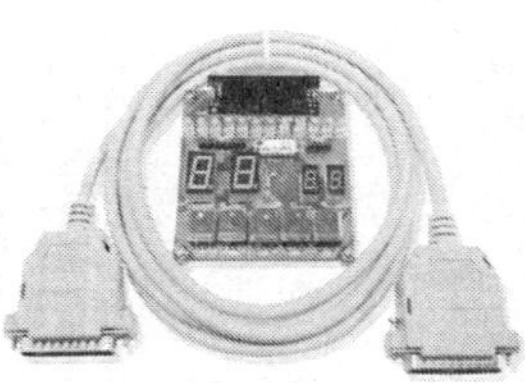

PC의 페러럴 포트를 이용하여 LED, 7Segment, 키패드 입력등의 실험을 할 수 있는 키트
교재 : C로 미는 PC자동제어응용
C로 쓰는 윈도우즈 병렬포트
VB로 미는 PC 자동제어 응용

C-패러렐포트 II

완제품

정역회전, 스피드조절, 센서의 동작을 실험해 볼 수 있는 스테핑모터 모듈
교재 : VB 로 미는 PC 제동제어 응용
그 밖의 마이컴 응용교재

AT89C Writer

완제품

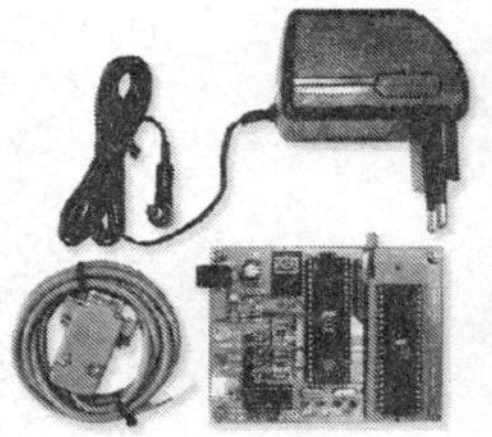

AT89C51,52 40DIP 핀 AT89C1051, 2051, 4051 20DIP 핀 지원
RS-232C serial 다운로드
TEXTOOL 장착, 라이터 전용프로그램 제공
(TEXTOOL에 장착된 89C51은 제외)

구입문의 : 학습기기 R&C사 / 도서출판 Ohm사 ✆ 02) 776-4868-9

AVR ISP Studio / STK500 · AVR ISP Studio / AvrProg [직렬포트형]

RS-232C 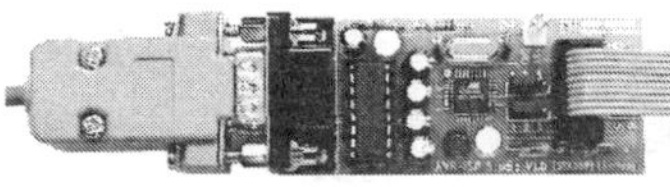 ISP

AVR ISP Studio 다운로드 케이블은 퍼스널컴퓨터 측에서 어떤 통신프로그램을 사용하는지에 따라 **AVR ISP Studio/STK500** 모델과 **AVR ISP Studio/AvrProg** 모델로 나누어진다. 이것들은 동일한 하드웨어를 사용하지만 ATmega8에 장착되는 펌웨어가 서로 다르다.

(1) AVR 모델의 모든 ATmega 패밀리에 적용
(2) 별도의 장비 없이 이 케이블만으로 사용자 프로그램을 다운로드
(3) AVR Studio 프로그램과 함께 사용
(4) 초고속 다운로드
(5) 10핀 80센티 플랫 케이블 포함

AVR ISP 케이블 [USB형]

노트북 사용자에게 꼭 필요한

USB  ISP

(1) AVR 모델의 모든 ATmega 패밀리에 적용
(2) 별도의 장비 없이 이 케이블만으로 사용자 프로그램을 다운로드
(3) AVR Studio 프로그램과 함께 사용
(4) 초고속 다운로드
(5) 10핀 80센티 플랫 케이블 포함

AVR ISP 케이블 [직렬포트형]

RS-232C  ISP

(1) AVR 모델의 모든 ATmega 패밀리에 적용
(2) 별도의 장비 없이 이 케이블만으로 사용자 프로그램을 다운로드
(3) PonyProg2000 프로그램과 함께 사용
(4) 병렬포트형 AVR ISP와 비슷한 다운로드 속도
(5) 10핀 80센티 플랫 케이블 포함

USB TO RS-232C 컨버터 동글

노트북 사용자에게 꼭 필요한

USB  RS-232C

(1) USB 신호를 RS-232C 신호로 변환
(2) USB 포트를 가상적인 COM3 포트로 사용
(3) 하이퍼터미널등과 같은 직렬통신 프로그램 사용
(4) 9600, 19200, 115200 등 하이퍼터미널에서 설정할 수 있는 모든 통신 포맷 사용 가능
(5) 본사의 모든 키트에서 직렬통신 또는 모니터 프로그램용으로 사용 가능

MOTOR CONTROL BOARD

이 보드는 OK-128/162/8515 키트 또는 JJ-128 키트에 접속하여 스텝모터 및 직류서보모터를 동시에 구동 또는 제어할 수 있는 I/O 확장 보드.

스텝모터 또는 직류서보모터를 동시에 구동하지 않고 하나씩만 구동한다면 8051 등의 임의 마이크로콘트롤러 키트에 적용할 수 있다.

케이블 외

도서 및 키트는 OHM사 홈페이지 SHOP에서 구입 가능!

AVR ISP 케이블 [USB형]

노트북 사용자에게 꼭 필요한

USB 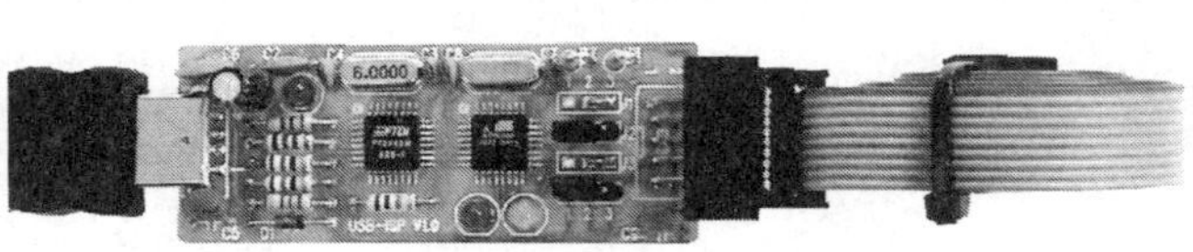 ISP

(1) AVR 모델의 모든 ATmega 패밀리에 적용
(2) 별도의 장비 없이 이 케이블만으로 사용자 프로그램을 다운로드
(3) AVR Studio 프로그램과 함께 사용
(4) 초고속 다운로드
(5) 10핀 80센티 플랫 케이블 포함

AVR ISP 케이블 [직렬포트형]

RS-232C  ISP

(1) AVR 모델의 모든 ATmega 패밀리에 적용
(2) 별도의 장비 없이 이 케이블만으로 사용자 프로그램을 다운로드
(3) PonyProg2000 프로그램과 함께 사용
(4) 병렬포트형 AVR ISP와 비슷한 다운로드 속도
(5) 10핀 80센티 플랫 케이블 포함

USB TO RS-232C 컨버터 동글

노트북 사용자에게 꼭 필요한

USB  RS-232C

(1) USB 신호를 RS-232C 신호로 변환
(2) USB 포트를 가상적인 COM3 포트로 사용
(3) 하이퍼터미널등과 같은 직렬통신 프로그램 사용
(4) 9600, 19200, 115200등 하이퍼터미널에서 설정할 수 있는 모든 통신 포맷 사용 가능
(5) 본사의 모든 키트에서 직렬통신 또는 모니터 프로그램용으로 사용 가능

MOTOR CONTROL BOARD

이 보드는 OK-128/162/8515 키트 또는 JJ-128 키트에 접속하여 스텝모터 및 직류서보모터를 동시에 구동 또는 제어할 수 있는 I/O 확장 보드.

스텝모터 또는 직류서보모터를 동시에 구동하지 않고 하나씩만 구동한다면 8051 등의 임의 마이크로콘트롤러 키트에 적용할 수 있다.

KUT-128 응용 키트

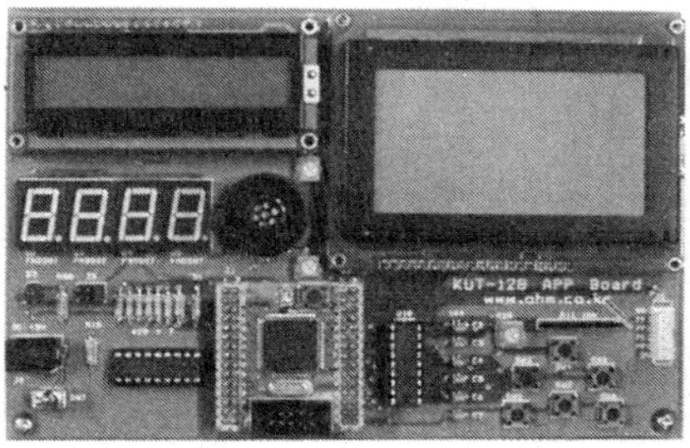

KUT-128 APP 보드 + MCU 보드
(그래픽 LCD 장착)

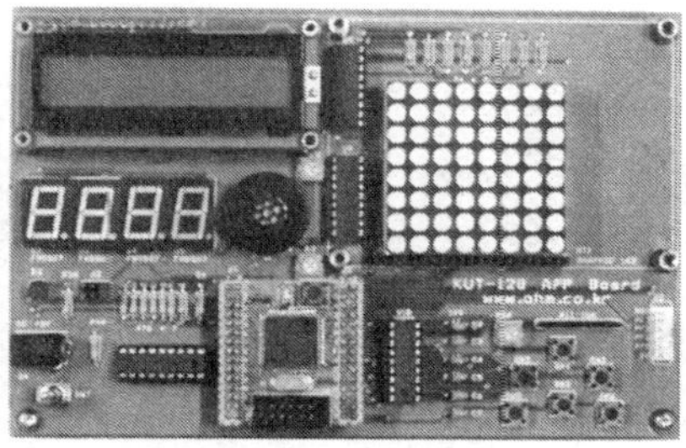

KUT-128 APP 보드 + MCU 보드
(도트매트릭스 장착)

MCU 보드 ▶

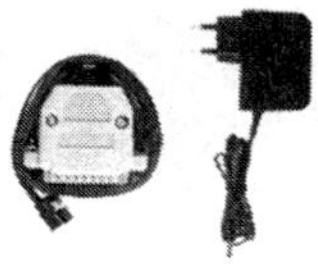

♣ 상품 구성 : KUT128 MCU 보드+KUT-128 APP 보드
-7 segment, 스피커 기본 장착
-그래픽 LCD와 도트매트릭스 선택 사용
-캐릭터 LCD, 그래픽 LCD, 도트매트릭스 별도 판매

KUT-128 응용 키트의 주요 사양

항 목	사 양	비 고
MCU	ATmega128	16MHz 수정 발진자
외부 인터페이스	· 7-Segment 구동회로(PB0-PB6, PF4-PF7) · 스위치 입력 회로(PD0-PD3, PE6-PE7) · 캐릭터 LCD(PD4-PD7, PE0-PE2) · 그래픽 LCD(PA0-PA7, PG0-PG1) · 도트매트릭스(PA0-PA7, PC0-PC7, PG0-PG4, PE3-PE5) · 스피커 (PB7) · 외부 아날로그 입력 (PF0-PF3)	· 4개 동적구동 · 6개 외부 인터럽트 · 4비트 구동방식(16문자×2라인) · 128×64 도트 · 8×8도트, 동적구동 (적색, 녹색, 주황색) · PWM 파형 (OCIC 핀) · 4개 아날로그 신호 입력
전원	· +5V 단일 전원	· 어댑터 사용
프로그래밍	ISP 케이블 사용	PC 프린터 포트에 연결
PCB 외형	KUT-128 MCU 보드 : 38mm × 40mm KUT-128 APP 보드 : 180mm × 121mm	2층 에폭시 기판 2층 에폭시 기판

KUT-128 응용 보드는 KUT-128 MCU 보드와 KUT-128 APP 보드로 구성되어 있다, KUT-128 MCU 보드는 Atmel사의 AVR 8비트 마이크로프로세서 ATmega128을 탑재하고 있다. 그리고 KUT-128 APP 보드는 7-Segment, 캐릭터 LCD, 그래픽 LCD, 8×8 도트매트릭스, 스피커, 6개 스위치를 탑재하고 있어 ATmega128의 다양한 응용 실습과 함께 실기작품 및 졸업작품 제작에 활용할 수 있는 저렴한 트레이닝 키트이다.

OK-X128A1 키트

♣ 상품 구성 : 완성품 (Full Set) 판매
PCB 별도 판매

추천 도서

- 저 자 : 윤 덕 용
- 발행처 : OHM사
- 쪽 수 : 1167
- I S B N : 978-89-7101-783-X
- 정 가 : 48,000원

OK-X128A1 키트의 주요 사양

항 목	사 양	비 고
1. CPU	ATxmega128A1-AU(32 MHz) ☞ 모든 XMEGA A1 패밀리 모델 사용 가능	16MHz 수정 발진자 사용
2. ROM	CPU에 내장된 128KB의 플래시 메모리	프로그램 저장
3. RAM	CPU에 내장된 8KB	사용자 데이터 저장 및 스택
4. 프로그램 입력/실행	1. AVR PDI 다운로드 케이블을 사용하는 방법 2. JTAG 에뮬레이터를 사용하는 방법	1. Atmel사의 AVRISP mkII 2. Atmel사의 JTAGICE mkII
5. I/O	1. CPU 프로그램용 커넥터 (1) AVR PDI용 6핀 DIP 커넥터(CN2) (2) JTAG ICE용 10핀 DIP 커넥터(CN3) 2. 기본 입출력 장치 (1) 4개의 키입력 스위치(KEY1~KEY4) (2) 4개의 상태표시 LED(LED1~LED4) (3) +5V용 버저, 스피커 사운드 출력(CN6) (4) *TFT-32HX* 3.2인치 TFT-LCD 보드 64MB~32GB의 SD 카드 (5) RS-232C 직렬포트(CN7) 3. 기타 입출력 장치 (1) LM35DZ에 의한 온도센서(ADC4) (2) +5V, +3.3V, +2.5V 전압센서(ADC5~7) (3) 12비트 D/A 컨버터 출력(DAC0~3) (4) 포트B, C의 출력을 관측하는 테스트 단자 (5) DS1307 배터리 백업형 리얼타임 클록(U9) (6) TCN75-5.0MOA 반도체 온도센서(U10) (7) VS1033을 사용한 MP3 플레이어(U11) 4. 옵션 기능 (1) WIZ812MJ TCP/IP LAN 통신 모듈(MOD1) (2) *USB-UART* USB 통신모듈 (MOD2) (3) UST-SNR-GPS GPS 모듈(MOD2) (4) myAcce13LV02 3축 가속도 센서 모듈(MOD3) (5) NT-TS601 초음파 센서 모듈(MOD4)	 Atmel사의 AVRISP mkII 사용 Atmel사의 JTAGICE mkII 사용 240×320 픽셀, 터치스크린 내장 TFT-LCD 보드에 내장 0~+100℃ 2.4V NiMH 배터리 사용 -55~+125℃ CN8에 외장 스피커를 연결 사용 http://www.ewizenet.kr/구입 http://www.ohm.co.kr/구입 http://www.devicemart.co.kr/구입 http://www.devicemart.co.kr/구입 http://www.devicemart.co.kr/구입
6. 전원	+5V/3A SMPS(CN1)	키트 내부에서 +3.3V, +2.5V 발생
7. PCB 외형	144×106mm 양면 에폭시 기판	

☞ MOD1~MOD4에 장착할 모듈은 선택사양이므로 기본으로 제공되지 않으며 별도로 구입해야 한다.

Arduino Uno 모터제어 프로그래밍

1판 1쇄	2016년 2월24일
1판 2쇄	2017년 3월10일
저 자	류기주/김동룡/서해준 저
발 행 인	곽 종 학
발 행 처	도서출판 Ohm사
주 소	140-150 서울 용산구 갈월동 17.세기B/D
전 화	02-776-4868~9
팩 스	02-779-6757
등록번호	1975년 9월 12일 제3-3호

http://www.ohm.co.kr E-mail : ohm@ohm.co.kr

ISBN 978-89-7101-794-4 정가 23,000원